Illustrierte
LOKOMOTIVEN-ENZYKLOPÄDIE

Mirco De Cet & Alan Kent

Illustrierte
LOKOMOTIVEN
ENZYKLOPÄDIE

DÖRFLER

TECHNIK

Abkürzungen:

EMU = Electric Multiple Unit – Einheitszug aus einer E-Lok und mehreren dazugehörigen (baugleichen) Personenwaggons.

DMU = Diesel Multiple Unit – Einheitszug aus einer Diesellok und mehreren dazugehörigen (baugleichen) Personenwaggons.

kV/GS = Kilovolt/Gleichstrom.

kV/WS = Kilovolt/Wechselstrom.

© Rebo International b.v., NL-Lisse

© der deutschsprachigen Ausgabe: Edition DÖRFLER im NEBEL VERLAG GmbH, Eggolsheim

Text: Mirco De Cet & Alan Kent
Übersetzung aus dem Englischen: Dr. Michael Meyer

Im Internet finden Sie unser Verlagsprogramm unter:
www.edition-doerfler.de

Inhalt

Die Nutzung der Dampfkraft bis 1830

Das späte 17. und das frühe 18. Jahrhundert waren eine Zeit großen Erfindergeistes und erlebten die Geburt des Dampfes als Antriebskraft – ein echter Durchbruch erfolgte, als man die Dampfkraft endlich nutzen konnte.
Die frühesten Entwicklungen vollzogen sich in England; an der Spitze stand dabei ein Militäringenieur und Erfinder namens Thomas Savery, der eine

Thomas Savery gab seiner Abhandlung den Titel „A Description of an Engine to Raise Water with Fire" („Beschreibung einer Maschine zum Heben von Wasser durch Feuer").

Anders als erwartet, kam Saverys Dampfmaschine nicht in den Minen zum Einsatz. Diese waren zu tief, und der Kessel erzeugte dafür nicht genug Dampf.

Das nachstehende Diagramm zeigt das Funktionsprinzip der Newcomen-Atmosphärenmaschine von 1712.

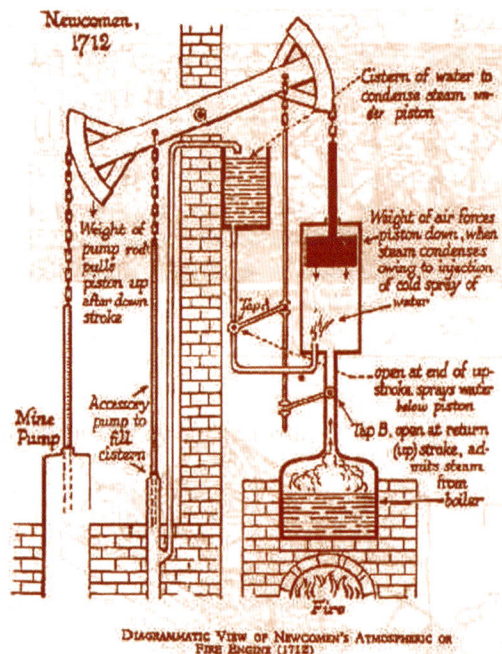

Maschine bauen wollte, um das Wasser aus den tiefen Zinnminen von Cornwall zu pumpen – je weiter man die Schächte abteufte, desto größere Probleme bereitete das Grubenwasser. Nach einigen Vorentwürfen ließ er das Gerät 1698 patentieren. Danach druckte er Flugblätter, die er an die Besitzer und Verwalter von Bergwerken verteilte, um seine Erfindung an sie zu verkaufen. Einige dieser Minen liefen so schnell voll Wasser, dass man den Abbau völlig einstellen musste, weil die Trockenhaltung eine extrem teure Angelegenheit war. Ein Beispiel: In einem bestimmten Bergwerk hielt man 4500 Pferde, um das Wasser mit Netzen und Eimern zutage zu fördern.
1705 erfand der englische Hufschmied Thomas Newcomen eine Atmosphärendampfmaschine, mit der er Saverys Konstruktion verbesserte. 1712 ließen er und sein Partner John Calley ihre Konstruktion am Mundloch eines vollgelaufenen Schachtes aufstellen, um das Wasser herauf- und herauszupumpen.

James Watt: Seine Dampfmaschine wurde in großer Zahl eingesetzt, um die Produktivität unterschiedlichster Fabriken zu erhöhen.

Ein Modell von Watts erster ausgereifter Rotationsmaschine (1788). Gegenüber den früheren Maschinen von Boulton & Watt war sie ein großer Schritt nach vorn.

James Watt kam 1736 im schottischen Greenock als Sohn eines Kaufmanns zur Welt. Mit neunzehn sandte man ihn nach Glasgow, wo er den Bau mathematischer Instrumente erlernen sollte und bereits 1757 eröffnete er eine eigene Firma. Im Jahre 1763 wurde ihm eine Newcomen-Dampfmaschine zur Reparatur gesandt, und während er sie wieder zusammenbaute, erkannte er, dass sie sich noch verbessern ließ. Nachdem er einige Monate darüber nachgedacht hatte, präsentierte er eine Maschine, die den Dampf in einem vom Hauptzylinder getrennten Kondensator abkühlte. Nach erfolgloser Kooperation mit dem schottischen Hüttenbesitzer John Roebuck tat sich Watt mit Matthew Boulton, einem erfolgreichen Geschäftsmann aus Birmingham zusammen, der in den folgenden 11 Jahren seine Maschine baute. Sie wurde hauptsächlich von Kohlenzechenbesitzern erworben, um das Grubenwasser herauszupumpen, und erlangte bald große Popularität, da sie neun Mal stärker als Newcomens Modell war. Watt experimentierte weiter, und 1781 erfand er eine Rotations-Dampfmaschine, mit der man verschiedene Gerätetypen antreiben konnte. Um 1800 waren in englischen Bergwerken und Fabriken bereits 500 Watt-Maschinen im Einsatz.

1550 benutzte man im kleinen Bergbaurevier von Leberthal im damals noch deutschen Elsass für die Loren primitive Holzgeleise. Sie waren als „Wagenwege" bekannt, und die Loren mit der Kohle wurden von Pferden auf diesen Holzschienen gezogen, wo sie sich viel leichter als im Schlamm des Stollenbodens bewegen ließen. Diese Schienen gelten allgemein als Vorläufer der modernen Eisenbahnen und wurden im 17. Jahrhundert auch von den nordenglischen Kohlezechen übernommen. Um 1776 ersetzte man sie durch stärkere Schienen aus Eisen, und dieser Schritt führte direkt zu den ersten Bahngleisen, auf denen auch damals noch Pferde als Zugmittel dienten. Wie bei allen neuen Erfindungen gab es ständig Verbesserungen, und 1798 entwarf der Engländer William Jessup den ersten Waggon mit geflanschten Rädern, deren Nuten die Räder besser in der Spur hielten. Schon nach kurzer Zeit fanden die beiden Neuerungen – Dampfkraft und Schienen – zusammen, und man baute die ersten brauchbaren Loks.

Im Jahre 1803 beschloss Samuel Homfray, den Bau eines dampfgetriebenen Fahrzeugs zu finanzieren, das die Pferde vor den Loren auf seinen Gleisen ersetzen sollte. Die erste brauchbare Dampflokomotive der Welt hatte der Engländer Richard Trevithick aus Cornwall gebaut; sie fuhr 1803 in Coalbrookdale (Shropshire), und er machte sich nun ans Werk. Sein Fahrzeug führte eine Hochdruckmaschine und wurde am 22. Februar 1803 zwischen

Mit solchen Loren wurde früher die Kohle aus den Minen Nordenglands transportiert. Wie das Bild zeigt, bestanden die Räder aus Holz.

Diese frühen Loren fuhren auf „Wagenspuren", ihre Holzräder verkehrten auf ebensolchen Schienen, den primitiven Anfängen der Eisenbahn.

der Eisenhütte von Pen-y-Darron in Merthyr Tydfil und der Sohle des Abercynnon-Tals erprobt; diese Strecke maß neun Meilen. Die Lok musste 10 t Kohle, 70 Fahrgäste und fünf weitere Anhänger befördern. Sie schaffte die Reise in knapp zwei Stunden und wurde so zur ersten auf Schienen fahrenden Dampflok. Trevithick experimentierte weiter und ließ auf dem Londoner Euston Square ein kreisförmiges Gleis verlegen. Diese Ausstellung wirkte indes nicht – wie geplant – als Ankündigung „kommender Dinge", sondern wurde eher als Jahrmarktattraktion betrachtet. Eine Fahrt mit seiner neuesten Lok, der „Catch-Me-Who-Can", kostete einen Schilling; das konnten sich nur die wenigsten leisten, sodass das Publikum ausblieb und die Ausstellung bald geschlossen wurde.

Die erste wirtschaftlich arbeitende Dampflok der Welt wurde 1812 bei der englischen Middleton Colliery Railway eingesetzt; entworfen hatte sie Matthew Murray. Diese Lokomotive verwendete zwei Vertikalzylinder und fuhr auf Schienen aus Gusseisen. Inzwischen hatten viele nordenglische

Richard Trevithick arbeitete in der Zeche Wheal Treasury. Er erwies sich bald als fähiger Ingenieur und wurde später technischer Leiter des Bergwerks „Ding Dong" in Penzance.

Die Familie Stephenson: George (sitzend) unterhält sich mit Robert (rechts). Im Hintergrund die Blücher-Lokomotive und der Hochofen von Killingworth.

Bergmann vor Matthew Murrays Dampflokomotive und der Zeche Middleton Colliery, Leeds (Gemälde von George Walker).

Kohlenzechen Lokomotivenbauer als leitende Ingenieure eingestellt. Gegen 1820 entwarfen Männer wie Timothy Hackworth, George Stephenson und William Hedley Dampfloks für diese Bergwerke. Die 1813 eingeführte Hedley-Lok „Puffing Billy" wurde von einer einzigen Kurbelwelle an einer Seite des Fahrzeugs angetrieben. Stephenson seinerseits hatte 1815 für die Zeche Killingworth eine 0-4-0-Lok mit zwei Antriebszylindern entworfen. All diese Entwicklungen vollzogen sich auf Privatbahnen, die den Kohlenzechen zum Transport von Kohle und schwerem Gerät dienten. So sammelte man viele Erfahrungen mit der Konstruktion, dem Bau und dem Betrieb von Lokomotiven, die sich als unschätzbar erwiesen, als die ersten Bahnlinien angelegt wurden. Die erste wurde geplant, um Geschäftsleuten den Gütertransport zwischen den Minen im Süden der Grafschaft Durham und dem Hafen Stockton am River Tees zu ermöglichen. Als leitenden Ingenieur des Projekts stellte man den jungen Zecheningenieur George Stephenson ein, der den Bau der Bahnlinie leitete und nebenbei noch Zeit fand, die bahnbrechende Dampflok „Locomotion No. 1" zu entwickeln. Dieses Fahrzeug zog im September 1825 auf der Strecke Shildon-Stockton einen mit 68 t beladenen Zug, und obwohl es an diesem Tag auch Personenwagen gab, lebte die Linie hauptsächlich vom Gütertransport, während die Fahrgäste Pferdebahnen benutzten.

1820 war Manchester eine bedeutende Industriestadt des Nordens, die über Straßen und Kanäle an Häfen wie Liverpool angebunden war, den damals wichtigsten Einfuhrhafen für Waren wie Rohbaumwolle, die man seinerzeit aus der Neuen Welt importierte. Diese Straßen und Kanäle waren dem zunehmenden Warenverkehrsvolumen immer weniger gewachsen, und das Problem bedurfte einer Lösung. So gründeten 1822 zwei Liverpooler Geschäftsleute ein Komitee zum Bau einer Bahn zwischen den beiden Städten. Nach hartnäckigem Widerstand von Grundbesitzern, Bauern, Kanalbetreibern u.ä. verabschiedete das Parlament 1826 ein Gesetz, das den Bahnbau erlaubte. Es erhielt kurz darauf die Zustimmung des Königs, und im Sommer des gleichen

1812 erhielt William Hedley von Christopher Blackett, dem Eigentümer der Zeche Wylam, den Auftrag zum Bau einer Dampflok. Heraus kam dabei „Puffing Billy".

Diese Lokomotive lenkte George Stephenson im September 1825 am Eröffnungstag der Bahnlinie Stockton-Darlington vor einer riesigen Menge.

Jahres begann man mit dem Bau. Trotz ebener Streckenführung mussten 63 Brücken gebaut werden; die imposanteste Leistung ziviler Ingenieurskunst war der gut 20 m hohe Neunbogen-Viadukt von Sankey.

Da man sich über die Antriebsmittel – Pferde, stationäre Seilzug-Dampfmaschinen, Dampfloks oder eine Kombination aus allen dreien – noch uneins war, veranstaltete die Liverpool & Manchester Railway (L&MR) einen Wettbewerb, bei dem 500 £ Preisgeld winkten. Vier Dampflokomotiven, eine Pferdebahn und eine handbetriebene Maschine gingen an den Start. Die Entscheidung fiel 1829 auf einer gerade fertiggestellten Bahnstrecke bei Rainhill. Jeder Bewerber musste eine dreimal schwerere Anhänglast mit wenigstens 16 km/h über eine Strecke von 112 km ziehen. Der als „Rainhill Trials" bekannt gewordene Wettbewerb stand dem Publikum offen, und viele kamen, um die neuen Maschinen zu bewundern – insgesamt 10000 bis 15000 Menschen. Publikumsliebling war die Lokomotive „Novelty", die der Londoner John Braithwait und der gebürtige Schwede John Ericsson gebaut hatten. Leider zeigte sich ihr Kessel der Aufgabe nicht gewachsen, und seine Teile ließen die Maschine im

Stich. Sieger wurde schließlich George Stephensons „Rocket", eine jener Loks, die jener im Streben nach der besten Lösung entwickelt hatte. Ihren Erfolg verdankte sie dem bahnbrechenden Röhrenkessel, der mehr Dampf erzeugen konnte. Anders als seine

Bei den Testfahrten von Rainhill (1829) war „Novelty" der Publikumsliebling. Sie stach die „Rocket" aus und hätte beinahe gesiegt – leider machte der Kessel Probleme.

William Allcard lieferte den Entwurf für den Sankey Viaduct, der über neun Bögen hinwegführte. Jeder besaß 15,24 m Spannweite und war aus örtlichen Sandsteinquadern aufgemauert.

Konkurrenten hatte Stephenson die Prototypen auch auf der Zeche Killingworth testen können, bevor er an den Start ging. Bei den Probefahrten legte die „Rocket" die 112 km in etwas mehr als sechs Stunden zurück, wobei sie 13 t mit durchschnittlich 21 km/h zog und im Endlauf 38 km/h erreichte. So erfolgte am 15 September 1830 die Eröffnung der ersten als solche gebauten Personenzuglinie zwi-

Ein Nachbau der „Rocket": Deutlich erkennt man den Kolben und die Pleuelstange, welche das Vorderrad in Bewegung versetzen.

ROCKET.

1830 rüstete man die „Rocket" mit einer Rauchbüchse aus und verkürzte ihren Schornstein. Zur höheren Stabilität verringerte man die Neigung der Zylinder von 35° auf 8°.

schen Manchester und Liverpool. Damit hatte das Zeitalter der Personen-Dampflokomotive wirklich begonnen.

Am dritten Tag war die „Rocket" die einzige Lokomotive im Rainhill-Wettbewerb. Damals legte sie in 3 Stunden und 12 Minuten 56 km zurück.

Die Liverpool & Manchester Railway wurde am 15. September 1830 eröffnet; bei dieser Zeremonie paradierten 8 Lokomotiven.

Dieser Nachbau wirkt viel eleganter als die originale „Rocket" und lässt erkennen, mit welchen Problemen man damals zu kämpfen hatte.

Der Zeremonie wohnten der Premierminister (der Herzog von Wellington) und zahlreiche VIPs bei. Hier ein Ticket vom Eröffnungstag.

Großbritannien

Nach Eröffnung der Stockton & Darlington Railway wurden in großer Zahl neue Loks gebaut und im ganzen Land Gleise für neue Strecken verlegt. Bis 1830 fertigte man fast 100 neue Lokomotiven mit Vertikal- und Schrägzylindern. All das sollte sich aber bald ändern, und während George Stephenson eifrig an der Planung und Verwaltung des neuen Eisenbahnnetzes arbeitete, entwickelte sein Sohn Robert neuartige Ideen für den Bau moderner Lokomotiven. Im Jahre 1830 präsentierte er die 2-2-0-Klasse „Planet", die als Muster für alle späteren Lokomotiven dienen sollte.

Bei den Rainhill Trials hatte man viel praktische Erfahrung gesammelt, und obwohl schon die „Rocket" zahlreiche Verbesserungen aufwies, gab es bei hoher Geschwindigkeit immer noch Probleme durch Stampfen und Schlingern. Das lag vor allem an der Position der außen angebrachten Zylinder. Es wurden weitere Tests durchgeführt, und schon bald löste man das Problem, indem man sie eher waagrecht anbrachte und so die Stabilität deutlich erhöhte.

Robert Stephenson war wie viele andere Berühmtheiten ein Selfmademan. Dieses Denkmal steht vor dem Londoner Bahnhof Euston Station.

Dieses Bild zeigt die Zuschauermenge und die Lok „Locomotion" bei der Eröffnung der Stockton & Darlington Railway am 27. September 1825.

Robert Stephenson führte viele weitere Verbesserungen ein: Eine Kuppel (Dom) über dem Kessel hielt den Dampf trockener; ein größerer Schornstein diente gleichzeitig als wirksame Vakuumkammer, die Verbrennung und Dampfbildung förderte; spätere Loks erhielten eine neuartige Feuerbüchse. Die wichtigste Neuerung bildete jedoch die Anordnung der Zylinder an der Vorderseite der Lok, d.h. zwischen den Rädern.

All diese neuartigen Ideen und Änderungen fanden Eingang in die neue „Planet-Klasse", die 1830 in Dienst gestellt wurde und zur ersten Hauptstrecken-Lok der Welt wurde. Diese Lokomotiven wurden nicht nur in England eingesetzt, sondern gingen als Exporte nach Europa und sogar Nordamerika. So kam es, dass Robert Stephenson den Lokomotivenbau in weniger als drei Jahren revolutionierte: Aus den eher unansehnlichen Grubenloks der Stockton & Darlington Railway wurde die Personenzug-

Die frühe Dampflok „Planet" wurde 1830 von Robert Stephenson gebaut. Hier ein Nachbau im Liverpool and Manchester Museum of Science and Industry.

Der Kessel der Planet war anfangs 28 x 41 cm groß. Der Dampfdruck betrug 3,5 kg/cm², und die ganze Konstruktion wog 9¹/₂t.

Die Loks der Planet-Klasse basierten auf der Rocket und waren ihr weit überlegen. Kein einziges Original blieb erhalten, doch hier sieht man eine authentische Rekonstruktion.

klasse „Planet", die allen späteren Modellen als Vorbild diente.

Auch andere Ingenieure arbeiteten hart an neuen Loktypen. Timothy Hackworth z.B. hatte die Verantwortung für Stephensons „Locomotion" übernommen, nachdem deren Kessel explodiert war, wobei leider ein Arbeiter starb. Hackworth verbesserte ihre Leistung, ersetzte sie aber ab 1827 durch eine ganz neue Lokomotive, die „Royal George". Dieses Fahrzeug rollte auf sechs Rädern; die Zylinder saßen kopfüber an der Außenseite des Kessels, und die Kolben und Pleuelstangen trieben die Hinterräder an. Hackworth war mittlerweile Manager der Stockton & Darlington Railway und beschloss, ebenfalls an den Rainhill Trials teilzunehmen, die im Oktober 1829 stattfanden. Leider erlitt

seine „Sans Pareil" nach verheißungsvollem Start einen Zylinderbruch. Obwohl sie so nicht den Wettbewerb gewann, beschlossen die Eigner der Liverpool & Manchester Railway, die Lok zu kaufen und behielten sie bis zum Weiterverkauf 1831. Hackworth machte sich 1833 selbstständig und gründete in Shildon die Lokomotivenfabrik Soho.

Eigene Loks baute auch der 1794 geborene Ingenieur Edward Bury. Er gründete in Liverpool die Gießerei Clarence Foundry und begann 1830, Lokomotiven für die Liverpool & Manchester Railway herzustellen. Als erste lieferte er die „Liverpool", die anders als die meisten ihrer Zeitgenossinnen konstruiert war. Sie verwendete waagerechte Innenzylinder, in Kombination mit einem großen Röhrenkessel, der ebenfalls waagrecht lag und in einer weit über die Kesselröhre aufragenden Kuppel gipfelte.

Der Name „Sans Pareil" bedeutet „ohnegleichen". Leider traf die Lok in Rainhill auf gleichwertige Rivalen. Im Bild ein perfekter Nachbau mit den passenden Waggons.

Auch die Rahmenkonstruktion wich von den anderen ab: Statt der üblichen Platten verwendete man Rohre. 1833 übernahm Bury die Oberaufsicht über die Loks der London & Birmingham Railway, wobei er dazu tendierte, die meisten Fahrzeuge bei seiner eigenen Firma Bury, Curtis & Kennedy zu kaufen.

Die ersten bei der Firma Todd, Kittson & Laird in Leeds gebauten Lokomotiven hießen „Lion" und „Tiger". Dieser Nachbau des Lion-Kessels misst 28 x 51 cm.

Unterdessen fuhr Stephenson fort, seine Lok vom Typ „Planet" zu verbessern, und bald konnte er den neuen 2-2-2-Typ „Patentee" präsentieren, der vor allem durch die „Lion" berühmt wurde. Diese erstmals 1828 gebaute Lok war unter dem Namen

Die Güterzugloks „Lion" und Tiger" wurden 1838 an die neugegründete Liverpool Railway Company ausgeliefert. Die Konstruktion basierte auf dem Patentee-Typ.

„Stourbridge Lion" bekannt, da ihr Erbauer vorn einen Löwen aufgemalt hatte. Der Name „Stourbridge" bezeichnete offenbar die englische Stadt, in der man sie herstellte. Sie war nicht die erste Lok, die in den USA zum Einsatz kam, wohl aber eine der frühesten, die außerhalb Englands verwendet wurden.

Wie bei vielen neuen Ideen, die mehr als einen Vater haben, ging einiges schief: Was die Eisenbahn anbetrifft, äußerte sich das anlässlich der Frage, welche Spurweite man wählen solle. Als George Stephenson die London & Birmingham Railway baute, legte er persönlich die Spurweite, d.h. den Abstand zwischen den beiden Schienen fest. Für seine Entscheidung, dass sie etwas über 4 Fuß und 8 Zoll (ca. 140 cm) betragen solle, sprach einiges: Die meisten Chefingenieure jener Zeit verwendeten die erste Spur-

Das Antriebsrad der „Lion" hatte 175 cm Durchmesser, und die Räder waren nach dem Schema 0-4-2 angeordnet. Das Kesselvolumen betrug ca. 1556 l.

weite, die man auf der Kohlenzeche Killingworth Colliery gewählt hatte, und so schien es nur vernünftig, sich danach zu richten. Leider gab es auch andere (etwa Isambard Kingdom Brunel), die eigene Ideen hatten. Letzterer wurde am 9. April 1806 als einziger Sohn des französischen Zivilingenieurs Sir Marc Brunel in Portsmouth geboren; seine Ausbildung erhielt er in Hove bei Brighton und am Lycée Henri IV in Paris. Im März 1833 wurde er mit 27 Jahren Chefingenieur der Great Western Railway, und beim Bau dieser London mit Bristol verbindenden Strecke erwies er sich als einer der größten Ingenieure der Welt. Zu den beachtlichsten Leistungen an dieser Linie gehörten die Viadukte bei Hanwell und Chippenham, die Brücke von Maidenhead, der Tunnel bei Box und der Bahnhof Temple Meads in Bristol. Als Brunel 1838 die Strecke London-Bristol baute, beschloss er, anstelle der sonst üblichen Standardspur das später so genannte Breitspur-

Isambard Kingdom Brunel gehörte zu den größten Ingenieuren seiner Zeit. Bis heute zeugen viele Entwürfe und ausgeführte Bauten von seinem Genie.

Fahrgäste des einen Zuges aussteigen, auf die Bahn mit der anderen Spur umsteigen und mit ihr die Reise fortsetzen. Das war nur ein Beispiel, und das Ganze wurde für die damaligen Bahnreisenden äußerst lästig. Einer musste nachgeben, und so befasste sich 1845 eine Königliche Untersuchungskommission mit dem Spurproblem. Eisenbahningenieure mussten etwa 6500 Fragen beantworten und schließlich wurde entschieden, dass künftig das von Stephenson entwickelte Spursystem Standard sein solle – 1846 erließ das Parlament den Gauge Act (Spurweiten-Gesetz). Die Great Western Railway behielt ihre Breitspur noch bis 1892 bei, um dann zur

Der Hauptbahnsteig der Temple Meads Station (Bristol), wie er heute aussieht. An Gleis 5 steht ein Zug vom Typ Virgin Express Pendalino zur Abfahrt bereit.

system zu verwenden. Sein Entschluss beruhte auf der Erwägung, dass man auf breiteren Gleisen auch größere, schnellere Loks einsetzen könne. Brunel hob auch hervor, dass Breitspurloks in engen Kurven schwerer entgleisen. Dennoch gab es ein Problem, denn als die Great Western Railway 1844 eröffnet wurde, stand die zwischen Bristol und Gloucester verkehrende Linie vor einem Dilemma: Als Brunels Breitspur auf Stephensons Standardspur stieß, passten beide nicht aneinander! So mussten jeweils die

Die Temple Meads Station von Bristol im Jahre 2005. Der Haupteingang lieg unter dem Glockenturm, befand sich aber ursprünglich im linken Flügel, der den Hauptbahnsteig beherbergt.

Standardspur überzuwechseln. In anderen Ländern gab es ähnliche Probleme mit abweichenden Spurweiten: Die Eisenbahnen der USA benutzten bspw. im Norden und Süden unterschiedliche; das wurde erst nach dem Sezessionskrieg abgestellt, als der Handel zwischen Nord- und Südstaaten wieder auflebte. Man glaubte auch, dass Russland an einer abweichenden Spurweite festhielt, weil es sich vor einer Invasion per Bahn fürchte. Am Bau der ersten russischen Eisenbahnlinie (Moskau-St. Petersburg) war der berühmte US-Ingenieur George Washington Whistler als Berater beteiligt. Im Zuge der Aus-

Obwohl sein Konzept abgelehnt wurde, entschied sich Brunel für eine größere Spurweite als die meisten Zeitgenossen – im Bild die für seine Dreitspur konstruierte „Great Western".

dehnung des Bahnnetzes stellten die einzelnen Länder die Unterschiede ab und vereinheitlichten ihre Spurweiten.

Im 19. Jahrhundert existierten Porthmadog und Blaenau Ffestiniog in Wales noch nicht; diese Region war ein abgelegenes Bergland. 1798 erwarb W. A. Madocks dort Land und betrieb Projekte zur Landgewinnung. Sie gipfelten im Bau des riesigen, als „Cob" bekannten Dammes quer durch die Flussmündung bei Port Madoc, das heute Porthmadog heißt. Hoch oben in den Bergen rund um Blaenau Ffestiniog wurden Schieferbrüche abgebaut und mühsam auf Saumtieren und Bauernwagen über unbefestigte Straßen bergab zum River Dwyryd geschafft, wo man die Steine für den Weitertransport stromabwärts auf flachbodige Boote verlud. Dort wurden sie abermals auf seegehende Segler umgeladen. Am 23. Mai 1832 entstand durch einen Parlamentserlass die Ffestiniog Railway. Auf dieser Strecke, die auf der letzten Meile den Fluss Cob überquerte, konnten die Schieferzüge durch Schwerkraft bergab rollen, während die für die Bergfahrt der leeren Güterwagen benötigten Zugpferde in leichtgefederten „Dandy-Waggons" ausspannen und fressen konnten. Die auch in den Brüchen verwendete 23,5-Zoll-Spur war so breit, dass die Pferde die

Mit 24 Jahren siegte Brunel 1830 im zweiten Wettbewerb um den Bau einer Brücke über die Avon-Schlucht.

leeren Wagen problemlos ziehen konnten, aber auch schmal genug, um die engen Kurven der bergigen Trasse zu bewältigen. Als die Schiefertransporte expandierten, stieß das Pferd-Schwerkraft-System an seine Grenzen, sodass man Dampfmaschinen in

Diese 0-4-4-0 Double Fairlie „Earl of Merioneth" entstand zwischen 1972 und 1979 in den eigenen Werkstätten der Festiniog Railway Company in Boston Lodge.

Die Lok „Merddin Emrys" wurde 1879 nach dem Entwurf von George Percival Spooner für die Festiniog Railway gebaut und verwendete Fairlies patentiertes 0-4-4-0-Konzept.

Erwägung zog. In den 1840ern galten Loks mit so schmaler Spurweite jedoch als unpraktisch, und überdies durfte man auf Neustrecken unterhalb der Standardspurweite keine Fahrgäste befördern. Diese Umstände verzögerten die Einführung der Dampfkraft, und erst Charles Easton Spooner, der 1856 die Leitung der Bahn übernahm, befasste sich näher mit Konstruktion und Bau von Dampfloks. 1862 erfolgten dann Ausschreibungen und 1863 unterschrieb man mit der Londoner Firma George England & Co. einen Vertrag über vier kleine Loks. Im Juli 1863 wurden die „Princess" und die „Mountaineer" per Bahn nach Caernarfon geschafft. Von dort brachte man sie mit Pferd und Wagen nach Port Madoc, wo sie im Oktober in Dienst gestellt wurden. 1864 erlaubte das Handelsministerium – erstmals bei einer britischen Schmalspurbahn – auch die Beförderung von Fahrgästen.

Als der Personenverkehr zunahm, benötigte man auch bessere, stärkere Lokomotiven. Robert Fairlie hatte eine entworfen, die längere Züge ziehen konnte und so die Kapazität der Linie erhöhte. Die neue Lok musste enge Kurven nehmen und starke Steigungen bewältigen können. Heraus kam dabei ein Typ mit zwei Drehgestellen, der wie zwei rücklings aneinander gekoppelte Loks aussah, aber tatsächlich nur einen langen, starren Kessel mit zentralen Feuerbüchsen bzw. Führerständen besaß. So leistete die Ffestiniog Railway Pionierarbeit für Schmalspurbahnen in aller Welt. 1872 stellte sie ihre erste verbesserte Lok „James Spooner" in Dienst; es folgten zwei weitere Doppelloks: 1879 die „Merddin Emrys" und 1886 die „Livingston Thompson". Es verdient Beachtung, dass die Bahn abermals Fairlies Entwurf mit zwei Drehgestellen verwendete, als sie 1979 die neue große Lok „Earl of Merioneth" benötigte.

Mit dem Ausbau des Netzes vergrößerten sich die Entfernungen, und längere Linien erforderten mehr Kraft und Geschwindigkeit. Die Konstrukteure versuchten ständig die Kraft zu steigern, und ein Mittel dazu war die Verwendung längerer Kessel. Von „Langkesseln" spricht man, wenn die Feuerung hinter der Hinterachse liegt, was auch effektiver wirkt. Stephenson führte seine „Langkessel-Lok" 1841 vor. Diese Lokomotiven konnten in unterschiedlicher Form gebaut werden und eigneten sich gleichermaßen für Personen- und Güterzüge. Leider begannen erstere bei den mittlerweile erreichten Geschwindigkeiten heftig zu schwanken, was für die Fahrgäste nicht nur unbequem, sondern auch gefährlich war. Deshalb verwendete man diese Loks vor allem für Güterzüge, etwa auf der North Eastern Railway, die Nachfolgerin der Stockton & Darlington wurde und viele Fahrzeuge dieses Typs einsetzte.

Die Kitson A No. 5 ist eine 0-6-0-Lok mit „Satteltaschentanks", die 1883 bei Kitson & Co. nach Stephensons „Langkessel-Konzept" für die Consett Iron and Steel Company gebaut wurde.

So sah der Heizer den Führerstand einer Kitson A No. 5. Der Zylinder maß 43 x 68,5 cm, der Kesseldurchmesser betrug 122 cm und der Arbeitsdruck 9,8 kg/cm².

Zu den anderen Konstrukteuren, die sich mit großen Kesseln befassten, gehörte Thomas Russell Crampton, ein im südenglischen Broadstairs (Kent) geborener Ingenieur. Er verbrachte einen kurzen Abschnitt seines Lebens mit der Konstruktion von Breitspurloks, die schneller und den Standardmodellen überlegen waren, um das Handelsministerium und die Parlamentarier davon zu überzeugen, dass der Breitspurbahn die Zukunft gehöre (auch wenn er nicht restlos davon überzeugt war). Wichtigstes Kennzeichen der 1843 patentierten Crampton-Lok war die Anordnung der Hinterachse hinter der Feuerbüchse. Das erlaubte unabhängig vom Volumen oder der Höhe des Kessels die Verwendung größerer Räder, und der Schwerpunkt lag weiterhin tief. Crampton kündigte bei der Great Western Railway und begann für die neue Lok zu werben; schon bald kontaktierten ihn die britischen Manager der belgischen Namur-Lütticher Eisenbahn, die daraufhin zwei Fahrzeuge bestellten.

Crampton-Loks wurden bei einigen britischen Bahnen eingesetzt, waren aber im übrigen Europa beliebter, vor allem in Frankreich und Deutschland. 1847 entwarf er die Standardspur-Lok „Liverpool", die das Grundprinzip der „Crampton" übernahm. Sie

120 Cramptons wurden zwischen 1849 und 1860 gebaut. Die Nr. 80 „Le Continent" entstand 1852 für die CF Paris-Strasbourg und ist heute im Eisenbahnmuseum Mulhouse (Elsass) zu sehen.

Die Crampton-Lok besaß eine einzige Antriebsachse hinter der Feuerbüchse, wodurch man größere Antriebsräder mit einem niedrig liegenden Kessel kombinieren konnte.

konnte 180 t mit 80 km/h ziehen und wurde zur stärksten Lok ihrer Zeit. 1847 baute man nach Cramptons Entwürfen zwei weitere Loks namens „Courier" und „London" für die London & North Western Railway. Gleichzeitig wurden zwei weitere, die „Liège" und die „Namur", für eine englische Bahngesellschaft in Belgien hergestellt. 1878 waren erstaunlicherweise alle Expresszüge der französischen Ostbahn nach Cramptons Entwürfen gebaut, und sechs stammten von Stephenson. In den frühen 1850ern lieferte Crampton auch Lokomotiven für die preußischen Ostbahnen.

Viele Reiche und Berühmte, die in London lebten und arbeiteten, wollten ihre Wochenenden und Ferien am Meer verbringen; zu den beliebtesten Seebädern gehörte Brighton an der englischen Südküste. Der Bau einer Bahnlinie zwischen den beiden Orten musste einfach ein geschäftlicher Erfolg werden. Mehr als 3500 Arbeiter und 570 Pferde wurden zur Anlage der Strecke London-Brighton eingesetzt, die im September 1841 fertig war. Zu ihr gehörte auch der bezaubernde Viadukt über das Ouse-Tal bei Balcomb (Sussex), ein großes Werk der Architektur und ein imposantes Stück Ingenieurskunst.

Am 21. September des gleichen Jahres lief der erste Zug in den Bahnhof von Brighton ein, der anfangs

Die Stirling 0-6-0 No. 65 wurde 1896 im englischen Ashford als Lok der „0"-Klasse gebaut. 1908 erfolgte ein Umbau zur „01"-Klasse, wonach die Lok noch bis 1961 im Einsatz blieb.

die Reichen und Schönen in bequemen Waggons I. Klasse ans Meer beförderte. Es dauerte nicht lange, und die Gesellschaft erkannte, dass sich die Zahl der Fahrgäste durch Einführung einer III. Klasse erheblich steigern ließ. Das geschah 1843, und in den nächsten 6 Monaten reisten etwa 360000 Menschen per Bahn nach Brighton.

1847 bestellte die London & Brighton Railway bei der E. B. Wilson Railway Foundry in Leeds eine neue Lok. Deren Chefkonstrukteur David Joy bekam den Auftrag, die berühmteste aller Lokomotivenklassen zu entwerfen, die 2-2-2-Personenzuglok „Jenny Lind". Sie unterschied sich erheblich von anderen Loks ihrer Epoche, denn sie besaß Innenlager für die Antriebs- und Außenlager für die Führungs- und nachlaufenden Räder. Sie wurde ein derartiger Verkaufsschlager, dass ihre Herstellerfirma, die Wilson Railway Foundry, Woche für Woche eine Lok für Bahnen in ganz Großbritannien liefern musste.

Die Stadt Doncaster wurde 1853 zu einem bedeutenden Eisenbahnzentrum, als die Great Northern Railway Company dort ihr Lokomotivenwerk errichtete, das vor Ort als „Plant Works" bekannt war. Mehr als ein Jahrhundert lang war die „Plant" ein wichtiger Arbeitgeber in der Stadt, und sie produzierte einige der schönsten Loks aller Zeiten, z.B. die berühmte „Flying Scotsman" und die „Mallard" (beide von Sir Nigel Gresley). Hier steht auch ein ungewöhnliches Denkmal für Patrick Stirling, einen Lokomotivinspektor der Great Northern Railways. Er bekleidete diesen Posten bei der GNR seit 1866 als Nachfolger von Archibald Sturrock, und es war Stirling, der in Doncaster mit dem Lokomotivenbau begann. „The Plant" produzierte 709 Loks, von denen die 4-2-2-Personenloks vom Typ Stirling die berühmtesten waren.

1870 stellte die London, Brighton & South Coast Railway (LB&SCR) einen neuen Lokomotivinspektor ein: William Stroudley löste John Chester Craven ab, der übermäßig viele Klassen eingeführt hatte, weil er glaubte, jede Linie oder Strecke brauche eine besondere Lok. Während der Wirtschaftsflaute am Ende der 1860er-Jahre war diese Strategie nicht länger tragbar. So hinterließ Craven das Bahnnetz, als er im November 1869 zurücktrat, in ziemlich desolatem Zustand. Die Losung des Tages hieß nun „Standardisierung", und auf diesem Gebiet konnte

Hier sieht man die Lok „Knowle" der Terrier-Klasse, die am 23. Juli 1880 in Dienst gestellt wurde. Die „Terriers" waren bei Lokführern und Fahrgästen gleichermaßen beliebt.

sich Stroudley glänzend bewähren. Er begann zu ermitteln, wie sich der Wagenpark minimieren und der Pendelverkehr maximieren ließe. Viele Menschen waren inzwischen aus London fortgezogen, pendelten aber zur Arbeit weiter dorthin. Stroudley zog alle Umstände und Erfordernisse in Erwägung und präsentierte dann die Lok D1 0-4-2T, die im Nahverkehr zum Einsatz kam. Leider erwies sie sich als ungeeignet für die Linien in Süd- und Ostlondon, die leichtere, wendigere Lokomotiven mit dazu passenden Waggons benötigten. So entstand die hübsche A1, eine robuste, sauber verarbeitete Lok, die bei Fahrgästen und Lokführern gleich beliebt war. Viele kannten sie unter dem Namen „Terrier", während die Lokführer sie lieber „Rooter" nannten. Später fuhr sie von London aus auch in ländlichere Gebiete, um am Ende nach über 90 Jahren außer Dienst gestellt zu werden.

Ein weiterer hart arbeitender Konstrukteur war Joseph Beattie, der 1862 eine Dampflok mit Wassertank unter dem Kessel präsentierte. Sie fuhr auf der Westlondoner Ausbaustrecke der London & South Western Railways. Diese Loks bewährten sich so gut, dass insgesamt 85 gebaut wurden. Sie erwiesen sich als robust und verlässlich und zogen bis gegen 1900 Züge auf Pendel- und Nebenstrecken. Es war die Tenderversion der genannten Beattie-Lok, die am Mittwoch, dem 20. Mai 1885 mit dem ersten Personenzug von Swanage nach Corfe Castle und Wareham fuhr.

Francis Webb präsentierte seine 2-2-2-0-Lok der Klasse „Teutonic", die aus der Dreadnought-Klasse hervorging und zur erfolgreichsten und größten 2-2-2-0-Verbundlok mit 3 Zylindern wurde. Sie verwendete den gleichen Kessel und hatte Antriebsräder mit 2,5 m Durchmesser (bei der „Dreadnought" waren es 2,2 m). Die Achslager hatten Öl- statt Fettschmierung (eine bei dieser Klasse eingeführte Neuheit), und bis auf die „Jeanie Deans" waren alle nach Schiffen der Reederei White Star benannt. Die „Jeanie Deans" gehörte zur Teutonic-Klasse, die mehrere Jahre lang fahrplanmäßig den „Corridor" zog; ihren Namen verdankte sie einer Heldin von Walther Scott. „Corridor" war der Spitzname jenes Nachmittags-Schnellzugs, der von Euston (London) nach Glasgow, Edinburgh und Aberdeen fuhr.

Dugald Drummond kam 1840 im schottischen Ardrossan zur Welt. Er machte in Glasgow eine Lehre, bevor er unter William Stroudley im NBR-Werk Cowlairs bei Glasgow zu arbeiten anfing. Beide wechselten erst zur Highland Railway und dann zur London Brighton & South Coast (LBSC). Im Februar 1875 schied Drummond bei der LBSC aus, um Lokomotivinspektor in Cowlairs zu werden. Dort blieb er mehrere Jahre, bis er – abermals als Lokomotivinspektor – zur Caledonian Railway ging, die er 1890 verließ, um einige Zeit in der Privatwirtschaft zu arbeiten. 1895 wurde Drummond Lokomotivinspektor der LSWR, wo er als erste neue Klasse die M7 (0-4-4-T) einführte. Sie wurde ab 1897 und noch bis 1911 gebaut; insgesamt waren es etwa 105 Stück. Einige Fahrzeuge dieser Klasse

Hier sieht man eine Ivatt-Lok mit kegelförmigem Kessel", wie sie 1946–1953 im Werk der British Railways in Crewe gebaut wurde. Von diesem Typ mit dem Radschema 2-6-0 gab es insgesamt 128 Stück.

Sir Nigel Gresley war wohl der berühmteste Lokomotivenbauer der LNER; er diente ihr den größten Teil seines Lebens
als Leitender Maschinenbauingenieur.

Hier braust die LNER V2 No. 4771 „Green Arrow" durch die
englische Landschaft. Entworfen wurde sie von Gresley 1936
als schwere, schnelle Güterzuglok.

Southern & Western Railway (GS&WR), wo er
1886 Lokomotivingenieur wurde. Danach kehrte er
nach England zurück, um 1895 Chief Locomotive
Superintendent der Great Northern Railway zu werden. Damals nahm der Schienenverkehr enorm zu,
und man brauchte immer stärkere Lokomotiven.
Ivatts Lösung bestand in größeren Kesseln und
zusätzlicher Überheizung. Damit rüstete er 1898
seine 4-4-2-Klasse „Atlantic" aus, nachdem er 1897
als Experiment eine 4-4-2 gebaut hatte: Die Nr. 990
war die erste in Großbritannien gebaute 4-4-2-
Atlantic und erwarb sich rasch den Spitznamen
„Klondyke". Ivatt bereicherte den britischen Lokomotivenbau auch, indem er als erster das 4-4-2-
Radschema der Atlantic und den Walschaert-Ventil-
mechanismus einführte.
Die erste Hälfte des 20. Jahrhunderts gilt allgemein
als das Goldene Zeitalter der Eisenbahnen. Die
bescheidenen Loks des frühen 19. Jahrhunderts hat-

setzte man anfangs als Personenzugloks zwischen
Exeter und Plymouth ein.
Von allen Loks, die Drummond für die LSWR entwarf, darf wohl die Personenschnellzuglok T9 von
1899 als sein größter Erfolg gelten. Sie war bei
ihrem Personal ungemein beliebt und erhielt wegen
der hervorragenden Beschleunigung den Spitznamen „Greyhound".
Henry Alfred Ivatt wurde 1851 geboren und am
Liverpool College erzogen, bevor er eine Ausbildung im Lokomotivenwerk der L&NWR in Crewe
begann. 1877 wechselte er zur irischen Great

Hier sieht man die vermutlich berühmteste Lok der Welt: Die
„Flying Scotsman" geht 2006 noch regelmäßig von York aus
auf Fahrt.

Unverkennbar eine A3 „Pacific" 4472 der LNER – die „Flying
Scotsman". Sie wurde 1923 als Schnellzuglok für die
Hauptstrecken der Great Northern Line Railway entworfen.

Die „Flying Scotsman" in ihrer ganzen Pracht, wie sie 2005 in Crewe junge und alte Eisenbahnfans begeisterte. Wahrlich eine fantastische Lok!

ten sich gewaltig verändert, als neue Erfindungen ihnen mehr Kraft und höhere Geschwindigkeiten beschieden. Sie waren jetzt ein wichtiger Teil des täglichen Lebens: Lokomotiven beförderten Güter und Fahrgäste in alle Teile des Landes, sei es zum Vergnügen oder zur Arbeit.

Zu Beginn des neuen Jahrhunderts hatte die von Ivatt entworfene 4-4-2-Lok „Atlantic" ihren Auftritt,

Gresleys A1-Loks wurden zwischen 1927 und 1947 bis auf die 4470 der Great Northern zur Version A3 aufgerüstet. Alle neu gebauten A3s hatten Linksantrieb.

die zu einer der größten Loks ihrer Zeit heranreifte, nachdem sie 1898 in Großbritannien von der GNR in Dienst gestellt worden war.

William Paxton Reid begann 1879 eine Lehre bei den NBR-Werken in Cowlairs und wurde 1903 zum Lokomotivinspektor ernannt. Er setzte die Praxis

fort, vorhandene Loks durch Umbau zu modernisieren und führte bei NBR die Überheizung ein. Am besten bekannt wurde er wohl durch die mächtigen 4-4-0-Klassen D30 „Scott" und D34 „Glen". 1905 beschloss die North British Railway (NBR) den Bau neuer, schwererer Waggons, die stärkere Loks als die vorhandenen 4-4-0s brauchten. Reid konstruierte ein Zweizylinder-Modell mit einfacher Expansion, von dem man nach der Freigabe 14 Stück bestellte. Diese Atlantics wurden als Klasse „H" eingestuft, besaßen aber im Gegensatz zu vielen früheren NBR-Loks äußere Zylinder. Die erste Charge wurde 1906 in Dienst gestellt, und anfangs machte man sich bei der NBR Sorgen wegen ihrer Vibrationen. Alle Loks bekamen schottische Namen wie „Aberdonian", „Bonnie Dundee" u.ä.

Der berühmteste Lokomotivenbauer, der für die LNER arbeitete, war sicher der später geadelte Nigel Gresley; er widmete ihr den größten Teil seines Lebens. Die meiste Zeit arbeitete er als Leitender Maschinenbauingenieur. Gresley wurde 1876 in Nethersale (Derbyshire) geboren und besuchte das Magdalene College, bevor er eine Ausbildung im

Kein Zweifel am Typ: Die Nummer 4472 ist schon in die Geschichte eingegangen, und der Name „Flying Scotsman" lebt weiter fort.

Werk Crewe begann. Um Erfahrungen als Konstrukteur und Zeichner zu sammeln, ging er 1898 zur Lancashire & Yorkshire Railway (L&YR), die er 1905 verließ, um Inspektor des Lokomotiv- und Wagenparks der Great Northern Railway (GNR) zu werden. 1911 ernannte man Gresley zum Leitenden Maschinenbauingenieur der GNR; zu seinen frühen Loks gehörte die 2-6-0 K3 mit großem Kessel und drei Zylindern, die 1920 in Dienst gestellt wurde. Das Konzept der 2-6-0 entwickelte Gresley seit August 1917; damals plante er für die GNR eine neue Express-Güterlok auf der Grundlage seiner K2 (2-6-0). Obwohl die K3er konstruktiv stark den K1ern und K2ern ähnelten, sahen sie dank ihrer mächtigen Kessel und robusten Kesselhalterungen anders aus.

Wegen des Ersten Weltkriegs musste Gresley seine Personen-Schnellzuglok auf Eis legen, doch 1920 konnte er die Pläne wieder aufnehmen, zu denen jetzt auch das Verbundventilsystem gehörte. Im April 1922 trat die Nr. 1470 „Great Northern" als erste Gresley-Pacific der Klasse A1 ihren Dienst an. Die A1-Loks hatten immer 600 t ziehen können sollen, und das gelang im September 1922, als die Nr. 1471 testweise so einen Zug zog. Knapp ein Jahr später – die GNR war mittlerweile Teil der London and North Eastern Railway (LNER) – stellte man die wohl berühmteste Lok der Welt vor: Die Nr. 4472, besser bekannt als „Flying Scotsman". Sie wurde auf der British Empire Exhibition von 1924 und 1925 in ihrem apfelgrünen Anstrich dem beeindruckten Publikum vorgestellt und hatte mit einem Schlag Erfolg. Im Jahre 1934 erreichte der „Flying Scotsman" – diesmal mit einem Dynamometer-Waggon – als erste Dampflok nachweislich 160 km/h.

Als Richard Maunsell Maschinenbau-Ingenieur der eben gegründeten Southern Railway wurde, bestand seine erste Aufgabe in der Überprüfung und Modernisierung des Wagenparks. Wichtiger als alles andere war die Anschaffung weiterer Loks für Personenschnellzüge, und so produzierten die LSWR-Werke in Eastleigh im Herbst 1918 die ersten drei Schnellzugloks der Klasse 4-6-0, die Robert Urie entworfen hatte. Weitere sollten folgen, doch die Lokomotiven bewährten sich nicht, da sie störanfällig waren und zu wenig Kraft erzeugten. Zur gleichen Zeit legte Maunsell eigene Pläne für eine neue Klasse von Lokomotiven vor. Sein Vorschlag umfasste eine Reihe von „Standard-Loks" für die künftigen Erfordernisse der Bahn, die in hohem Maße die gleichen Pläne und Teile verwendeten. Er stand vor einer großen Herausforderung, denn die künftigen Hauptstrecken-Schnellzüge sollten Lasten von 500 t bei einer Dauergeschwindigkeit von 88 km/h ziehen können – sowohl im West- als auch im schwierigeren Ostbezirk. Mansell begann die Arbeit an Entwürfen und Erprobungen mit dem Ziel, eine Lok „auf der Höhe der Zeit" zu konstruieren. Der Prototyp mit der Nr. E850 entstand 1926 und wurde nach Lord Nelson benannt, dessen Name später die ganze Klasse bezeichnete, deren Loks alle wie berühmte britische Admirale hießen. Die Klasse genoss hohe Wertschätzung und erwies sich im Einsatz als absolut zuverlässig.

Sir Nigel Gresley wurde einer der berühmtesten britischen Lokomotivenbauer, und seine berühmte

Nr. 31874 ist eine 2-6-0-Lok der N-Klasse von Maunsel, die früher den Southern Railways gehörte. Das Fahrzeug von 1925 hat zwei Zylinder und Walschaerts-Ventile.

Pacific-Serie, die mit der später zur A3 modernisierten GNR-Lok A1 begann, gipfelte in der heute hoch angesehenen Stromlinienlok A4. Eine dieser A4-Loks, die „Mallard", stellte 1938 den Geschwindig-

Die „Union of South Africa" mit dem 4-6-4-Radschema wurde 1937 für die LNER gebaut. Ihren Namen verdankt sie der jüngst gegründeten Südafrikanischen Union.

1937 hatte LNER schon die einhundertste Gresley Pacific gebaut und ehrte ihren Konstrukteur durch die Namensgebung. Diese Lok entging 1966 der Verschrottung.

Diese Plakette spricht für sich: Auch diese fantastische Lok eroberte sich die Herzen der Nation. Es war die Glanzzeit dieser wunderbaren Loks.

Keine Digitalanzeigen, nur Hebel und Messgeräte. Lokführer brauchten damals Erfahrung und Hingabe. Das Bild zeigt das Armaturenbrett der „Mallard".

Die 4-6-2-Pacific-Lok Nr. 4468 „Mallard" gehörte zur LNER-Klasse A4, die Sir Nigel Gresley entwarf. Sie war als Schnellzuglok konstruiert und im Windkanal getestet.

keitsrekord für Dampfloks auf, der bis heute unüberboten blieb. Das Ereignis wurde so beschrieben: Das große Zentrallager tauchte ins Öl des Zylinders ein, und die Heimfahrt begann. Mit 38,5 km/h passierte man Grantham. Am Streckensignal von Stoke

betrug die Geschwindigkeit voll aufgedreht und mit 40% weniger Dampf 120 km/h. Am Meilenstein 94 registrierte man – beim einem Achsantrieb von 1800 PS – 185 km/h. Zwischen den Meilensteinen 92.75 und 89.75 stieg die Geschwindigkeit auf 190 km/h, und auf der kurzen Strecke von 306 yards wurden 200 km/h erreicht. Manche sprechen sogar von 202 km/h, doch Gresley selbst weigerte sich, diesen Wert anzuerkennen.

Viele Ideen aus dem A4-Entwurf gingen auch in die V2 – eine von Gresleys erfolgreichsten Lokomotiven – und seine spätere „Mikado" ein.

William Stanier wurde 1876 geboren und begann 1892 eine Ausbildung bei der Great Western Railway (GWR) in Swindon. Nach seinem Ausscheiden im Jahre 1897 kehrte er 1912 nach Swindon zurück, wo er 1920 Betriebsleiter wurde. Im Januar 1932 zum leitenden Maschinenbauingenieur der London, Midland & Scottish (LMS) ernannt, konstruierte er zunächst die schwere Personenzuglok „Princess". 1937 baute man die später als „Duchess"-Klasse bekannte „Coronation"-Klasse, die mehrere Verbesserungen aufwies, u.a. einen großen Überhitzer. Viele halten die „Duchess"-Klasse für die beste britische Personenzuglok überhaupt.

In seiner Zeit bei der LMS entwarf Stanier noch einige andere erfolgreiche Loks, so die 4-6-0 „Black 5" für gemischten Verkehr und die 2-8-0-Güterzuglok „8F". Letztere wählte das Verteidigungsministerium zu seiner Standardlok. Alle Firmen der „Big Four" bauten für das Ministerium 8F-Loks, auch die LNER, die zwischen Juni 1943 und September sechzig 8Fs lieferte; alle trugen die Embleme der LMS.

Während die schweren Loks Fahrgäste und Güter landauf, landab über die langen Strecken beförderten, wurden die Vororte der britischen Großstädte hauptsächlich durch kleinere tenderlose Lokomotiven bedient. Diese Fahrzeuge waren wendig, erreichten aber dennoch recht hohe Geschwindigkeiten; ihr größter Vorteil war, dass sie keine Tender hatten. So konnten sie Waggons vor- und rückwärts bewegen, ohne jedes Mal mühsam die Fahrtrichtung wechseln zu müssen.

Man entwarf eine ganze Reihe unterschiedlicher Größen; zu den bekannteren gehörten die 4-4-0-Loks, denen vor Beginn der Elektrifizierung jene vom Schema 2-6-4 folgten.

Auch die Rangierloks, jene altbewährten „Arbeitspferde" der Industrie, sollten den Übergang zum Dieselantrieb zu spüren bekommen. Die Tage der dampfbetriebenen Rangierloks endeten in den 1950ern; nur das National Coal Board setzte auf seinen Zechen noch einige bis in die 1970er ein. Nun war es an den Dieselloks, ihre flexible und weit überlegene Kraft zu demonstrieren.

Nr. 61039 (auch „Steinbok" genannt) war eine Thompson B1 4-6-0 der Antelope-Klasse. Thompson wurde 1941 Leitender Maschinenbauingenieur der LNER.

Unter gewaltiger Qualmentwicklung macht sich die „Steinbok" auf eine weitere Passagierfahrt – die ersten Loks vom Typ 41 B1 wurden nach Antilopenarten benannt.

Hier sieht man eine von Sir William Steiner entworfene Lok der Klasse 40, die ab Oktober 1933 bei LMS eingesetzt wurde. Gebaut im englischen Crewe, erhielt sie die Bezeichnung 42968.

Die Klasse „Princess Royal" der 4-6-2-Loks vom Pacific-Typ, zu der auch die „Duchess of Sutherland" gehörte, beruhte auf einem Entwurf, den William Steiner 1932 vorlegte.

Die 6201 „Princess Elizabeth" ist eine Personenschnellzug-Dampflok. Von diesen Pacifics mit dem Radschema 4-6-2 wurden zwischen 1933 und 1935 insgesamt 13 Loks hergestellt.

Hier sieht man die unlängst restaurierte Dampflok 48151, eine 2-8-0-Maschine, am Tag der Offenen Tür 2005 in den Werken von Crewe.

Plakette und Räder der 4-6-0-Personenlok „Leander", die auf der Strecke von den Midlands nach St. Pancras (London) im Einsatz war.

Das Eisenbahnnetz, das in Großbritannien während des 19. Jahrhunderts entstanden war, erfuhr 1923 durch die Eisenbahngesetze von 1921 eine Umgruppierung. Schließlich wurden vier große Gesellschaften gebildet, die jeweils in einem Teil des Landes dominierten – die Great Western Railway (GWR), die London, Midland & Scottish Railway (LMS), die London & North Eastern Railway (LNER) und die Southern Railway (SR). Unter der Labour-Nachkriegsregierung verstaatlichte Großbritannien eine Reihe von Schlüsselindustrien, u. a. Kohle, Stahl und Verkehrswesen. Dabei verschmol-

Die 4-6-0 „Royal-Scot" wurde 1927 in Dienst gestellt und war ein Entwurf von Sir Henry Fowler. Sie führte einen Zwillingskessel und wurde später nach Plänen von Stanier umgebaut.

Dieses Bild zeigt eine Lok der 1947 eingeführten Klasse B1, die Edward Thompson entwarf. Er hatte nach Gresleys Tod 1941 dessen Stelle übernommen.

zen die „Big Four" am 1. Januar 1948 zu British Railways (BR), die vom Leitenden Bahnbeamten der British Transport Commission (BTC) kontrolliert wurden. Das neue Netz gliederte sich geographisch nach den Linien der „Großen Vier" in sechs Regionen – die Ostregion (ER) – südliche LNER-Linien; die Nordostregion (NER) – nördliche LNER-Linien in England; die London Midland Region (LMR) – LMS-Linien in England und Wales; die Schottische Region – LMS- und LNER-Linien in Schottland; die Südregion – SR-Linien und die Westregion (WR) – GWR-Linien. Diese Regio-

Die „Rolvenden" ist eine schnörkellose 0-6-0-Militärlok mit Satteltank. Diese Fahrzeuge baute man vor der Invasion im Zweiten Weltkrieg.

Die Tanfield Railway ist die älteste Bahnlinie der Welt und Heimat dieser 0-6-0ST „Renishaw", die häufig ganze Waggons voller Ausflügler ziehen muss.

Die bis heute bei der Tanfield Railway erhaltene „Stagshaw" ist eine Hawthorn Leslie 3513. Sie wurde 1937 gebaut und arbeitete bis 1972 für das National Coal Board.

Hier sieht man eine Hawthorn Leslie (0-4-0-Satteltank) von 1901. Sie wurde für den Einsatz bei den Webster Brick and Lime Works in Coventry bestellt.

Die 5637 der East Somerset Railway in Shepton Mallet ist eine 0-6-2-Tanklok, die 1925 bei der Great Western Railway gebaut wurde.

Der Führerstand der Lok „Stagshaw". Sie entstand auf dem Rahmen einer experimentellen Kompressionsdampflok vom Typ Hawthorn Leslie.

nen bildeten bis in die 1980er die Grundlage der Unternehmensstruktur von BR, und obwohl sie ein gewisses Maß an Unabhängigkeit bewahrten, gab es auch zentralistische Elemente.

1955 legte man Pläne zur Modernisierung vor, die über den Zeitraum von 15 Jahren Investitionen in Höhe von 1,24 Mio. £ vorsahen. Das Angebot sollte für Reisende und Spediteure durch die Elektrifizierung der Hauptstrecken, die Einführung zahlreicher Diesel- und E-Loks mit modernen Waggons, neue Signalanlagen und die Erneuerung des Gleisnetzes attraktiver werden. Da man jedoch einige Faktoren außer Acht gelassen hatte, verfehlte der Plan sein Ziel, und das Geld wurde knapp. 1959 legte man ihn erneut auf: Nun sollten Modernisierung und Rationalisierung beschleunigt werden. So bestellte man massenweise neue Dieselloks, die noch in der Entwicklung waren und sich später oft als mangelhaft erwiesen. Zu den bekannteren und erfolgreicheren zählten die auf der Ostküsten-Hauptstrecke eingesetzten Deltics und die für Schnelltransporte (Personen und Güter) verwendeten 47er von Brush Sulzer. Ebenfalls eingeführt wur-

Dieses Bild zeigt die „Butler Henderson", die einzige erhaltene Personenzuglok der ursprünglichen Great Central Railway. Sie trägt die Nummer 506 und wurde 1919 fertiggestellt.

Gemäß der Herstellerplakette wurde diese Lok 1920 gebaut. Sie wurde demnach früher als ursprünglich geplant fertiggestellt.

den die Klasse 40 von English Electrics (auf der Westküsten-Hauptstrecke) und die Zwölfzylinder-Peaks von Sulzer, die Güter und Personen beförderten. Das sind aber nur einige unter vielen.

Im Jahre 1963 legte BR-Vorstand Dr. Richard Beeching ein Umstrukturierungskonzept vor, das eine straffere Rationalisierung unter Schließung unprofitabler Strecken forderte. Die „Beeching-Axt" sauste auf die meisten Neben- und einige Hauptstrecken nieder, und Anfang der 1960er kam es auch zur „Großen Lokomotivenausmusterung", bei welcher massenweise Dampf- durch Dieselloks ersetzt wurden.

In der ersten Phase ihres Bestehens erbte BR von den „Großen Vier" eine Anzahl Lokomotiven, die in ihrer überwiegenden Mehrheit dampfbetrieben waren. BR baute im Zeitraum zwischen 1948 und 1960 insgesamt 2537 Dampfloks: 1538 nach „vorstaatlichen" Plänen, 999 nach eigenen. Diesen Lokomotiven war nur eine kurze Lebensdauer beschieden, denn 1968 beschloss man das Ende des Dampfbetriebs.

Mit der Geburt von BR entstand auch das neue Logo mit den beiden Pfeilen, und 1973 wurden die Loks

British Railways ging am 1. Januar 1948 aus der Fusion der „Big Four" hervor und stand unter der Leitung des Railway Executive der British Transport Commission.

Die „Foremark Hall" ist eine umgebaute 4-6-0-Lok der Hall-Klasse, von der 1944–49 insgesamt 71 Stück entstanden.

Lok D123 verließ im November 1961 die Werke von Crewe. Sie führte einen Dieselmotor vom Typ Sulzer 12LDA28B und erzeugte 2500 PS.

Lok Nr. 31602. Die Dieselloks der Klasse 31 von British Rail – auch als Type 2 bekannt – wurden von 1957 bis 1962 hergestellt.

nach dem TOPS-System klassifiziert, das ursprünglich von der Southern Pacific Railroad stammte.

In den 1950ern traten Dieselzüge mit mehreren Waggons (DMUs) auf den Plan; sie konnten Stop-Start-Fahrten ähnlich effektiv und schnell wie Rangierloks bewältigen. Eingeführt wurden sie im Rahmen des Modernisierungsplans zwecks Ablösung der Dampflokomotiven. Diese Dieselloks wurden in Zweier-, Dreier- oder Viererpacks eingesetzt und waren als „Heritage DMUs" bekannt. Eine zweite Generation dieser Fahrzeuge kam in den 1980ern zum Einsatz und trug die Bezeichnung „Sprinter-Serie". Sie waren moderner als ihre Vorgänger, boten mehr Fahrkomfort und hatten Gleittüren. Weniger beliebt wurde die Pacer-Serie, doch die Spitze bildeten die Schnellzüge der 1990 eingeführten Klasse 158, die auf Mittel- und Langstreckenfahrten zum Einsatz kamen.

Als man in den 1950ern große Teile des Streckennetzes elektrifizierte, erschienen auch die E-Züge mit mehreren Waggons (EMUs). Sie eigneten sich ideal für die belebten Vorortstrecken und zogen vier,

Hier sieht man den Prototyp einer englischen Co-Co-Diesel-E-Lok (Deltic) aus den 1960ern. Er führte zwei Napier-Deltic-Motoren, die 3300 PS erzeugten.

Eine Diesellok der Klasse 45, die British Railways in den 1960ern entwarf. Das abgebildete Fahrzeug ist bei der Royal Army Ordnance Corp. im Einsatz.

Die „Western Fusilier", eine hydraulische C-C-Diesellok der Klasse 52 von British Railways. Die abgebildete Nr. D1023 wurde 1963 im englischen Swindon hergestellt.

Eine „Mogul" von British Standard, gebaut in den 1950ern in Darlington. Nr. 78019 wurde 1954 fertiggestellt und war anfangs in Kirby Stephen stationiert.

Ein Dampflok bei der Wasserübernahme – heute ein seltener Anblick, der erkennen lässt, welche Körperkraft erforderlich war, um diese Loks am Laufen zu halten.

Die „Virgin Voyager", eine DMU (Diesel Multiple Unit) der Klasse 220, am Bahnhof Temple Meads in Bristol (2005). Gebaut werden diese Loks bei Bombardier Transportation.

Dieser Zug der Great North Eastern Railway (GNER) hält am Bahnhof von York. Die Gesellschaft bedient regelmäßige Fahrten zwischen England und Schottland.

Das englische Streckennetz wird heute von einer ganzen Reihe unterschiedlicher Gesellschaften betreut. Im Bild Loks auf dem Bahnhof von Birmingham in den Midlands.

ways (Regionalbahnen). Diese neuen Sektoren wurden weiter unterteilt, wobei neue Linien entstanden. Durch den Railways Act der Tory-Regierung aus dem Jahre 1993 wurde BR zerschlagen und im November 1997 privatisiert; die Fahrgastlinien aller Sektoren vergab man als Lizenz an Privatunternehmen. Die Folgen der Privatisierung waren unterschiedlich: Das Fahrgastvolumen wuchs, allerdings unter immensen Kosten für Steuerzahler und Reisende. 2005 waren die Fahrgastzahlen wieder auf das Niveau der 1950er gesunken. Mit dem Anbruch des neuen Jahrtausends entstand ein neuer Bedarf an superschnellen, bequemen Zügen, die mit den immer zahlreicheren Billigfliegern konkurrieren konnten.

acht oder zwölf Waggons. Ihre Antriebskraft bezogen sie wie Straßenbahnen aus Oberleitungen; zu ihnen traten später die Dreischienenzüge, deren Energie aus einer dritten Schiene kam. Außerdem wurden auch kombinierte E- und Dieselloks eingeführt, deren Dieselmotoren Elektrizität erzeugten, die wiederum die Fahrmotoren antrieb. Sie waren unter der Bezeichnung diesel electric multiple units (DEMUs) bekannt und versorgten nicht elektrifizierte Strecken. Als sich die Technologie rascher entwickelte, erschienen technisch ausgereiftere Loks, die auf Langstreckenfahrten zwischen den Großstädten 160 km/h erreichten.

In den 1980ern teilte man das gesamte Streckennetz in fünf Gebietssektoren auf; zu den Fahrgastsektoren gehörten InterCity (Schnellzüge), Network South-East (Londoner Pendlerzüge) und Regional Rail-

Die Waterloo Station in London. England ist auch Abfahrbahnhof der Eurostar-Züge nach Belgien und Frankreich. Das Bild zeigt verschiedene Pendlerzüge.

Die Vereinigten Staaten

Ein Langstreckenzug windet sich durch eine Berglandschaft irgendwo in den USA. Die ersten Pioniere ahnten nicht, was ihnen hier noch bevorstand.

Die Pioniere, welche die ersten Eisenbahnen der USA bauten, mussten ungeheure politische, soziale und topographische Hindernisse überwinden. Was diese mutigen Männer in einem unberührten und nicht kartierten Land erreichten, zählt zu den erregendsten Kapiteln der amerikanischen Geschichte.

Als die ersten Siedlungen entstanden, mussten auch Menschen und Güter transportiert werden – anfangs auf Flüssen, den natürlichen Verkehrswegen, war doch der größte Teil des Landes mit dichtem Wald bedeckt, in dem wilde Tiere (und natürlich auch Indianer) hausten. Doch auch die Flüsse hatten ihre Nachteile: Sie flossen meist von Norden nach Süden, und in Ost-West-Richtung musste man über Land reisen. Bis etwa 1796 gab es keine richtigen Straßen; erst damals bahnte sich Ebenezer Zane seinen Weg in den Südosten von Ohio, und so begann die Entwicklung der später so genannten „turnpike roads" (Schlagbaumstraßen). Als diese an Zahl zunahmen, wurde bald klar, dass angesichts der Länge dieser Verbindungen weder Straßen noch Flüsse imstande waren, den Bedürfnissen der über weite Landmassen verteilten Bevölkerung Genüge zu tun. So entwarf und baute man ein Netz künstlicher Wasserstraßen – alles mit menschlicher Muskelkraft, Hacke und Spaten. In den Vereinigten Staaten entstanden mehrere Tausend Kilometer Kanäle; viele davon überspannten auf Holzaquädukten breite Flüsse, während andere über große Entfernungen durch dichte Wälder gegraben wurden. Bald waren viele Flüsse so miteinander verbunden, dass man auf

Wasserstraßen 4300 km weit von der Ostküstenstadt New York ins an der Südküste gelegene New Orleans reisen konnte.

Schon 1812 hatte sich John Stevens davon überzeugt, dass die künftige Entwicklung seines Landes nicht vom Wasser-, sondern vom Dampfloktransport abhing. Als im gleichen Jahr der Bau des Erie-Kanals Grünes Licht bekam, schlug Stevenson so-

Diese Skizze zeigt einen Teil der 1832 vollendeten Strecke, die Reisende auf dem Weg von Philadelphia nach Pittsburgh zurücklegen mussten – teils per Schiff und teils per Bahn!

gleich eine billigere und schnellere Alternative in Gestalt einer Dampfbahnlinie vor. Seine Idee galt jedoch als fantastisch und undurchführbar, und so wurde der Erie-Kanal gebaut. Ein weiterer Kanal sollte Philadelphia und Pittsburgh verbinden; am Ende kam eine Mischung aus Kanal und Eisenbahn heraus. Die Reise, die auch über die Allegheny Mountains führte, erfolgte zum Teil auf Kanalbooten, teils auf dem Fluss und teils auf Rädern. Am Anfang stand dabei eine einspurige Strecke von Philadelphia nach Columbia – die älteste Eisenbahn des amerikanischen Kontinents –, die um 1832 fertiggestellt wurde. Die ganze Reise von Philadelphia nach Pittsburgh – eine Strecke von etwa 640 km – nahm vier Tage bis eine Woche in Anspruch.

Ende August 1831 legte die „Allegheny" nach sechswöchiger Fahrt ab Liverpool in Philadelphia an; an Bord befand sich ungewöhnliche Fracht: Eine Dampflokomotive. Robert Stevens hatte sie von Robert Stephensons Fabrik erworben und heim in die USA gebracht, um sie auf seiner eigenen Bahnstrecke einzusetzen, die damals erst im Planungsstadium war. Man musste die Lok stromaufwärts bis Bordentown (New Jersey) befördern. Dort wurde sie sorgfältig ausgepackt, zusammengebaut und unter Dampf gesetzt. Nachdem sie zu Stevens' Erleichterung funktionierte, ließ er sie sicher abstellen und begann mit dem Bau seiner neuen Bahnlinie. Sie verband Camden und South Amboy (New Jersey), sollte unter dem Namen „Camden & Amboy Railroad" bekannt werden und war eine der erfolgreichsten frühen Bahnen der USA. 1833 half die „John Bull" gemeinsam mit anderen von Stevens erbauten

Hier sieht man die originale Lok „John Bull", die als erste Lokomotive der USA in den 1830ern im Personenverkehr eingesetzt wurde.

Loks bei der Vollendung der Camden & Amboy Railroad. Anschließend erhielt die Lok ihren „cowcatcher" (Schienenräumer), der allerdings kein streunendes Vieh abwehren sollte, sondern Bestandteil eines grundlegenden Umbaus war, zu dem auch zwei zusätzliche Räder zur besseren Spurhaltung gehörten. Der Schienenräumer war mehr oder minder ein nachträglicher Einfall.

Das erste vorbereitende Treffen zur Gründung einer Bahngesellschaft in den USA fand am 12. Februar 1827 in Baltimore statt. Die Baumaßnahmen begannen am 4. Juli 1828 mit der Grundsteinlegung, die Charles Carroll aus Carrollton vornahm: Der damals über Neunzigjährige war der letzte noch lebende Unterzeichner der Unabhängigkeitserklärung. Fertiggestellt wurde die Baltimore & Ohio Railroad 1852. Im August 1830 unternahm die vom New

Yorker Erfinder Peter Cooper entworfene Lok „Tom Thumb" eine erfolgreiche 13-Meilen-Testfahrt von Baltimore nach Ellicott's Mills (Maryland). Sie schob einen kleinen, offenen Waggon mit 18 Fahrgästen und legte die 21 km nonstop in $1^1/_4$ Stunde zurück. Die Rückfahrt dauerte nur 57 Minuten. Obwohl ihre Erprobung erfolgreich verlief, mussten gelegentlich noch Pferde als Helfer einspringen – das Ganze war immer noch als Experiment gedacht. Man testete noch zwei weitere Lokomotiven, doch diese waren außerstande, die gestellten Aufgaben zu erfüllen. Erst im Juli 1834 fand sich endlich eine Lok, welche die Waggons ziehen konnte, sodass die Pferde überflüssig wurden. Im Laufe des Jahres 1835 erreichte die Strecke Washington, und bis 1842 wurde sie nach Cumberland verlängert.

Nun erhielten zahlreiche andere Bahnen Konzessionen, von denen viele zwischen 1820 und 1840 entstanden. Zu ihnen gehörte die Delaware & Hudson Canal & Railroad Company vom 3. April 1823. Die Delaware, Lackawanna & Western Railroad (die „Ithaca & Owego") wurde am 28. Januar 1828 zugelassen, ging aber erst am 1. April 1834 in Betrieb. 1834 erfolgte die Fertigstellung der Paterson & Hudson, und 1835 folgte die Boston & Providence Railroad. Durch all diese Bahnlinien und weitere im Bau befindliche entstand ein verstärkter Bedarf nach geeigneten Loks.

Der mittlerweile 75-jährige John Stevens hatte eine Lok mit Röhrenkessel entworfen, die er auf dem Rundgleis seines Anwesens in Hoboken fahren ließ.

Der Bau der Baltimore & Ohio Railroad begann am 4. Juli 1828 mit der Grundsteinlegung durch Charles Carroll, einen Mitunterzeichner der Unabhängigkeitserklärung.

Am 28. August 1830 fuhr die Lok „Tom Thumb" auf ihrem Gleis mit einem Pferd um die Wette. Dabei verlor sie einige Teile, und auch der Siegeslorbeer ging an das Ross verloren.

Eine Darstellung des ersten Ausflügler-Dampfzuges der USA. Die Lok „John Bull" verkehrte in den 1830ern zwischen Albany und Schenectady (New York).

Hier sieht man einen Nachbau der ersten in den USA hergestellten und erprobten Dampflok. Ihr Erbauer war 1830 Peter Cooper von der Baltimore & Ohio Railroad.

Sie galt als erste Lok der USA, die mit Dampfkraft auf Schienen fuhr, war aber leider für die kommerzielle Verwendung ungeeignet. Nachdem eine Kommission von drei US-Ingenieuren England bereist hatte, wurde die Lok „Stourbridge Lion" importiert. Zusammen mit ihr führte man eine von Robert Stephenson gebaute englische Lokomotive ein, doch die Ankunft der Stephensonschen Lok verzögerte sich anscheinend aus unbekannten Gründen. Die „Lion" verkehrte 1829 auf der Kohlenstrecke der Delaware & Hudson Company, war aber für deren Gleise zu schwer und wurde daher ausrangiert. Die aus der Stephensonschen Fabrik bezogene Lok „John Bull" kam ab 1831 bei der Pennsylvania Railroad zum Einsatz.

Es dauerte nicht lange, bis auch in den USA Lokomotiven gebaut wurden; die erste war die „Best Friends of Charleston", die in der Gießerei von West Point (New York) für die South Carolina Railway entstand. Ihre Indienststellung erfolgte 1830, und die Gesellschaft setzte bald eine zweite Lok ein, die sich aber als zu schwer für die leichten Geleise erwies.

Schon bald wurden viel Bahnlinien gegründet, die immer mehr Menschen benutzten. Hier eine Fahrkarte der Baltimore and Potomac Railway von 1876.

1826 demonstrierte John Stevens auf einem kreisförmigen Gleis auf seinem Anwesen in Hoboken (New Jersey) die Eignung der Dampfkraft als Antriebsmittel.

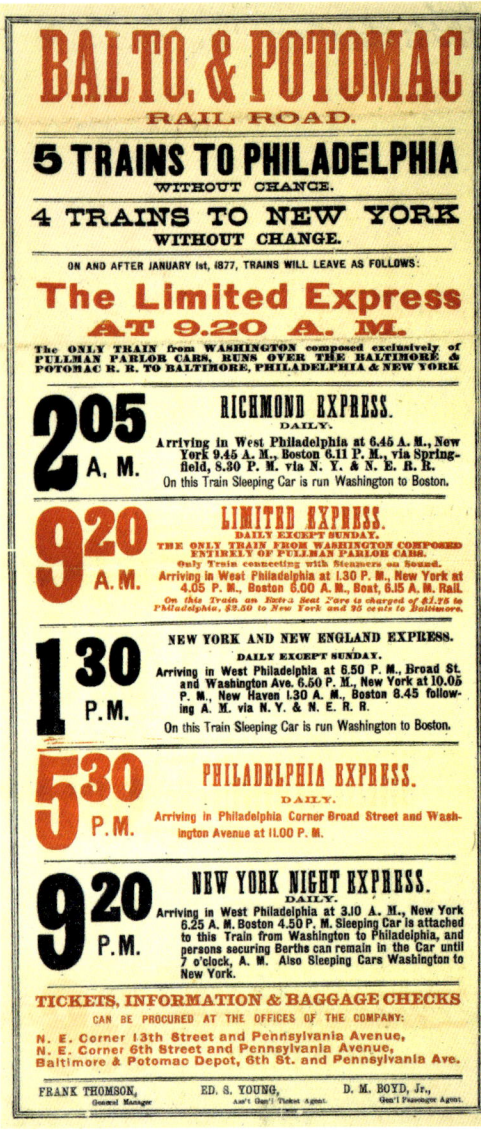

Dieses zeitgenössische Bild zeigt die historische Jungfernfahrt der Lok „Stourbridge Lion" in Honesdale (Pennsylvania) am 8. August 1829.

nicht nur Lokomotiven für den Eigenbedarf, sondern exportierte sie auch in andere Staaten.

Matthias Baldwin, der Gründer der Baldwin Locomotive Works, kam 1795 in Elizabethtown (New Jersey) zur Welt und begann seine Laufbahn als Drucker und Buchbinder. Er stellte als erster Amerikaner eine Lok her, die an Qualität den europäischen gleichkam, und seine Firma trug viel zur Durchsetzung der Eisenbahnen in den USA bei. 1831 baute er nach einem bei den Rainhill Trials gezeigten Plan seine erste Lok. Sie war ein kleines Demonstrationsmodell, dass statt Holz Kohle verfeuerte. Den ersten Auftrag von einer Bahngesellschaft erhielt er 1832, als seine Werkstatt die „Delaware", eine Lok britischer Herkunft, umbauen sollte. Mit dem beim Zusammensetzen gewonnenen Wissen und seinem Sinn für Dampfmaschinen machte er sich daran, selbst Lokomotiven herzustellen. 1832 fertigte er seine erste völlig neue 2-2-0-Lok, die „Old Ironside", die im November des gleichen Jahres getestet wurde. Ihr folgte schon bald eine vom 2-4-0-Typ, die sich viel besser für die amerikanischen Eisenbahnen

Trotz allen Fortschritts blieb das Publikum dem Phänomen Dampf gegenüber skeptisch, und es kam zu einem Rückschlag, indem man auf zahlreichen Kurzstrecken stationäre Dampfmaschinen mit langen Zugseilen einsetzte. Der Fortschritt ließ sich aber nicht aufhalten und die Loks wurden rasch verbessert, sodass die USA um 1850 über mehr Gleiskilometer und Loks verfügten als England und Frankreich zusammen.

Obwohl anfangs die meisten Loks auf US-Bahnen aus England kamen, gab bald es im Lande selbst immer mehr Hersteller, und bald baute Amerika

Die Baldwin-Werke waren wohl die bekannteste und wichtigste Lokomotivenfabrik der USA. Hier ein Blick in die Montagehalle.

Diese an der Vorderseite des Kessels angebrachte Plakette einer Baldwin-Lokomotive weist sie als Nr. 20 aus.

Röhren verlaufen oberhalb dieser Baldwin-Plakette und quer über sie; auch hier dient jene als Herstellernachweis und verrät überdies das Baujahr 1906.

eignete. Die Baldwin Locomotive Works wurden nach der Präsentation der „Old Ironside" gegründet und produzierten bis zu seinem Tode im Jahre 1866 etwa 1500 in alle Welt verkaufte Dampfloks.

Die 1832 von John B. Jervis für die Mohawk & Hudson Railroad gebaute Lok „Brother Jonathan" besaß als erste Lokomotive der Welt eine Vierrad-Vorlaufachse. Er entwarf auch als erste 4-4-0-Lok die „American No 1", die es im Normalbetrieb auf 96 km/h brachte.

Planung und Bau der Eisenbahnlinien in den USA erfolgten schnell, aber aufs Geratewohl, nämlich ohne Einflussnahme oder Kontrolle durch einen Staat, der etwa Baukonzessionen gewährt hätte. Bis 1840 waren es meist kurze Fahrgastlinien, die sich nicht rentierten. Da die Dampflok-Linien in scharfem Wettbewerb mit den Kanalgesellschaften standen, wurden viele Projekte unvollendet abgebrochen. Erst als die Boston & Lowell Railroad Warenverkehr vom Middlesex-Kanal abzog, war der Erfolg des neuen Transportmittels gesichert. Die Flaute in Industrie und Handel sowie die Börsenpanik von 1837 verlangsamten den Bahnbau, aber das Interesse lebte erneut auf, als 1843 die Western Railroad of Massachusetts fertiggestellt wurde. Diese Linie bewies definitiv, dass man Landwirtschaftsprodukte und andere Güter billig über lange Strecken per Bahn befördern konnte.

Der Gedanke einer Eisenbahnverbindung zwischen der Atlantik- und Pazifikküste wurde im Kongress schon vor dem Vertrag diskutiert, der 1846 den Grenzstreit um Oregon beilegte. Als wichtigster Fürsprecher einer transkontinentalen Bahn agierte Asa Whitney, ein New Yorker Kaufmann, der von dieser Idee förmlich besessen war. Whitney schlug vor, die Arbeitskraft deutscher und irischer Einwanderer zu nutzen, die es damals in großer Zahl gab. Ihre Entlohnung sollte in Form von Land erfolgen, womit sichergestellt war, dass sie sich längs der Strecke ansiedelten, Waren produzierten und Siedlungen gründeten. Auch andere Strecken quer durch das Land wurden ins Auge gefasst, sodass der Kongress beschloss, die Debatte zu beenden, indem er 1853 die Finanzierung des Army Topographic Corps bewilligte, um „die sinnvollste und wirtschaftlichste Strecke für eine Bahn vom Mississippi zum Pazifik zu erkunden". Damit erhielt Kriegsminister Jefferson Davis den Auftrag, vier mögliche Ost-West-Routen festzulegen, die in etwa auf bestimmten Breitengraden verlaufen sollten. Während in den 1850er-Jahren noch Verteilungskämpfe und Parteienstreit tobten, fiel im Kongress noch keine Entscheidung in der Frage der Bahn zum Pazifik. Theodore D. Judah, der Ingenieur der Sacramento Valley Railroad, war besessen von dem Gedanken, eine transkontinentale Bahn zu bauen, und dank seiner Bemühungen und der Unterstützung durch Abraham Lincoln – der den militärischen Wert und die Anbindung der Pazifikküste an die Union erkannte – wurde die Pacific Railroad endlich Realität. Der „Railroad Act" von 1862 sicherte dem Projekt die Hilfe der Regierung und förderte die Entstehung der Union Pacific Railroad, die sich schließlich am 10. Mai 1869 bei Promontory (Utah) mit der Central Pacific vereinte und so die Verbindung des Kontinents einläutete.

Um 1850 bestand ein typischer Güterzug aus etwa einem Dutzend Waggons, die ca. 10 t fassten – die

achträdrigen Modelle mit zwei Radgestellen hatten längst die alten, kutschenähnlichen abgelöst. Was die Loks anging, handelte es sich um holzbefeuerte amerikanischen Typs mit einem vierrädrigen Drehgelenk-Radgestell vor den vier Antriebsrädern – farbenprächtig bemalt und mit zahlreichen Messingteilen, riesigen Scheinwerfern und Schienenräumern. Aus den eher zusammenhanglosen Strecken wurde bis 1860 ein landesweites Netz von ca. 48 000

Zeitgenössische Darstellung des Zusammentreffens der Schienstränge von Union und Central Pacific. Man sieht, wie die Ingenieure einander die Hände reichen.

Moderne Nachstellung des historischen Treffens der Union und Central Pacific Railroads bei Promontory (Utah) am 10. Mai 1869.

Im November 1868 bauten die Rogers Locomotive and Machine Works die Lok „Union Pacific 119", die sieben Monate später Thomas Durant zum „Gipfeltreffen" von Promontory beförderte.

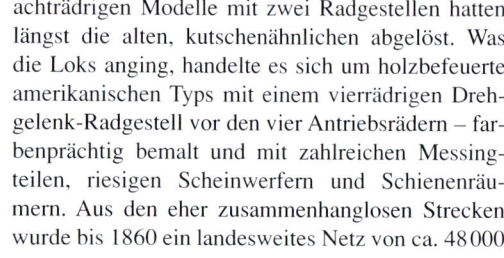

Die „Jupiter" wurde im September 1868 bei den Schenectady Locomotive Works gebaut; auch sie sollte beim „Gipfel" von Promontory anwesend sein.

km; die ersten Linien in Iowa, Missouri, Arkansas, Texas und Kalifornien entstanden im Lauf der 1850er. Interesse verdient dabei dass die Strecken im Norden und Westen die englische Spurweite (4 Fuß und $8^1/_2$ Zoll = 143 cm) verwendeten, während die des Südens 5 Fuß (152 cm) maß. In Chicago, dem späteren riesigen Bahnknotenpunkt, fuhr 1848 die erste Lok. Die Stadt erhielt 1853 eine Bahnverbindung zum Osten und wurde 1860 täglich auf elf Strecken von 100 Zügen angefahren.

Im Sezessionskrieg spielte die Eisenbahn eine wichtige Rolle. Am meisten litt das Netz der Konföderation unter den Kampfhandlungen, denn diese fanden überwiegend im Süden statt. Die Unionsarmeen nutzten ihren Vorteil voll aus, und Loks dienten zum Transport von Truppen, Tieren und Nachschub. Bautrupps wurden strategisch längs der Strecken verteilt, um sie vor der Lahmlegung durch die „Rebellen" zu schützen.

1868 erfand Major Eli Janney, ein Veteran der Konföderierten, die Gelenkkupplung. Dieses halbautomatische System verband die Waggons fest miteinander, ohne die Bahnarbeiter dem Risiko des Einklemmens auszusetzen. Es löste die Kette-Stift-Kupplung ab, die zu zahlreichen Unfällen geführt

hatte. Das nationale Streckennetz wuchs von 56000 km im Jahre 1865 bis 1880 auf über 150000 km, und 1890 waren bereits 164000 km in Betrieb.

Unterdessen hatten die Geschwindigkeit und das Gewicht der Loks ebenso zugenommen wie ihre Zugkraft. Die Gleise und Brücken mussten daher verstärkt werden, und man entwarf entsprechend größere Drehscheiben. Am wichtigsten war jedoch, dass George Westinghouse 1868 die Druckluftbremse erfand, die an den meisten Loks eingebaut wurde – Handbremsen reichten für die langen, mächtigen Ungetüme längst nicht mehr aus. 1886 bauten die Baldwin-Werke die bis dahin größte Lokomotive der Welt, eine „Decapod" vom 2-10-0-Typ. Obwohl manche diesen Rekord anzweifeln, war die „Decapod" sicher die schwerste Lok am Baldwin-Stand auf der Columbian Exposition. Gebaut wurde sie für die New York, Lake Erie & Western Railroad; sie besaß eine Wooten-Feuerbüchse und eine Verbundmaschine vom Typ Vauclain.

Am 10. Mai 1893 zog die Lok Nr. 999 der New York Central & Hudson River Railroad vier schwere Wagner-Waggons des Empire State Express mit Rekordgeschwindigkeit eine 0,2°-Steigung hinauf.

Eine typische Darstellung des US-Eisenbahnwesens im späten 19. Jahrhundert: Es zeigt die Lightning-Loks 1874 bei der Ausfahrt aus einem Schienenknotenpunkt.

Auf diesem Bild aus den späten 1870er Jahren rast ein Zug in Kalifornien an einem sich rasend ausbreitenden Präriebrand vorbei.

Dieses im Sezessionskrieg aufgenommene Foto zeigt die Trümmer einer Lok im Eisenbahndepot von Petersburg bei Richmond (Virginia).

Der Lokführer maß auf mehr als einer Meile (ohne amtliche Bestätigung) 180 km/h und über 5 Meilen hinweg 165 km/h. Die 4-4-0-Lok führte bei diesem Lauf Antriebsräder von 86 Zoll (218 cm) Durchmesser, war aber sonst mit 78-Zöllern (198 cm) ausgestattet.

Im gleichen Jahr entstand in Baltimore (Maryland) die erste elektrifizierte Bahnstrecke. Ein starrer, einseitig geneigter Stromabnehmer führte den 96 t schweren Loks mit je vier Achsen und Motoren 675 V/GS zu. Diese erfolgreichen Modelle zogen im 2 km langen Howard Street Tunnel (0,8° Steigung), den keine Dampfloks durchfahren durften, 1800-t-Züge!

Im Jahre 1900 schrieb ein Lokführer namens Casey Jones Folkgeschichte: Nachdem er begonnen hatte, planmäßig auf der „Cannonball Route" (Chicago-New Orleans) zu fahren, erklärte er sich am 29. April 1900 bereit, anstelle eines ausgebliebenen Kollegen den Südzug zu fahren. Er verließ Memphis mit 95 Minuten Verspätung, versuchte das aber auszugleichen. Bei der Fahrt durch Vaughan raste er in zwei unglücklich auf den Abstellgleisen stehende Güter-

Vor Ausbruch des Sezessionskrieges wurde mächtig Propaganda getrieben: Selbst Briefumschläge wie dieser hier trugen martialisch anmutende Darstellungen.

waggons, und während sein Heizer noch abspringen konnte, verunglückte Jones. Sein tragischer Tod regte einen seiner Freunde, den Lokputzer Wallace Saunders, zu einem Song an, der die Herzen Tausender von US-Bürgern eroberte.

Nach der Börsenpanik von 1893 brach der Eisenbahnbau ein, und Arbeitskämpfe begleiteten die Flaute, sodass 1894 ein Viertel aller Linien Konkurs anmelden mussten (allerdings lebten viele später wieder auf).

1883 führte man die Standard-Zeitzonen ein, und drei Jahre später wurden auch die letzten 5-Fuß-Strecken in den Südstaaten auf die Standardspur umgestellt. Nach dem Bürgerkrieg verfeuerten die meisten Lokomotiven Kohle statt Holz, und 1887

Eine Baldwin-Lokomotive dampft durch die Nacht. Zahlreiche Eisenbahngesellschaften betreuten mittlerweile weite Landstriche.

Dieses Foto zeigt die Lok Nr. 999 mit dem „Empire State Express" bei ihrer Rekordfahrt am 10. Mai 1893.

Diese Bestseller-Schallplatte produzierte die Southern California Music Company als Reverenz an den legendären Lokführer Casey Jones.

Die Virginian Railroad entstand durch die Fusion der Deepwater und Tidewater Railroads. Diese Lok ist eine „Virginian Mikado".

gab es erste Versuche mit der Ölfeuerung. Als die immer schwereren Loks zusätzliche Antriebsräder und größere Feuerbüchsen bekamen, wuchs die Durchschnittslast von 100 t (1870) auf 500 t und mehr an (1915). Die Produktivität der Güterzüge wurde zwischen 1880 und 1916 mehr als verdoppelt, der Personenverkehr durch die Einführung von Speisewagen (1868), Dampfheizung (1881), festen Verbindungsgängen (1887), elektrische Beleuchtung (1887) und Ganzstahl-Waggons (1904) sicherer und bequemer. Das Frachtvolumen wuchs von 10 Mrd. t (1865) auf 366 Mrd. t (1916). Im letzteren Jahr beförderten die Eisenbahnen 77% des Überland-Güterverkehrs und 98% der Reisenden. Es waren aber auch Jahre der Korruption, Diskriminierung und zunehmenden Regulierung.

Zu den beliebtesten Lokomotiven der USA gehörte zweifellos die „Mikado", eine 2-8-2-Lok, die zum ersten Mal 1893 in den Baldwin-Werken gebaut

Bei dieser Lok mit der Nummer 89, die hier ihre Waggons zieht, handelt es sich um eine bei Baldwin gebaute 2-6-0-Lok.

Die Lok 484 aus den 1930ern gehörte zu einer Reihe, die man als „Terminfracht-Loks" umbaute und trug die Bezeichnung MCA.

wurde. Ihre Spurweite betrug 3 Fuß und 6 Zoll (105 cm), und sie ging an die damals in Privatbesitz befindliche Nihon Tetsudo („Japanische Eisenbahn"). Auch die Lehigh Valley gehörte zu den frühen Nutzern dieser Loks mit 2-8-2-Radschema, Mittelführerstand und Wooten-Feuerbüchse, von denen sie zwischen 1902 und 1905 etwa 47 Stück erwarb. Diese Lokomotive wurde zum wichtigsten Gütertransportmittel Nordamerikas, wo bis 1945 über 10 000 Varianten entstanden. Demzufolge war mindestens jede fünfte Lok auf normalen Güterstrecken eine Mikado (oder „MacArthur", wie sie einige nach dem Überfall auf Pearl Harbor nannten). Die erfolgreichste Gelenklokomotive Amerikas war aber zweifellos die „Mallet". Diese Loks wurden erstmals 1889 von dem berühmten französischen Ingenieur Anatole Mallet auf europäischen Strecken eingesetzt. Ab 1904 bauten die Baldwin Locomotive Works sie für die American Railroad of Porto Rico, eine 1-m-Linie, doch in den USA selbst kamen sie erst zwei Jahre später in nennenswertem Umfang zum Einsatz. Die Mallet besaß als Hauptmerkmal eine Verbundmaschine mit vier Zylindern, bei dem

die Hochdruckzylinder die hintere Radgruppe antrieben, jene mit niedrigem Druck hingegen die vorderen. Die Vorderrahmen sind mit den hinteren durch Scharniere so verbunden, dass die gesamte Rädergruppe um einen Zapfen schwingt, wenn die Lok in eine Kurve fährt. Der Kessel ist starr mit den hinteren Rahmen verbunden und ruht mittels Gleitlagern auf den vorderen. Flexible Röhren leiten den Dampf aus den Hoch- in die Niedrigdruckzylinder und von den letzteren zur Rauchkammer. Große Lokomotiven dieses Typs lassen sich so konstruieren, dass sie selbst die engsten Kurven bewältigen, die es vor allem auf Anschlussgleisen gibt.

1917 traten die USA in den Ersten Weltkrieg ein, und ihre Bahnen waren überhaupt nicht auf das gewaltige Verkehrsvolumen vorbereitet, das man nun benötigte. Es fehlte an Lokomotiven, Waggons und Wartung. Ein verheerend strenger Winter führte zu schweren Schäden, worauf der damalige Präsident Woodrow Wilson die Eisenbahnen unter staatliche Kontrolle stellte. Das änderte sich erst durch den Transportation Act von 1920. Mittlerweile hatten die Bahnen mit der Konkurrenz seitens des Überland-

Eine Zweizylinder-Lok der Klasse 55-8-38 von 1923 mit zwei Antriebsradgestellen und Kohlenfeuerung aus den Heisler Locomotive Works. Man beachte die v-förmig seitlich angebrachten Zylinder.

verkehrs – Busse, Lkws, Pkws, Fluglinien und Pipe-lines – zu kämpfen. Der Wettbewerb war scharf, und die Lage verschlimmerte sich weiter.

Die Pacific-Lokomotiven waren im 20. Jahrhundert die wichtigsten US-Dampfloks für Personenzüge. Nur wenige Bahnlinien setzten keine 4-6-2-Loko-motiven ein, obgleich diese später auf vielen Stre-cken von den größeren 4-6-4 „Hudson", 4-8-2 „Mountain" oder 4-8-4 „Northern" abgelöst wurden, als die Zuglast zunahm. Die Pacifics hatten große Feuerbüchsen zum Verbrennen von Kohle mit gerin-gem Braunkohleanteil; die erste echte Pacific bestellte A. W. Beattie, der leitende Maschinenbau-ingenieur der New Zealand Railways. Obgleich schon vor 1901 von einigen Pacifics die Rede ist, handelte es sich dabei um umgebaute 4-6-0-Loks und keine „echten". Etwa 7000 dieser Lokomotiven wurden für die Eisenbahnen der USA und Kanadas hergestellt; größter Abnehmer war die Pennsylvania

baute man die erste Diesel-Elektrolok der USA, einen Prototyp von General Electric. Nr. 4 besaß einen Zweitakter-V8-Motor mit Lufteinspritzung vom Typ GM50, der bei 550 U/min mit 225 PS eines von zwei Radgestellen antrieb. Sie wurde niemals verkauft und diente nur als Laborzug in den Erie-Werken. Knapp ein Jahr später wurde als erste kom-merzielle Diesel-E-Lok die Jay Street Connecting RR Nr. 4 gebaut und verkauft. General Electric über-arbeitete dazu leicht die Karosserie ihrer E-Lok mit Standardführerstand und versah sie mit einem ein-zelnen GM50. Sie wurde kein großer Erfolg und musste sechs Monate später zurück zu GE, wo sie als Labor-Testbettung diente. 1925 baute die American Locomotive Company (ALCO) gemeinsam mit GE und Ingersol Rand ihre erste Diesel-E-Lok, die aus eigener Kraft zur Central Railroad von New Jersey fuhr und dort den Namen CNJ 1000 erhielt. Ihre letz-ten Tage verbrachte sie bis 1957 als Rangier-

Im Juli 1944 lieferte die American Locomotive Company die S3-Loks (4-8-4) Nr. 260 bis 269 der Klasse S3 aus – die letzten Dampflokomotiven auf der Milwaukee Road.

Railroad, bei der 697 Stück fuhren, darunter 425 der Klasse K4 mit den größten jemals in den Staaten gebauten Loks.

Die erste kommerziell erfolgreiche US-Lok mit Verbrennungsmotor wurde 1913 von General Electric für die Dan Patch Line in Minnesota herge-stellt. Die Lokomotive Nr. 100 führte zwei V8-Gas-Elektromotoren vom Typ GM 16, deren Nenn-leistung bei 550 U/min je 175 PS betrug. Sie wog 57 Tonnen und fuhr auf zwei Vierradgestellen. 1917

lokomotive in der Bronx. Die erste nordamerikani-sche Diesel-E-Lok für Personenzüge war eine im Jahre 1928 eingeführte Doppellok (2-D-1-1-D-2). Dieses Ergebnis eines Joint Venture von Westing-house, Canadian Locomotive Co., Baldwin und Commonwealth Steel Co. erhielt die Nummer Canadian National 9000. Jede einzelne Lok besaß einen in Schottland gebauten V12-Motor vom Typ Beardmore (1330 PS bei 800 U/min). Als sichere Höchstgeschwindigkeit galten 100 km/h.

Die erste 4-8-4 Lok entstand 1927 bei der American Locomotive Company. Hier sieht man die Nr. 614, die bei Dalton (Illinois) immer noch treu ihre Arbeit verrichtet.

Eine Norfolk and Western 611 der Klasse J stößt riesige Dampfwolken aus. Insgesamt wurden 14 dieser eleganten Stromlinienloks gebaut.

Diese eindrucksvolle Aufnahme einer 4-6-2-Pacific der Klasse J-4F Canadian Pacific aus den 1920ern entstand 2004 bei Columbus (Wisconsin).

Hier warten Lokomotiven am Betriebshof der C & NW Railroad an der 40th Street in Chicago darauf, Kohlen, Sand und Wasser zu übernehmen.

Die M-10000 der Union Pacific wurde im Februar 1934 eingeweiht. Dieser ganz aus Aluminium gebaute Pullman-Gelenkzug mit drei Waggons war der erste Stromlinienzug der USA. Als Antrieb besaß er einen V12-Destillatölmotor von Winston, der es mit 600 PS auf 176 km/h brachte. Auf einer 20 000 km langen Schaufahrt von Küste zu Küste sahen ihn an mehreren Haltepunkten fast 1,2 Mio. Menschen. Er trat seinen Dienst am 31. Januar 1935 als „City of Salina" an.

Am 18. April des gleichen Jahres weihte man den „Burlington Zephyr" ein, einen Budd-Gelenkzug mit drei Waggons aus Edelstahl. Er unternahm am 26. Mai eine nächtliche Rekordfahrt von Denver nach

Hier sieht man die „Demonstrator" Nr. 9681 von Ingersoll-Rand aus dem Jahre 1925, die später CNJ1000 hieß und an die Central Railway von New Jersey ging.

1929 taten sich die Firmen Westinghouse und Canadian Locomotive Company zum Bau der CNR 9000 zusammen, die als erste große Diesellok Nordamerikas galt.

Chicago, bei der er 1625 km mit durchschnittlich 124 km/h und einer Höchstgeschwindigkeit von 180 km/h zurücklegte. Er war der erste Diesel-Elektro-Stromlinienzug der USA und führte einen Achtzylinder-Zweitakt-Reihenmotor von Winton (600 PS). Im gleichen Jahr begann man mit dem Bau der ersten Stromlinien-E-Loks. Es waren die „Pennsy GGs", die zwischen New York und Washington Hochgeschwindigkeitszüge zogen. Sie leisteten 850 PS und wurden bis 1943 gebaut – auch bei Amtrak setzte man sie bis Anfang der 1980er ein.

1935 produzierte EMC die erste autarke Personenzug-Diesellok der USA: Ihre güterwagenartige Karosserie barg zwei V12-Motoren von Winton (900

PS) und stammte von Dick Dilworth und zwei Konstrukteuren. Die Milwaukee Road war eine der ersten Bahnstrecken mit speziell dafür gebauten Stromlinien-Dampfloks, den 4-4-2-Hiawathas. In den folgenden 15 Jahren entstanden noch viele andere farbenprächtige, einzigartige Stromlinien-Dampfloks: Industriedesigner wie Raimond Loewy und Otto Kuhler wirkten wahre Wunder, um diese rumpelnden Ungetüme in windschnittige, elegante Loks zu verwandeln. Doch wie bunt und futuristisch sie

Die M-10000 der Union Pacific von 1934 war das erste Stromlinienmodell dieser Gesellschaft. Ihre Karosserie bestand aus einer Alu-Legierung und sie führte einen Destillatöl-Motor.

auch wirkten – die Stromlinienform machte sie kaum schneller, und eventuelle Nutzeffekte wurden erst bei hohen Geschwindigkeiten bemerkbar. Sie hatte auch ihre Schattenseiten, vor allem während der Wartung: Die Zusatzteile, die man zur Erzeugung der Stromlinienform verwendete, erschwerten

Ein Güterzug der Santa Fe Railroad beim Verlassen des verschneiten Güterbahnhofs Corwith in Chicago (Illinois). Von dort fuhr er an die ferne Westküste.

Im März 1943 leisten diese Lokomotiven ihren Beitrag zum Krieg, aber auch sie müssen „auftanken". Hier sieht man sie bei der Übernahme von Kohle und Sand auf dem Betriebshof Argentine der Santa Fe Railroad in Kansas City (Kansas).

Hier sieht man den „Super Chief" im März 1943 bei der Wartung im Depot von Albuquerque (New Mexico). Er ist mit einem „Blackout-Schild" ausgerüstet.

Stromlinienförmige Loks waren in den 1930ern groß in Mode, und renommierte Industriedesigner verpassten ihnen das richtige Outfit.

Zu ihrer Zeit müssen diese Züge beeindruckend gewesen sein: Dieses Plakat zeigt eine Hiawatha-Lok der Milwaukee Road Railroad.

Hier sieht man eine Diesel-Rangierlok der Southern Railway. Dieser Typ wurde in den 1950er-Jahren bei EMD (Georgia) für die Southern & Florida Railroad gebaut.

Lokführer George E. Burton (Atchison, Topeka and Santa Fe Railroad) und Ing. J.W. Edwards vergleichen noch einmal ihre Uhren, bevor sie von Corwith nach Chillicothe losdampfen.

die nötigen Arbeiten, und häufig fuhren Loks weniger stromlinienförmig aus der Werkstatt als sie hineingefahren waren. Auch als man in den Kriegsjahren dringend Metalle aller Art und Stahl benötigte, wurde vieles abmontiert. Diese schönen Lokomotiven wurden noch bis in die 1950er hergestellt; die letzten Stromlinien-Dampfloks stammten aus den Norfolk & Western Roanoke Shops. Am 5. Juni 1960 kehrte die 21 Jahre alte Royal Hudson 2857 der Canadian Pacific Railway von einer Fahrt nach Port McNicoll (Ontario) heim nach Toronto. Damit endete das Zeitalter der Stromlinien-Dampfzüge.

Der Zweite Weltkrieg ließ die Eisenbahnen noch einmal aufleben, wobei man fast $1/3$ weniger an Loks, Waggons und Arbeitskräften einsetzte als im Erster Weltkrieg; sie beförderten von 1942 bis 1945 Güter und Personen. Die Hochkonjunktur der Kriegsjahre ermöglichte den Bahnen die Tilgung von Schulden im Wert von 2 Mrd. US-$ (etwa 20% der fundierten

Dies waren sicher die besten Plätze an Bord: Hier sieht man den Speisewagen eines Zuges der Southwest Limited Amtrak, der zwischen Los Angeles und Chicago verkehrte.

Anleihen.). Damit nicht genug: Nach dem Krieg gab es zahlreiche Verbesserungen, wozu vor allem die Dieselloks gehörten. Diese Lokomotiven waren nicht gerade billig, glichen das aber durch den geringen Brennstoff- und Wasserverbrauch sowie die niedrigen Wartungskosten aus. Ihr erster Einsatz

Fahrgäste der Southwest Limited spazieren an ihrem Amtrak-Zug vorbei, als dieser auf dem Weg nach Chicago zum Auftanken in Albuquerque (New Mexiko) hält.

Der „Empire Builder", ein Langstreckenzug der Amtrak im Mittleren Westen, ist zur Freude der Fahrgäste mehrfach modernisiert worden.

erfolgte 1941 bei Güterzügen, doch schon 1957 stellten sie 92% aller Rangier-, Personen- und Güterloks. Nach dem Krieg konnten einige Linien ihr Fahrgastaufkommen steigern, doch im Allge-

Die USA haben in jüngster Zeit groß in die Modernisierung ihres Lokomotivenparks investiert. Das Modell MP36 kommt im S-Bahn-Verkehr des Großraums Chicago zum Einsatz.

meinen entwickelte sich der Trend im Güter- und Personenverkehr negativ. In den 1960ern, 1970ern und 1980ern führte man neue Technologien ein. Geschweißte Schienen, Mikrowellenkommunikation, Computer, mechanisierte Wartung der Strecken, Einheitszüge sowie größere Huckepack- und Containerzüge verlangsamten den Niedergang etwas – allerdings nur vorübergehend, und 1987 beförderten die Eisenahnen lediglich 37% der Überlandgüter und ganze 3% der Fahrgäste.

Ein neues Kapitel in der Geschichte der amerikanischen Eisenbahnen begann mit der Schaffung der

National Railroad Passenger Corporation (besser bekannt als Amtrak). Sie sollte moderne, effiziente und attraktive Dienstleitungen bieten und am 1. Mai 1971 die Fahrgastlinien übernehmen. Electro-Motive Diesel (EMD) hatten sich über 80 Jahre lang weltweit im Dienst der Bahnindustrie gut bewährt, vor allem die Loks der Serien E und F aus den 1950ern. Sie stellten Amtrak später das Modell SDP40F, das allerdings für Personenzüge nicht die glücklichste Lösung war. In den späten 1970ern erschien die F40PH, eine 3000-PS-Lok mit Turbolader, die auf den Pendelzuglinien von Amtrak besser angenommen wurde. Ein weiterer Lieferant von Lokomotiven war General Electric mit der riesigen Sechsachsen-Lok P30CH (3000 PS). In den 1970ern führte Amtrak auch die E-Loks vom Typ E60 ein, und später verwendete man das neue Modell GE Dash-8, dem die Genesis-Lokomotiven folgten. Diese neue Flotte von Hochgeschwindigkeitsloko-

Diese Lok der Capital Limited fährt von Martinsburg (West Virginia) nach Cumberland (Maryland). Sie kommt mit jeder Witterung zurecht.

Ein weiterer Langstreckenzug der Amtrak, der „Crescent", fährt hier durch eine reizende Landschaft. Während sich Fahrgäste zur Ruhe legen, arbeitet die Lok fleißig weiter.

Die Lok „Empire Service" der Amtrak fährt hier am Ufer des Hudson River im Staat New York nach Süden und passiert dabei Bannerman's Castle.

motiven beginnt das Publikum zu interessieren, und das Verkehrsministerium (Department of Transportation) testet derzeit moderne Antriebsarten, etwa den Wanderfeldlinearmotor und ein Luftkissen-Schienenfahrzeug, das es auf bis auf 480 km/h bringen soll. Die Personenwaggons wurden innen und außen überarbeitet, um das Ein- und Aussteigen zu erleichtern und den Fahrgästen mehr Komfort, Sicherheit und Bequemlichkeit zu bieten. Amerika blickt in die Zukunft, und wie Europa und Teile des Fernen Ostens sollte es mehr auf seine Eisenbahnen als auf die umweltschädigenden Alternativen vertrauen.

Der neue Acela-Hochgeschwindigkeitszug auf seiner Fahrt durch den „Nordwest-Korridor". Diese Züge legen in kürzester Zeit große Entfernungen zurück.

Niederlande

Die Niederländische Eisenbahn (Nederlandse Spoorwegen/NS) gilt als eine der besten Europas. Das verdankt sie der großen Ausdehnung des Netzes und dem Einsatz von regelmäßig verkehrenden Zügen, die den Bedürfnissen von Pendlern und anderen Fahrgästen entsprechen.

Das dichte Straßen- und Kanalnetz der Niederlande war wohl ein Grund dafür, dass der Bau von

Hier sieht man einen Doppeldeckerzug in voller Fahrt; die Lok – ein Fahrzeug der Klasse 1700 – befindet sich im mittleren Abschnitt des Doppeltraktionszuges.

Eisenbahnen dort als weniger dringend empfunden wurde. 1834 gab es Pläne für eine Strecke, die Amsterdam mit dem Ruhrgebiet verbinden sollte, aber sie zerschlugen sich. Allerdings wurden schließlich (vor allem mit englischer und belgischer Technologie) andere Linien eröffnet, und niederländische Ingenieure spielten eine wichtige Rolle beim Ausbau des Netzes. 1839 weihte man die erste

Ein typisches Bild: Diese Dampflok zieht auf einer Museumsstrecke einen Zug voller Ausflügler durch die niederländische Landschaft.

Strecke ein: Sie führte mit der riesigen Spurweite von 2 m von Amsterdam nach Harlem und benutzte britische Loks. 1866 bekam sie die Standardspur.

Die ersten Eisenbahnen waren das Werk von Privatfirmen, doch der Staat erkannte bald, dass hier wirksame Kontrolle vonnöten war, um die Entstehung eines einheitlichen Netzes zu sichern; dazu kam es 1860. Das nationale Bahnnetz war um 1900 praktisch fertig, und die staatliche Lenkung nahm nach dem Ersten Weltkrieg zu. In der Zwischenkriegszeit rationalisierte man das Netz, legte einige unrentable Strecken still und reduzierte das Angebot. All das gipfelte 1938 in der völligen Vereinheitlichung der Bahnen unter staatlicher Kontrolle.

Der Zweite Weltkrieg traf die Eisenbahn schwer. Man musste vor allem Kriegsschäden beseitigen und rollendes Material etc. ersetzen, das die deutschen Besatzer außer Landes gebracht hatten. Im Rahmen dieses Prozesses besuchten niederländische Bahningenieure 1946 in England die London & North Eastern Railway (LNER), um eine Lok zu begutachten, die für die schon vor dem Krieg begonnene Strecke Manchester-Sheffield entstanden war. Man einigte sich darauf, sie auch in den Niederlanden zu testen, wovon beide Bahnen profitieren sollten. Die Lokomotive Nr. 6000 (später 26000 der Klasse EM1 von British Railways) legte mit Personen- und Güterzügen erfolgreich Tag für Tag 600 km zurück. In den folgenden Jahren erneuerte man das Bahnnetz und baute neue Strecken. Heute besitzen die Niederlande ein modernes, integriertes Verkehrssystem, dessen Herzstück die Eisenbahnen bilden. Es wurden Hochgeschwindigkeitslinien eingerichtet, und die modernen Züge verkehren in schnellem Takt. Mehr als $^2/_3$ des Netzes sind elektrifiziert (1,5

MBS ist eine Museumseisenbahn mit Sitz in Haaksbergen. Hier präsentiert eine ihrer Loks ihren farbenprächtigen Anstrich, während sie die Strecke entlang dampft.

Diese ehemals deutsche 2-10-0-„Kriegslok" (Nr. 52 8139) blieb auf dem VSM-Museumsgelände in Apeldoorn erhalten. Hergestellt wurde sie 1944.

kV/GS). Organisatorisch sind die NS eine Holding mit mehreren operativen Einheiten, die u.a. für den Fahrgastbetrieb, die internationalen Personenzüge, die Bahnhöfe und die Infrastruktur verantwortlich sind. Den Güterverkehr betreut Railion Nederland – ein Teil der europäischen Railion-Gruppe, zu der auch die Railion Deutschland AG und Railion Danmark gehören.

In den Niederlanden blieb eine große Anzahl von Dampfloks erhalten, von denen ein bedeutender Teil aus Deutschland stammt. Die meisten NS-Lokomotiven sieht man im vorzüglichen Staatlichen Eisenbahnmuseum Utrecht. Dort gibt es auch einige E- und Dieselloks. Auch andere Museen im Lande besitzen (und fahren) historische Lokomotiven und Züge.

Zwei frühe Dampfloks verdienen besondere Beachtung: „De Arend" (Adler) und „Snelheid" (Geschwindigkeit) waren 2-2-2-Lokomotiven, die Stephenson für die 2-m-Spur der 1839 eröffneten Strecke Amsterdam-Harlem baute.

Das Staatliche Eisenbahnmuseum besitzt noch andere frühe Loks aus dem 19. Jahrhundert sowie weitere aus der Zwischenkriegszeit und dem Zweiten Weltkrieg. Ein besonders interessantes Stück ist die 4-6-0-Lok Nr. 3737 der Klasse PO 3, die 1911 für Personenschnellzüge eingeführt wurde. 36 dieser Lokomotiven entstanden bei Beyer Peacock in England, und weitere 48 wurden in den Niederlanden und in Deutschland gebaut.

Unter den deutschen Loks in den Niederlanden vertritt die Kriegslok der Dampfklasse 52 den häufigsten Typ, doch gibt es auch solche der Klassen 23 und

Neben weiteren deutschen und niederländischen Loks kann man in Apeldoorn auch diese 2-6-2-Dampflok Nr. 23 071 bewundern. Sie gehörte der DB und wurde 1956 gebaut.

Die Klasse 1100 basierte auf der SNCF-Klasse BB8100 und zog Personen- und Güterzüge. Diese E-Lok-Klasse wurde mittlerweile ausrangiert. Die gezeigte Nr. 1135 befand sich 1996 in Bleric im Depot.

Die ebenfalls ausgemusterte Klasse 1200 war für den Güterverkehr gedacht, kam aber auch bei Personenzügen zum Einsatz. Diese Lokomotive wartet in Venlo auf das Abfahrtssignal (Mai 1994).

Hier wartet Lok Nr. 1213 der Klasse 1200 in Venlo auf das Abfahrtssignal (April 1994). Einige Vertreter dieses Typs blieben erhalten.

01 (näheres dazu finden Sie im Kapitel über Deutschland). Weitere deutsche Klassen, aber auch österreichische und schwedische trifft man in anderen Museen der Niederlande an.

Die NS besitzen mehrere Klassen von E-Loks. Die Klasse 1001 wurde 1948 eingeführt und umfasst zehn Loks für Personenschnellzüge und Güterzüge.

Die Klasse 1300 wurde 1952 eingeführt und basierte auf der SNCF-Klasse CC7100. Hier fährt die Lok Nr. 1313 im März 1994 durch Venlo.

Sie leitet sich von den Klassen Ae4/6 und 8/14 der Schweizerischen Bundesbahnen ab und spielte beim Wiederaufbau nach dem Krieg eine Schlüsselrolle. Diese starken, vielseitigen Loks bringen es auf maximal 160 km/h. – Die Klasse 1100 ist mittlerweile außer Dienst; zu ihr gehörten ursprünglich 60 Loks auf der Basis der SNCF-Klasse BB 8100. Sie wurden 1950 eingeführt, zogen über 50 Jahre lang Personen- und Güterzüge und erreichten maximal

136 km/h. Diese Klasse wurde Ende der 1970er umgebaut; dabei änderte sich das Äußere der Lokomotiven durch ein neues Styling der Vorderpartie grundlegend: Sie bekam eine „Nase", die jener der Klassen 1600 und 1700 glich. – Ein anderes Nachkriegsmodell ist die Klasse 1200, deren Konstruktion und Fertigung besondere Beachtung verdienen: Der auffällige Entwurf ist typisch für das

Hier beschleunigt Nr. 1656 der Klasse 1600 als Personenzuglok bei der Ausfahrt aus Venlo (August 1993). Diese Klasse wurde 1981 eingeführt.

US-Design der 1950er, und einige Komponenten lieferte der amerikanische Lokomotivenhersteller Baldwin. Andere stammten von niederländischen Firmen, und die Endmontage fand im Lande selbst statt. Die 25 Lokomotiven waren ursprünglich für Güterzüge vorgesehen, bewährten sich aber auch auf Fahrgastlinien. Sie wurden 1951 eingeführt und erreichten eine Höchstgeschwindigkeit von 135 km/h. Während die Klasse bei den NS inzwischen

Zur Klasse 1700 gehören Loks für Personenzüge. Hier verlässt Lokomotive Nr. 1732 mit einem Doppeldeckerzug im März 1994 den Bahnhof Roosendaal.

Lok Nr. 2212 der Klasse 2200 für Rangierfahrten und leichte Güter ist in Terneuzen stationiert (Foto von 1996). Die Klasse wurde1955 eingeführt.

Zur früheren NS-Klasse 2200 gehört Lok Nr. 2299 – hier mit dem braunen Originalanstrich im VSM Apeldoorn. Diese Lokomotive wurde 1958 gebaut.

Die Vorderseite von Lok Nr. 2299 der Klasse 2000 zeigt ihre Nummernplakette; Foto vom VSM-Gelände in Apeldoorn.

außer Dienst gestellt wurde, fahren einige noch bei der privaten Güterbahn ACTS, und andere blieben in Museen erhalten. – Die 16 Loks der Klasse 1300 traten 1952 ihren Dienst an und waren baugleich mit

Die Klasse 2400 war bis in die 1990er bei den NS im Einsatz. Einige wurden an die SNCF verkauft; hier sieht man Lok Nr. 62470 in Frankreich (März 2000).

der französischen Klasse CC7100. Sie erreichen maximal 135 km/h und ziehen hauptsächlich schwere Güter-, in beschränktem Ausmaß auch Personenzüge. – Die Klasse 1500 verdient u.a. Interesse, weil diese Anfang der 1970er von British Railways erworbenen Loks (als Klasse EM2) ab 1954 als Personenschnellzüge auf der nun stillgelegten E-Strecke (1,5 kV/GS) Sheffield-Manchester verkehrten. Sie waren eine Weiterentwicklung der E-Klasse EM1 der LNER/BR; eine dieser Loks (26000) führte Ende der 1940er in den Niederlanden Testfahrten durch. Bei den SN wurde die Klasse 1500 in den 1980ern ausrangiert, doch einige blieben in den Niederlanden und Großbritannien erhalten. Ihre Konstruktions-Höchstgeschwindigkeit betrug ca. 140 km/h. – Zur 1981 eingeführten Klasse 1600 gehörten 58 Güterzugloks. Sie basiert auf der französischen Klasse BB7200 und sieht genauso aus. Diese Lokomotiven erreichen maximal 160 km/h. Knapp die Hälfte davon zieht heute Personenzüge und trägt seither die Bezeichnung „Klasse 1800". – Die auf der Klasse 1600/1800 basierende Klasse 1700 ist äußerlich mit jener identisch. Die 1990 eingeführten 81 Lokomotiven bringen es maximal auf 160 km/h und werden auf Fahrgaststrecken cingesetzt, u.a. als Doppeltraktionszüge mit Doppeldeckwaggons. – Die NS besitzen auch eine Reihe von Dieselloks für Hauptstrecken. Zur Klasse 2200, die 1955 eingeführt wurde, gehörten ursprünglich 150 Loks. Diese Lokomotiven bringen es auf 100 km/h und ziehen Güterzüge. Die meisten hat man mittlerweile ausrangiert, doch einige blieben erhalten. 25 Exemplare dieser Klasse wurden 1995 an die Belgische Eisenbahn verkauft, wo sie bei der Anlage

Die 1988 eingeführte Klasse 6400 stellt heute die Standardloks der NS für Rangierfahrten und leichte Gütertransporte. Mit ihrem neuen roten Cargo-Anstrich sieht man sie hier in Zwolle (September 1994).

Die 120 Loks der Klasse 6400 ziehen überall in den Niederlanden Güterzüge. Die Loks dieser Klasse trugen ursprünglich den grau-gelben Standardanstrich. Nr. 6440 als Güterzuglok in Roosendaal (März 1994).

Zur Klasse 200 gehören kleine, langlebige Rangierloks für Bahnhöfe, Depots und Frachtzentren. Manche sind mit einem Kran ausgerüstet. Heimatbahnhof von Nr. 326 ist zwischen den Einsätzen Terneuzen (Foto vom Juni 1996).

Die kleine Diesel-Rangierlok „Herculo" (Nr. 13) blieb als Teil der großen Lokomotivensammlung im VSM Apeldoorn erhalten.

Die Herstellerplakette am Bug der Lok Nr. 13 „Herculo" verrät, dass sie bei Orenstein & Koppel in Amsterdam gebaut wurde.

der neuen Hochgeschwindigkeitslinien als Bauzugloks dienten. Dort hießen sie Klasse 76. – Die 1954 eingeführte Klasse 2400 wurde bei den NS im Laufe der 1990er komplett ausrangiert. Diese schweren Rangier- und Kurzstrecken-Güterloks brachten es maximal auf 80 km/h; einige Exemplare blieben erhalten. Sie waren derart stark und vielseitig, dass die französische SNCF fast 50 von ihnen zum Schleppen von Zügen beim Bau der neuen TGV-Strecken erwarb. In Frankreich nannte man die Klasse BB62400. – Die 120 Lokomotiven der Klasse 6400 wurden 1988 eingeführt und dienten als Rangier- und Güterloks. Ihre Höchstgeschwindigkeit betrug 120 km/h. Einige davon baute man für den Einsatz als Güterzüge in Belgien und Deutschland um. Mehrere Exemplare dieser Klasse wurden in den 1990ern für kurze Zeit an die Norwegische Eisenbahn (NSB) ausgeliehen. – Zur Klasse 200 gehören kleine Rangierloks mit maximal 60 km/h,

Die in Großbritannien gebaute Klasse 600 stellte viele Jahre die Standard-Rangierloks der NS auf Güter- und anderen Bahnhöfen. Lok Nr. 655 ist in Feijenoord stationiert (Foto vom Juni 1996).

von denen einige mit Teleskopkränen ausgerüstet sind. Zwischen 1934 und 1951 wurden über 150 dieser Lokomotiven in Dienst gestellt, doch viele hat man inzwischen ausrangiert. Da diese „Siks" (Ziegen) vielseitig und beliebt waren, blieb eine große Anzahl erhalten. – Die Klasse 500/600 wurde zu Beginn der 1950er als Rangierlok für Güter- und normale Bahnhöfe eingeführt. Diese Lokomotiven erreichen maximal 30 km/h; sie wurden zumeist ausrangiert oder für die eventuelle Wiederverwendung eingemottet. Hersteller war die britische Firma English Electric. Einige Exemplare wurden mit Fernbedienungselementen ausgerüstet. Verschiedene blieben in den Niederlanden erhalten, während andere von englischen Museumsbahnen erworben wurden. – Zur Klasse 700 gehören moderne Diesel-Rangierloks, die 2003 für den Einsatz in Depots und auf Waggon-Abstellgleisen eingeführt wurden. Diese Vossloth-Loks vom Typ G400B ähneln den Rangierloks der Klasse MK600 der dänischen Danske Statsbaner (DSB). Die 13 Loks tragen einen hübschen Zweiton-Anstrich; eventuell will man noch weitere anschaffen.

In den Niederlanden gibt es auch Privatbahnen. Die Güterfrachtfirma ACTS verwendet ehemalige NS-Loks der Klasse 1200, 58er-Loks von British Rail, belgische Lokomotiven der Klasse 62 und moderne JT42CWR-Loks von General Motors (GM), die heute in ganz Europa viel eingesetzt werden – vor allem in Großbritannien, wo man sie als Klasse 66 bezeichnet. – Shortlines, eine andere Frachtfirma, verwendet den gleichen GM-Typ, ebenso mehrere andere in Holland tätige Unternehmen. Im Einsatz sind auch die Vossloth-Loks vom Typ 1200, die in Europa viel verwendet werden, z.B. in Österreich (Klasse 2070) und Belgien (Klasse 77).

Die DB testete drei Loks, die später die deutsche HGK für den Einsatz in den Niederlanden erwarb. Hier sieht man Nr. 240 002 während ihrer DB-Zeit in Hamburg.

Frankreich

Das heutige französische Bahnsystem ist sehr ausgedehnt und verwendet eine imposante Anzahl von
Typen. Die Geschichte der französischen Lokomotiven ist untrennbar mit der Entwicklung des
Eisenbahnnetzes verbunden. In der Anfangsphase
verlief diese nur schleppend, da die Industrie noch
nicht leistungsfähig genug war, um ein größeres
Netz zu finanzieren. Außerdem verfügte man über
ein ausgedehntes Kanalsystem, das für die Be-
dürfnisse des Handels ausreichte, und die Regierung
zögerte, Investoren zum Bau von Privatbahnen zu
ermuntern. All dies änderte sich mit dem Eisen-
bahngesetz von 1842. Auch jetzt bestand die Regierung noch darauf, dass der künftige Ausbau vom
Staat und Privatfirmen gemeinsam betrieben werden
solle, wobei der Staat für die Planung und technische
Fragen, die Privaten hingegen für die Finanzierung
von Gleisen, Bahnhöfen und Zügen zuständig
waren. Die Grundstruktur des Netzes wurde bis
1870 fertiggestellt, doch der Ausbau zog sich noch
bis zur Jahrhundertwende hin. Als Betreiber des
Systems fungierten mehrere Bahngesellschaften,

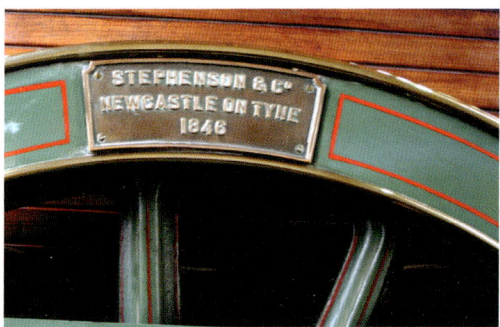

*Die Herstellerplakette an der Lok Nr. 6 „L'Aigle" verrät, dass
sie 1864 von Stephenson in Newcastle-upon-Tyne gebaut
wurde.*

und es gab mehrere Regionen (Nord, Ouest, Est,
Midi, Paris-Orléans und Paris-Lyon). Alle Strecken
strahlten von Paris aus, doch die Starrheit des
Systems erschwerte Bahnreisen in jenen Teilen
Frankreichs, die nicht mit Paris verbunden waren,
das als Knotenpunkt galt. Dennoch verfügte das
Land 1914 über ein ausgedehntes, gut entwickeltes
Bahnnetz von ca. 59 000 km mit einer Mischung aus
Standard- und Schmalspurstrecken. Trotzdem erleb-

*Nr. 6 „L'Aigle", eine in Großbritannien gebaute 2-2-2-Dampflok, im Staatlichen Eisenbahnmuseum von Mulhouse (Elsass). Sie war
auf vielen Strecken im Einsatz, u.a. Avignon-Marseille.*

Lok Nr. 80 „Le Continent" wurde ausweislich ihrer Herstellerplakette 1852 für die Strecke Paris-Straßburg gebaut.

te der Straßenverkehr in dieser Periode – wohl wegen der Starrheit des Bahnsystems – einen bedeutenden Aufschwung, und in den 1930ern wurden viele Strecken mangels Auslastung stillgelegt. Der Druck auf die Bahngesellschaften nahm derart zu, dass die Regierung sie 1938 verstaatlichte und die Société Nationale des Chemins de Fer Français (SNCF) schuf, welche die französischen Eisenbahnen bis heute kontrolliert.

Das französische Bahnnetz umfasst gegenwärtig etwa 40000 Streckenkilometer und wird von Personen- und Güterzügen stark in Anspruch genommen. An der Organisation des Nahverkehrs beteiligen sich zunehmend auch die Regionalregierungen. Das wichtigste Ereignis seit den späten 1970ern war die Einführung der Hochgeschwindigkeitszüge (TGV/ Trains de Grande Vitesse) zwischen den größten Städten, die das Publikum faszinierte und den Eisenbahnverkehr revolutionierte. Der französische Umgang mit dem Hochgeschwindigkeitssystem hat viele andere Bahnen in Europa und darüber hinaus beeinflusst. Sehr wichtig war auch die Eröffnung des Kanaltunnels zwischen England und Frankreich, der Hochgeschwindigkeitsfahrten zwischen den Städten London, Lille und Paris ermöglichte.

Was die französischen Dampfloks angeht, muss man unbedingt auf das Wirken von André Chapelon verweisen. Er schuf zwischen 1942 und 1946 aus einer mäßigen 4-8-2-Lok eine Dreizylinder-Verbundmaschine vom Schema 4-8-4 – mit überraschenden Resultaten. Diese Lokomotive konnte sehr schnell schwere Lasten ziehen und verbrauchte nur wenig Brennstoff und Wasser. Im Leistungsvergleich mit vielen größeren Dampfloks anderer Länder schnitt sie gut ab, und sie war sogar französischen E-Loks überlegen. Manche halten sie für die beste Lok aller Zeiten, aber leider hatte sich Frankreich damals schon auf die Elektrifizierung festgelegt, und so konnte sich Chapelons Werk weniger als spätere Loks dieses Typs bewähren.

Eine Erwähnung verdient auch der Autokonstrukteur Bugatti: Um 1930 konnte Ettore Bugatti seine Luxus-Pkws wegen der Finanzkrise des Vorjahres nur schwer absetzen. Also präsentierte er einen leichten „Schienenwagen", der von vier Motoren des gleichen Typs angetrieben wurde, den auch sein berühmtes Luxusauto „Royale" führte. Die Idee des Triebwagens stammte von Bugatti selbst, und er ließ viele bei dessen Bau verwendete Erfindungen patentieren. Vor diesem Zeitpunkt bildeten Dampflokomotiven das Rückgrat der zahlreichen französischen Bahnlinien, aber sie waren schmutzig, laut und insgesamt unbequem. Die Bugatti-Triebwagen, wie sie nun hießen, wurden als Einheitszüge mit einem, zwei oder drei Waggons gebaut und führten entweder zwei oder vier der mächtigen 12,7-l-Motoren. Der schnellste und bequemste von allen war der viermotorige „Presidential", der 800 PS erzeugte und im Jahre 1934 mit 195 km/h einen neuen Geschwindigkeits-Weltrekord aufstellte. Diese Triebwagen ließen sich – je nach Fahrgastzahl und Strecke – in verschiedenen Kombinationen einsetzen und hatten daher großen Erfolg. Sie waren nicht nur hell, sauber und bequem: Ihren größten Vorteil bildete die hohe Geschwindigkeit, die es den Bahngesellschaften ermöglichte, die Reisezeiten auf Langstrecken drastisch zu verkürzen. Von 1933 an baute und wartete die Firma Bugatti fünf Jahre lang mehr als 100 Triebwagen-Einheitszüge, die einen gewaltigen Ausbau der Fabrik erforderlich machten und dem Unternehmen dabei halfen, die schwierigen Zeiten zu überstehen.

Die französischen Eisenbahnen investierten schon früh in die Elektrifizierung, v.a. in den 1930ern. Die Compagnie du Midi baute mehrere Loks der Klassen BB4200 und BB4730. Es handelte sich um relativ kleine Lokomotiven, die maximal 75 bzw. 90 km/h erreichten und mit 1,5 kV/GS betrieben wurden.

Ein benzinbetriebener Bugatti-Triebwagen aus den 1930ern. Gebaut wurde er von der Firma Bugatti, die eher für ihre Luxus-Sportwagen bekannt war.

Dezember 1993: Oldtimer-E-Loks der Klassen BB4200 und 4700 warten in ihrem Pariser Depot auf den nächsten Einsatz.

betriebenen Fahrzeuge wurden zwischen 1947 und 1955 eingeführt, sie erreichen maximal 105 km/h und waren noch bis vor kurzem regelmäßig im Einsatz. Bei den niederländischen Eisenbahnen fuhren sie als Klasse 1100.

Für Personenschnellzüge führte man zu Beginn der 1950er die Loks der Klasse 2D2 9100 ein. Diese besaßen große Antriebsräder, wie man sie von Dampfloks kennt, doch Erfahrungen in anderen Ländern – v.a. in der Schweiz – bewiesen die Überlegenheit von Lokomotiven mit Allradantrieb. Deshalb bestellte die SNCF die Klasse CC 7000/7001, die bis 1955 ausgeliefert wurde. Sie arbeitete mit 1,5

Dezember 1995: Eine E-Lok vom Typ BB319 aus den späten 1930ern – hier noch mit dem alten grünen Anstrich – hält an, bevor sie in die Pariser Gare d'Austerlitz einfährt, um leere Personenwaggons abzuholen.

Viele von ihnen blieben bis Ende der 1990er als Rangierloks im Einsatz.

Die Loks der Klasse BB300 wurden zwar noch von der Midi Railway bestellt, aber erst nach Gründung der SNCF ausgeliefert; sie blieben bis in die 1990er im Einsatz und fuhren mit 1,5 kV/GS. Zuletzt dienten sie als Rangierloks. – Zu den frühen schweren Rangierlokomotiven zählte auch die Anfang der 1940er eingeführte Klasse CC1100. Sie wurde ebenfalls mit 1,5 kV/GS betrieben, und einige arbeiten heute noch. – Als die Elektrifizierung voranschritt, betraf dies auch die Lokomotiven. Die Klasse BB8100 leitete sich von der BB300 ab und diente überwiegend als Güterzuglok. Die mit 1,5 kV/GS

kV/GS und hatte durchschlagenden Erfolg – die Lok Nr. 7107 ist Mithalterin des Geschwindigkeits-Weltrekords von 1955 (330 km/h). Diese Lokomotivenklasse stand bis in die 1990er im Liniendienst. Einige Exemplare fuhren auch in den Niederlanden (als Kl. 1300) und in Spanien (als Kl. 276).

Mithalterin des Rekords der Nr. 7107 war die BB 9004, ein experimenteller Prototyp von 1954, der bis 1976 als Personen- bzw. später als Güterzuglok eingesetzt wurde. Diese mit 1,5 kV/GS betriebene E-Lok steht heute im Staatlichen Eisenbahnmuseum (Musée du Chemin de Fer) in Mulhouse (Elsass). Zur Geschichte der französischen Eisenbahn gehören noch einige andere 1,5 kV/GS-Loks, die Er-

Diese grau-orange lackierte Lok der Klasse BB348 diente in Dijon als Zugmaschine für leere Waggons (Foto vom August 1997).

Eine E-Lok (Nr. 8164) der 1947 eingeführten Klasse BB8100 wartet im August 1997 in Nîmes auf den nächsten Gütertransport.

währung verdienen: Die Klasse BB9200 wurde 1957 eingeführt und noch bis vor kurzem mit Personen- und Güterzügen eingesetzt; das Gleiche gilt für die Klasse 9400 von 1959. 42 dieser Lokomotiven wurden zum Doppeltraktionseinsatz mit Personenzügen umgebaut und fortan als Serie 9600 umnummeriert. – Die Klasse BB9300 ist eine verbesserte Variante der Klasse 9200; diese Loks werden mit Personenschnellzügen eingesetzt. Die 1967 eingeführten 40 Lokomotiven bringen es auf maximal 160 km/h. – 1964 erfolgte die Einführung der Klasse BB8500, die immer noch Personen- und Güterzüge zieht. – 1969 hatten die mächtigen Personen- und Güterzugloks der Klasse CC6500 ihr Debüt, und schließlich führte man zwischen 1976 und 1985 die 240 Loks der Klasse 7200 für gemisch-

Diese in den 1930ern eingeführte Zentralkabinen-Lok der Klasse CC1111 pausiert im August 1995 auf dem Güterbahnhof Toulouse vor dem nächsten Rangiereinsatz. Die Klasse stand über 50 Jahre lang in Dienst.

Diese Museums-E-Lok 2D2 9135 posiert im Oktober auf der Drehscheibe von Paris-Charolais. Von dieser Personen-Schnellzuglok aus den 1950ern blieben nur zwei Exemplare erhalten.

Hier sieht man die E-Lok des CC7126 in Nîmes (März 2000). Ihre Schwesterlokomotive CC7107 hält gemeinsam mit der BB9004 den Geschwindigkeitsrekord von 330 km/h aus dem Jahre 1955.

Die E-Lok BB9004 im Staatlichen Eisenbahnmuseum von Mulhouse (Elsass). Diese 1954 eingeführte Lok ist Mithalterin des Rekords von 1955 (330 km/h).

Die E-Lok 9336 der Klasse BB9300 fährt in Tarbes zu ihrem nächsten Zug (November 2001). Diese 1967 in Dienst gestellten Personenschnellzugloks sind immer noch im Liniendienst.

März 2000: Die E-Lok CC6574 in Nîmes. Ursprünglich für Personenschnellzüge gedacht, beendeten sie ihre Tage als Güterzugloks.

ten Betrieb ein. Ähnliche Lokomotiven – die Klassen E1300 und E1350 sind bei der marokkanischen Eisenbahn im Einsatz. – Parallel zum System mit 1,5 kV/GS investiert die SNCF auch in ein 25-kV-Netz, das vor allem für Mittel- und Nordfrankreich vorgesehen ist. Die frühesten Loks waren die Klassen BB12000 und BB14000 für Güter- und BB13000 für Personen- und Güterzüge. Die ersten Exemplare

E-Loks für Güterzüge aus den 1950ern auf dem Güterbahnhof Woippy bei Metz (Foto vom November 1994).

wurden 1954 in Dienst gestellt, und alle Klassen blieben bis in die 1990er im Einsatz (die 12000er sogar bis nach 2000). Loks vom Typ der BB12000 fahren als Klasse 3600 noch heute in Luxemburg. Die Klassen BB16000 (für Personen) und BB16500 (für Personen und Güter) wurden beide 1958 eingeführt und sind heute noch im Einsatz. Zur Klasse BB16500 gehören fast 300 Lokomotiven. – Die Klasse BB17000 kam ab 1965 zur Verwendung und zieht noch heute Vorort-Personenzüge im Großraum Paris. – 1971 führte man die Klasse BB15000 ein, die bis zur Gegenwart Schnellzüge zwischen Paris und Ostfrankreich zieht. Wer einem Fahrzeug dieser

Klasse begegnet, kann unmöglich das gefällige, moderne Styling der Lok übersehen, das Paul Arzens entwarf. Ähnlich wirken auch einige andere E- und Diesellokklassen in Frankreich und andernorts (z.B. in Slowenien und Marokko).

Um der SNCF Durchgangsverbindungen zu ermöglichen, die gleichermaßen die Systeme mit 1,5 kV/GS und 25 kV berücksichtigten, entwickelte man

Die E-Lok Nr. 8 17084 der Klasse BB17000 in Paris (September 2005). Die 8 vor der Nummer besagt, dass sie im Pariser ÖPNV eingesetzt wurde.

in den 1960ern und 1970ern mehrere Klassen von Loks für zwei Spannungen. Die Klassen BB25100, BB25150 und BB25200 wurden Ende der 1960er eingeführt und dienen noch heute als Personen- und Güterloks. – Zwischen 1976 und 1986 führte man die über 200 Lokomotiven der Klasse BB22200 ein, die Personenschnell- und Güterzüge ziehen. – Zur Klasse BB20200 von 1970 gehören 13 Güterloks für zwei Spannungen. Sie verkehren mit maximal 140 km/h in die Schweiz und nach Deutschland, werden aber derzeit von der neuen Klasse BB37000 abgelöst. – Um durchgängige Zugverbindungen nach Belgien, den Niederlanden und Deutschland zu

Die E-Lok BB15060 „Creil" in Metz (Oktober 1992). Diese Klasse befördert Personenschnellzüge von Paris nach Straßburg.

Hier sieht man die BB-E-Lok 4 25109 im Juli 2003 auf dem Güterbahnhof Woippy. Die „4" vor der Lok-Nummer verweist auf eine Güterzuglokomotive.

Die neue E-Güterzuglok Nr. 4 27010 der BB in Miramas, fotografiert im Juni 2002.

Die Personenschnellzug-Lok CC40110 im April 1996 auf dem Bahnhof Brüssel-Midi („Süd"). Diese Klasse wurde inzwischen ausgemustert.

ermöglichen, kam in den 1960ern die Klasse CC40100 zum Einsatz, die mit vier verschiedenen Netzspannungen betrieben werden kann. In Belgien gab es die ähnliche Klasse 1800.

1998 begann die SNCF, ihre E-Lok-Flotte durch die Einführung der für Personen- und Güterzüge gedachten Klasse BB26000 „Sybic" (für zwei Spannungen) zu modernisieren. Der erste Auftrag wurde indes korrigiert, damit eine Reihe von Loks der Klasse BB36000 (für drei Spannungen) auch nach Belgien und Italien fahren konnte.

Der Modernisierungsprozess setzte sich jüngst mit der Einführung der Klassen BB27000 (für 2 Spannungen) und BB37000 (für mehrere Spannungen) an Güterzügen fort. Der Einsatz dieser und anderer (noch im Bau befindlicher) Lokomotiven wird vor allem zur Folge haben, dass zahlreiche ältere Modelle außer Dienst gestellt werden.

Die SNCF setzt nicht nur E-Loks ein, sondern ver-

Die für drei Spannungen ausgelegte Lok BB36039 in Dijon (März 2000). Diese Klasse zieht Güterzüge nach Belgien und Italien.

Die Diesellok Nr. 62012 in Lens (Oktober 1991). Diese in den USA gebauten Lokomotiven wurden inzwischen ausrangiert, doch blieben einige erhalten.

August 1997: Die Diesellok BB63401 in Le Mans. Sie gehört zu einer großen Klasse von Loks für Rangierfahrten und Kurzstrecken-Gütertransporte.

fügt auch über eine Vielfalt von Diesellokomotiven, die zum Rangieren oder bei Personen- und Güterzügen auf elektrifizierten und anderen Strecken verwendet werden. Die erste bemerkenswerte Klasse ist die nach ihrem US-Konstrukteur benannte A1AA1A 62000 „Baldwin". Die unmittelbar nach dem Zweiten Weltkrieg eingeführten schweren Rangierloks fanden in Nord- und Ostfrankreich bis weit in die 1990er hinein Verwendung; einige Exemplare blieben erhalten. – Zum wichtigsten Dieseltyp, dem man überall im Lande begegnet, gehören die in den 1950ern und 1960ern eingeführten Klassen BB63000, BB63400 und BB63500. Viele der ursprünglich über 800 Lokomotiven sind noch im Einsatz und einige wurden zur Verstärkung der Zugkraft umgebaut, z.B. die Klasse BB64700. – Erwähnung verdient auch die in den späten 1950ern in Dienst gestellte CC65500. Ursprünglich als Güterzuglok vorgesehen, fand sie in jüngerer Zeit bei Bauzügen im Rahmen der neuen TGV-Strecken Verwendung. – Einen weiteren wichtigen Lokomotiventyp bilden die Klassen BB66000 und BB66400, die man in den 1960ern für Personen- und Güterzüge einführte; heute ziehen sie überwiegend Güterwagen. Einige dieser Fahrzeuge wurden zu Rangierloks umgebaut. – Um den Anforderungen des Personen- und Güterverkehrs auf nicht elektrifizierten Strecken zu genügen, führte die SNCF zu Beginn der 1960er die Klasse BB67000 ein. Eine Anzahl

dieser Lokomotiven wurden in den 1980ern zu Bauzügen für die neuen TGV-Strecken umgebaut, und neuerdings stellt die modifizierte Klasse Bereitschaftsloks für den Einsatz als Notfallzüge auf den TGV-Linien.

Als Weiterentwicklung der Klasse BB67000 wurde 1967 für Personen- und Güterzüge die Klasse BB67300 eingeführt. 1969 bzw. 1963 erschienen die anfangs für Personenzüge, später für gemischten Verkehr gedachten Klassen BB67400 und A1AA1A68000. Eine kleine Anzahl der letzteren erhielt stärkere Motoren, um schwerere Güterlasten ziehen zu können. – Schließlich präsentierte die

Die BB-Diesellok 4 69484 (ursprünglich 66484) in Chalindrey (September 2005). Die „9" in ihrer Nummer verweist auf einen Umbau.

SNCF 1967 ihre stärkste Diesellok, die Klasse CC72000. Diese Lokomotiven leisten vor allem in Nord- und Ostfrankreich gute Dienste als Personen-Schnellzugloks, ziehen aber auch Güterzüge.

Für Rangierarbeiten auf Bahnhöfen, Güterbahnhöfen und den großen Eisenbahnausbesserungswerkstätten verwendete die SNCF im Laufe der Jahre zahlreiche Loks, u.a. die Klassen Y2400 und Y5100 – beide aus den 1960ern – sowie Y6200, Y6300 und Y6400 (frühe 1950er). Sie alle wurden inzwischen großteils ausrangiert, doch einige verrichten noch Rangierdienste in Depots. – Die wichtigsten heutigen Klassen bilden die Y7100 (eingeführt 1958), die Y7400 (von 1963–1972) und als modernste die Y8000, die zwischen 1977 und 1990 eingeführt wurde. Insgesamt sind heute mehr als 1200 dieser Loks im Einsatz.

In Frankreich gibt es auch einige interessante Privat- und Museumseisenbahnen. Für das Verkehrsmuseum des Val de Sausseron (MTVS) fährt z.B. eine 0-6-0-Tanklok mit der Nr. 36. Erbaut wurde diese Lokomotive 1925.

Die Dampflokomotive Nr. 1 der 1-m-Bahn Chemin de Fer de la Baie de Somme (CFBS) ist eine 2-6-0-Schmalspur-Tanklok vom Typ Corpet-Louvet (Baujahr 1906). – Die Linie Chemin de Fer de la Mure betreibt eine elektrifizierte 1-m-Strecke und unterhält verschiedene Loks. – Besonderes Interesse verdient eine kleine Lokomotivenklasse der Schweizer Firma Secheron von 1932, die auf zwei Spannungen ausgelegt ist und maximal 30 km/h erreicht.

Deutschland

Das deutsche Streckennetz ist sehr ausgedehnt und verwendet eine große Anzahl von Diesel- und E-Loks. In den letzten Jahren wurden einige der älteren Lokomotivenklassen außer Dienst gestellt und durch zahlreiche moderne E-Loks ersetzt. In naher Zukunft wird man wahrscheinlich Aufträge für neue Diesel-loks vergeben, welche die derzeit vorhandenen ablö-sen sollen. Während sich die Deutsche Bahn AG auf moderne Lokomotiven konzentriert und ihr Angebot vor allem mittels der ICE-Züge verbessert, kann man in Museen, auf Museumseisenbahnen, an Bahnsteigen bestimmter Bahnhöfe und an anderen Orten im ganzen Land noch zahlreiche Dampfloks finden.

Die erste deutsche Lokomotive war die „Adler", die im Jahre 1835 von Nürnberg nach Fürth fuhr. Sie

Die in Großbritannien gebaute 2-2-2-Lok „Adler" wurde 1835 in Dienst gestellt und zog den ersten deutschen Zug von Nürnberg nach Fürth.

wurde von Robert Stephenson im englischen Newcastle-upon-Tyne gebaut, und auch der extra für die Jungfernfahrt angeheuerte Lokführer war ein Engländer! Der Ausbau des Streckennetzes in den folgenden Jahren ist weitgehend das Verdienst der damaligen Bundesstaaten, die erst eigene Strecken bauten und dann kooperierten, um ein einheitliches Netz zu schaffen.

Die Deutschen zeigten schon früh eine Neigung zum Einsatz von Elektrozügen: Die erste E-Lok der Welt fuhr 1879 in Berlin, und die älteste elektrifizierte Trasse für Langstreckenzüge – Bitterfeld-Dessau – wurde 1911 eröffnet. 1912 führte man die erste Diesel-E-Lok ein, und ab 1993 verrichtete der Hoch-geschwindigkeits-Triebwagen „Fliegender Hamburger" seine Dienste.

Die Weiterentwicklung der Dampfloks wurde darü-ber nicht vernachlässigt, und 1936 stellte die Loko-motive 05002 mit 201 km/h einen Weltrekord auf, der im gleichen Jahr durch die 201,6 km/h der eng-lischen „Mallard" überboten wurde.

1924 gründete man die Deutsche Reichsbahn Gesellschaft (DRG), die ab 1937 DR hieß. Nach dem Zweiten Weltkrieg wurde Deutschland in Besatzungszonen aufgeteilt und bis zur Gründung der BRD und der DDR im Jahre 1949 von den Alliierten verwaltet. Die politische Teilung spiegelte sich seit 1952 auch in der Schaffung der DB

Die Hochgeschwindigkeits-Triebwagen vom Typ „Fliegender Hamburger" waren ab 1933 auf der Strecke Berlin-Hamburg im Einsatz. Später fuhren sie auch andere deutsche Städte an.

(Deutsche Bundesbahn) und der DR (Deutsche Reichsbahn) wider. Gegen Ende des 20. Jahrhun-derts wurde das System 1986 durch die Einrichtung der ersten Hochgeschwindigkeitsstrecke weiterent-wickelt. Was die Leistungen der Lokomotiven an-ging, erreichte die E-Lok 120001 im Jahre 1973 die Rekordgeschwindigkeit von 253 km/h, und 1984 steigerte eine andere E-Lok diesen Rekord nochmals auf 265 km/h. Der Prototyp des modernen ICE-Hochgeschwindigkeitszugs erreichte 1988 sogar 407 km/h.

Im Januar 1994 verschmolzen DB und DR zur Deutschen Bahn AG (DBAG), womit der Ausbau des nationalen Streckennetzes durch ein ausgedehn-tes System neuer Hochgeschwindigkeitslinien, der Kauf neuer Züge und die Modernisierung des Fuhrparks ermöglicht wurden. Innerhalb dieses Gesamtrahmens investierten auch die einzelnen Länder in ihr Bahnangebot, und mittlerweile gibt es auch zahlreiche Privatbahnen, die Personen-, Güter- und Infrastrukturservice anbieten – manchmal sogar mit ehemaligen DB-Loks!

Ein Nachbau der ersten deutschen Lokomotive, des 2-2-2-Modells „Adler", steht im Nürnberger Ver-kehrsmuseum. Dieses besitzt eine große Anzahl von Loks, darunter auch schöne, seltene Stücke. Leider wurden der Nachbau der „Adler" – der selbst schon über 70 Jahre zählte – und mehrere andere histori-sche Dampf- und Dieselloks im Oktober 2005 durch einen Brand im Nürnberger Museumsdepot schwer beschädigt.

Neben der staatlichen Sammlung verfügt Deutschland über zahlreiche weitere Oldtimer-Lokomotiven, die teilweise noch auf Museumseisenbahnen und manchmal sogar im Liniendienst der DB verkehren. Vor allem im der ehemaligen DDR gibt es ein florierendes Netz von Schmalspurbahnen. Historische Loks kann man überall im Land finden, wobei alle wichtigen Klassen/Typen gut vertreten sind. Die bemerkenswerteste unter den frühen Dampfloks war vermutlich die preußische Überheizungs-Klasse P8. Fast 400 Exemplare wurden im ersten Viertel des 20. Jahrhunderts als Personen- und Güterzugloks gebaut. Sie erreichten maximal 100 km/h und kamen in ganz Europa zum Einsatz; in Deutschland hießen sie „Klasse 38".

Die Pacific-Loks der Klasse 01 wurden 1925 eingeführt und brachten es auf 130 km/h. Es waren prächtige Lokomotiven, die auch mit „engen" Fahrplänen gut zurechtkamen und oft pro Minute mehr als 1,6 km zurücklegten. Ihnen folgten 1940 die stromlinienförmigen Schnellzugloks der Klasse 01.10 mit maximal 140 km/h. Die Klasse 03 wurde in den 1930ern als leichtere Variante der Klasse 01 eingeführt; deutlich leichter als die Klasse 01.10 war auch die Klasse 03.10 aus dem Jahr 1940.

Die 1928 für Personenzüge in Dienst gestellte Klasse 62 bestand aus 4-6-2-Tankloks mit einer Höchstgeschwindigkeit von 105 km/h. – Zur Klasse 41 von 1938 gehörten 2-8-2-Lokomotiven für den gemischten Verkehr, die maximal 90 km/h erreichten, während die bis in die 1940er gebaute Klasse 44 (1926) schwere 2-10-0-Güterloks umfasste. Ihre Höchstgeschwindigkeit betrug 70 km/h, und es wurden über 1700 Stück hergestellt. Eine von ihnen war 1977 die letzte Dampflok der DB, während die DR einige Exemplare noch bis in die 1980er einsetzte. – Zwischen 1939 und 1948 baute man über 3000 2-10-0-Loks der Klasse 50, die mit maximal 80 km/h auf Haupt- und Nebenstrecken verkehrten. Die wichtigste Weiterentwicklung dieser Klasse waren

Die Herstellerplakette der 4-6-2-Schnellzug-Dampflok 01.111 verrät, dass sie 1934 bei Schwartzkopff in Berlin gebaut wurde.

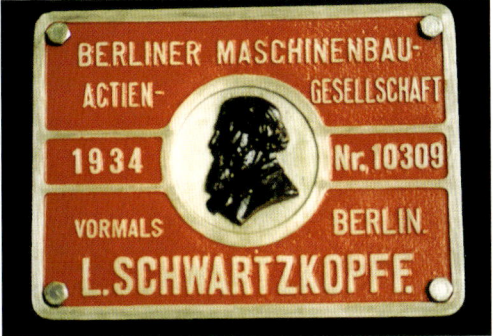

Mai 2002: Die 4-6-2-Schnellzug-Dampflok der Klasse 01 (Nr. 01.164) und die 2-8-2-Güter- und Personenzuglok Nr. 41.1185 im Deutschen Eisenbahnmuseum Nürnberg.

April 1995: Die 4-6-2-Personenzug-Tanklok Nr. 62 015 im Museumsbahnhof Dresden-Altstadt. Dieser Typ wurde 1928 in Dienst gestellt und brachte es auf 100 km/h.

die „Kriegsloks" der Klasse 52, von denen Anfang der 1940er über 6000 hergestellt wurden. Diese einfache, wirtschaftlich-nüchtern konzipierte Lok kam in ganz Europa viel zum Einsatz. Sie erreichte maximal 80 km/h. – 1959 führte man die 2-6-2-Loks der Klasse 23 ein, die es auf 110 km/h brachten und vor allem zur Modernisierung des Fuhrparks der DB und DR dienten. – Zu den frühen Lokomotiventypen zählten auch die 0-8-0-Klasse 55 von 1905 und die

Diese SZD-Lok TE 5933 aus der früheren UdSSR wurde im April 1995 im Depot Lobau fotografiert. Es handelte sich ursprünglich um die „Kriegslok" 52 5933.

Die Museumslok der 2-8-2-Klasse 41 (Nr. 042 096) verlässt im April 2004 mit einem Sonderzug Braunschweig. Die Lokomotive stammt aus dem Jahre 1938.

Die 2-6-2-Lok 23 1019 im Mai 2003 in Cottbus. Die Klasse 23 wurde 1959 als moderne Dampflok für die DB und DR gebaut.

April 1995: Die 4-6-0-Lok Nr. 1135 (heute 17 1055) der Klasse 17 wartet beim Dresdener Dampflokfestival auf ihren nächsten Einsatz.

elegante, 1913 als 4-6-0-Lok gebaute Klasse 17. – Die Klasse 57 aus den frühen 1920ern umfasste 0-10-0-Tenderlokomotiven.

Als Standardspur-Lok entstand 1961 auch die stromlinienförmige Pacific-Klasse 18.2, und zwar durch den Umbau einer 4-6-2-Tenderlok unter Verwendung von Teilen einer 2-10-2-Lokomotive. Dieses wunderbare Fahrzeug ist dank seiner Höchstgeschwindigkeit (160 km/h) derzeit die schnellste Dampflok der Welt.

Im deutschen Schmalspurbahnnetz gibt es Spurweiten von 1 m, 90 cm und 75 cm, auf denen eine faszinierende Vielfalt von Dampf- und Dielelloks

verkehrt. Einige Linien wurden inzwischen privatisiert, doch die Loks sind die alten geblieben. Das 1-m-Netz konzentriert sich auf den Harz und dessen Umland. – Zur Dampfklasse der Serie 99.5900 gehören vier Mallet-Lokomotiven, von denen drei aus den späten 1890ern und eine von 1918 stammt. Es handelt sich um 0-4-4-0-Tankloks, die es auf ca. 30 km/h bringen. – Die Dampflokomotive 99.6001 ist eine 2-6-2-Tanklok (Baujahr 1939), die maximal 50 km/h erreicht. – Zur Dampfklasse 99.7200 gehören 2-10-2-Tankloks, die überwiegend zwischen 1954 und 1956 entstanden – das Typenfahrzeug dieser Klasse stammt von 1931. Die Höchstgeschwindigkeit dieser starken, hübschen Lokomotiven beträgt 40 km/h. – Das 90-cm-Netz verläuft im Raum um Bad Doberan und ist unter dem Namen „Molli" bekannt. Es verwendet hauptsächlich zwei Dampflokomotiven der Serie 99.2300, 2-8-2-Tankloks aus dem Jahre 1932, die maximal 50 km/h erreichen.

Auf den Strecken des ostdeutschen 75-cm-Netzes verkehren verschiedene Typen von Dampflokomotiven. Die Klasse 99.1500 besteht aus 0-4-4-0-Tenderloks vom Typ Meyer, die 1899–1921 gebaut wurden. – Die Lokomotiven 99.722–735 sind 2-10-2-Tenderloks aus den Jahren 1928–1933. – Die Lokomotiven 099.736–757 haben das gleiche Radschema und wurden zwischen 1952 und 1957 gebaut. – Schließlich gibt es noch die früheren Lokomotiven 99.4642 und 4633 (heute MH52 und

Die Lok 18 201, fotografiert in Meiningen (Juni 1996). Diese 1961 gebaute 4-6-2-Maschine ist heute die schnellste Dampflok der Welt.

53), zwei 0-8-0-Loks mit Tanks unter dem Kessel, die 1914 bzw. 1925 für die Rügenschen Kleinbahnen (RüKB) entstanden.

Zum „Bahnnetz" der ostfriesischen Insel Wangerooge gehören mehrere Dieselloks aus den 1950ern mit den Nummern 399.101– 104 sowie zwei Dieselloks (Nr. 399.107 und 108) von 1999. Es handelt

Diese 0-4-4-0-Schmalspur-Tanklok (Nr. 99 5901) wartet in Wernigerode auf ihren nächsten Einsatz (das Foto entstand im April 2004).

Die starke 2-10-2-Schmalspur-Tanklok Nr. 99 7244 ist in Wernigerode stationiert (April 1998). Eingeführt wurde die Klasse 1954.

April 1998: Diese einzigartige 2-6-2-Schmalspur-Tanklok (Nr. 99 6001) pausiert in Wernigerode vor der Übernahme des nächsten Zuges.

und kann heute im Deutschen Museum (München) bewundert werden. Erhalten blieb auch eine Anzahl jüngerer E-Loks aus den 1920ern und 1930ern, die zum Teil noch im Einsatz sind. Wie bei allen deutschen E-Lok-Klassen (mit einer Ausnahme) erfolgt der Antrieb über Stromabnehmer (bei 15 kV/16 Hz). – Die Klasse E04 wurde 1933 eingeführt, die Klasse

Die 2-8-2-Schmalspur-Tanklok Nr. 99 2323 „Molli" beschleunigt auf der Steigung vor dem Bahnhof Bad Doberan (März 1999).

sich um Lokomotiven mit 1 m Spurweite, deren Höchstgeschwindigkeit 20 km/h beträgt. Außerdem gibt es auf dieser Insel noch eine 0-6-0-Tenderlok der Klasse 99 aus dem Jahre 1929.

Die große Anzahl von E-Lok-Typen spiegelt den Umfang des Streckennetzes und die Entwicklung der DB- und DR-spezifischen Lokomotiven wider. Nach der Bildung der bundesweiten DB AG wurde der Fahrzeugpark durchkämmt und eine große Anzahl von Lokomotiven – hauptsächlich solche der alten DR-Klassen – außer Dienst gestellt.

Die erste einsatzfähige E-Lok der Welt entstand 1879 bei Siemens. Sie beförderte in diesem Jahr auf einem Schmalspur-Rundkurs auf drei Wagen je sechs Besucher der Berliner Gewerbeausstellung

Die 2-10-2-Schmalspur-Tanklok Nr. 99 784 pausiert auf ihrer Fahrt ab Göhren im Mai 2001 auf dem Bahnhof Putbus (Rügen). Diese Lokomotive wurde 1953 hergestellt.

Die 0-6-0-Schmalspur-Tanklok Nr. 99 211 auf der ostfriesischen Insel Wangerooge (Mai 2001). Diese Lok stammt aus dem Jahr 1929.

Hier sieht man Siemens' erste gebrauchsfähige E-Lok aus dem Jahr 1879. Sie beförderte die Besucher der Berliner Gewerbeausstellung und blieb bis heute erhalten.

E18 Mitte der 1930er als Schnellzuglok gebaut. Sie erreichten maximal 150 km/h, und Österreich setzte den gleichen Typ als Klasse 1018 ein. – Zur Klasse E44 gehörten Mischverkehr-Lokomotiven mit maximal 90 km/h, die von Anfang bis Ende der 1930er gebaut wurden. – Die Klasse E60 wurde als Bahnhofslotsen-Lokomotiven mit maximal 55 km/h entworfen und zu Beginn der 1930er eingeführt. – Die Klasse E94 wurde erstmals in den 1940ern gebaut, doch weitere folgten bis tief in die 1950er. Ihre

Höchstgeschwindigkeit betrug 90 km/h, und Österreich setzte sic bis in die 1990er fahrplanmäßig als Klasse 1020 ein (ein Exemplar kann man im einschlägigen Kapitel sehen).

Was modernere Lokomotiven betrifft, war die Klasse 103 bis zur Jahrtausendwende die wichtigste Personen-Schnellzuglok der DB. Sie wurde 1969 eingeführt und brachte es maximal auf 200 km/h. Im Gefolge der Wiedervereinigung setzte man sie in ganz Deutschland auf Schnellzuglinien ein, und eini-

Die Oldtimer-E-Lok Nr. E04 01 auf dem Bahnhof Dessau (November 2002). Dies ist eines von 2 erhaltenen Exemplaren der 1933 eingeführten Klasse.

Die Vorkriegs-E-Lok Nr. E18 08 wartet auf ihrem Heimatbahnhof München im Juli 1996 auf die Erlaubnis zur Ausfahrt.

Die E-Loks der Klasse 103 zogen lange Jahre hindurch die Personenschnellzüge der DB. Hier hält Nr. 103 208 im Mai 1993 auf dem Bremer Hauptbahnhof.

ten bei Langstreckenfahrten und im Doppeltraktions-Personenverkehr immer noch gute Dienste. – Zur DR-Klasse 112 aus dem Jahre 1990 gehören über 100 Loks mit maximal 160 km/h. Sie sind deutschlandweit als Personen-Schnellzugloks im Einsatz, und einige wurden zur Verwendung im Personennahverkehr (auch Doppeltraktions-Betrieb) als Klasse 114 eingestuft. – Die Klasse 120 war die erste der damals modernsten Lokomotivenklassen, welche die DB 1987 einführte, und erreichte maximal 200 km/h. Zu ihr gehören 60 Loks, die einige Jahre lang Personenschnellzüge zogen, aber auch bei Güterzügen zum Einsatz kommen. Seit der Indienststellung der jüngsten Lokomotivenklasse ist ihre Bedeutung um einiges zurückgegangen. – Die DB-Klasse 139/140 ist mit über 900 Lokomotiven sehr groß und im Grunde eine für den Güterverkehr gedachte Klasse 110. Mit einer Höchstgeschwindigkeit von 110 km/h bildeten diese Loks seit ihrer

Die blau lackierte Personenschnellzugs-E-Lok Nr. 110 316 pausiert im Sonnenschein bei Dortmund (April 1994).

ge Exemplare blieben bis heute erhalten. – Die Klasse 109 wurde 1961 bei der DR hauptsächlich als Lok für Personenzüge eingeführt und noch bis Ende der 1990er eingesetzt. Ihre Höchstgeschwindigkeit betrug 130 km/h, und einige dieser Loks wurden von deutschen Privatbahnen erworben. – Von der 1956 eingeführten DB-Klasse 110 baute man über 400 Stück. Ursprünglich als Hauptstrecken-Lok mit einer Höchstgeschwindigkeit von 150 km/h entworfen, hat sie seit der Einführung modernerer Lokomotiven und Einheitszüge deutlich weniger zu tun; trotzdem sind immer noch viele im Einsatz. – Zur Klasse 113 gehört eine kleine Anzahl von 110er-Loks, die auf 160 km/h ausgelegt waren. – Die 1974 eingeführte D-Klasse 111 ist eine Weiterentwicklung der 110 und umfasst über 200 Lokomotiven. Sie leis-

Hier schickt sich die E-Lok Nr. 110 423 an, mit einem Nahverkehrszug den Bahnhof von Darmstadt zu verlassen (das Foto entstand im April 2004).

Dortmund, April 2004: Die E-Lok Nr. 120 118 auf der Fahrt von ihrem Heimatbahnhof zum nächsten Zug.

Einführung (zwischen 1957 und 1973) das Rückgrat des Systems, doch inzwischen werden sie in großer Zahl ausrangiert, während neue Klassen ihren Dienst antreten. – Die Loks der DB-Klasse 141 sind Allzweckfahrzeuge, die vorwiegend im Doppeltraktions-Personenverkehr zum Einsatz kommen. Diese zwischen 1956 und 1969 gebaute Klasse mit maximal 120 km/h umfasst über 400 Lokomotiven und wird derzeit von moderneren Modellen abgelöst. – Die DR-Klasse 142 wurde als Güterversion der

Die Güterzuglok Nr. 140 823 der Klasse 140 wartet – noch mit dem alten grünen Anstrich – in Dortmund auf den nächsten Einsatz (April 1994).

Diese türkis und blau lackierte Lok Nr. 140 657 der Klasse 140 wartet im Mai 1994 in Lehrte auf den nächsten Güterzug.

Die Personenzuglok Nr. 141 387 wartet in Emden auf das Ausfahrsignal, bevor sie mit einem Nahverkehrszug den Bahnhof verlässt (Juni 2003).

Die Lok Nr. 142 175 an der Spitze einer Reihe von Fahrzeugen dieser Klasse in Seddin (Mai 1994). Die Klasse ist heute außer Dienst.

Klasse 109 entworfen und ist mittlerweile bis auf einige von Privatbahnen verwendete Exemplare außer Dienst. Sie umfasste über 300 Lokomotiven, die zwischen 1962 und 1976 eingeführt wurden und maximal 100 km/h erreichten. Alle waren für den Einsatz bei Doppeltraktions-Personenzügen ausgerüstet, doch das konnte ihre Ablösung durch modernere Loks nicht verhindern. – Die DR-Klasse 143 war ein großer Erfolg und ist heute auf dem gesamten Streckennetz im Einsatz. Die zwischen

Die Güterzuglok Nr. 150 146 bei Osnabrück in vollem Sonnenschein (Mai 1993). Dieser Typ wurde schon vor langer Zeit außer Dienst gestellt.

1982 und 1990 eingeführten Loks verfügen sämtlich über Doppeltraktions-Ausrüstung für Personenzüge. Die Klasse umfasst mehr als 700 Fahrzeuge, die es auf 110 km/h bringen. – Die DB-Klassen 150 und 151 (verbesserte Version) ziehen schwere Güterzüge. Die zwischen 1957 und 1973 gebaute Klasse 150 wurde großteils ausrangiert, doch die Klasse 151 (1973–1977) dürfte noch einige Jahre lang gute Dienste verrichten. Die Höchstgeschwindigkeit der Klasse 150 beträgt 100 km/h, die der Klasse 151 hin-

Eine grün lackierte Güterzuglok der Klasse 151 051 pausiert im Februar 1993 vor dem Ankoppeln des Zuges in Frankfurt. Die Klasse leistet immer noch gute Dienste.

Die Personen- und Güterlok Nr. 180 017 wartet im Mai 1997 auf dem Dresdener Güterbahnhof auf ihren nächsten Einsatz. Der Typ diente auch in der Tschechischen Republik als Klasse 371/372.

gegen 110 km/h. – Die DR-Klasse 155 wurde zwischen 1974 und 1984 als schwere Güterzuglok eingeführt und erreicht maximal 116 km/h. Viele der ursprünglich über 270 Lokomotiven sind noch im Einsatz und überall in Deutschland zu finden. – Zur kleinen DR-Klasse 171 gehören nur 15 Loks auf der Rübelandbahn (25 kV/50 Hz) zwischen Blankenburg und Königshütte in nordöstlichen Harzvorland. Sie wurden 1964 gebaut, leiten sich von den Klassen 109 und 142 ab und erreichen maximal 80 km/h. Diese Fahrzeuge sind derzeit eingemottet und warten auf die Entscheidung über die Zukunft der Linie und die dort benutzten Loktypen. – Die DR-Klasse 180 wurde zwischen 1987 und 1991 für Personen- und Güterzüge zwischen Dresden und Prag (Tschechien) eingeführt. Die 20 Loks erreichen eine Höchstgeschwindigkeit von 110 km/h; in der Tschechischen Republik verkehrt die gleiche Lokomotive als Klasse 371/372 und eine der DB-Loks wurde zur Verstärkung des Fuhrparks dorthin entsandt. – Zur DB-Klasse 181 gehören Lokomotiven mit zwei Spannungen für Fahrten nach Luxemburg und Frankreich, die in zwei Schüben 1967 und 1975 eingeführt wurden. Die 27 Loks erreichen maximal 160

km/h. – 1996 wurden die ersten von 145 Loks der Klasse 101 zum Einsatz bei Personenschnellzügen in Dienst gestellt. Mit ihrer Höchstgeschwindigkeit von 215 km/h haben sie die traditionellen Schnellzugloks der Klassen 103 und 110 verdrängt. Einige Loks der Klasse 101 tragen besondere Anstriche, die

Die Zweistrom-Lok Nr. 181 202 wartet im Bahnhof Heidelberg auf das Ausfahrtsignal. Diese Lokomotiven verkehren grenzüberschreitend in Richtung Frankreich und Luxemburg.

für bestimmte Firmen werben oder Botschaften verbreiten sollen. – Ebenfalls 1996 führte man die Klasse 145 ein, hauptsächlich als Güterzugloks, doch einige der 80 Lokomotiven können mit 160 km/h auch Regionalzüge ziehen. Ihre normale Höchstgeschwindigkeit beträgt 140 km/h. 2001 führte man die ersten von 31 Lokomotiven der Klasse 146.0 für den Regionalpersonen- und Doppeltraktions-Verkehr ein. Ihnen folgten die Unterklassen 146.1 und 146.2; all diese Lokomotiven erreichen maximal 160 km/h.

Die Klasse 152 wurde 1997 für Güterzüge eingeführt. Die 171 Lokomotiven bringen es maximal auf

April 2004: Diese moderne Personenschnellzuglok Nr. 101 145 läuft sich im Bahnhof Halle warm.

Die Lok Nr. 152 070, eine moderne Güter-E-Lok der DB, wartet in Nürnberg auf ihren nächsten Güterzug (Foto vom August 2002).

Mühldorf, Mai 2002: Die Güterzuglok Nr. 182 018 harrt ihres nächsten Einsatzes. Der Typ wird als Klasse 1116 auch in Österreich verwendet.

Die Nr. 220 071, eine klassische Diesellok für Hauptstrecken, kann man im Museum Speyer bewundern (Foto vom Mai 2002).

Diese perfekt gewartete Diesellok (Nr. 204 671) posiert in Saalfeld vor ihrem nächsten Einsatz (das Foto entstand im September 2005).

140 km/h und werden deutschlandweit eingesetzt. – Zur Klasse 182 gehören 25 Güterzugloks, die mit der österreichischen Klasse 1116 baugleich sind. Die 400 bestellten Lokomotiven werden noch ausgeliefert; die erste trat 2000 ihren Dienst an. Ihre Höchstgeschwindigkeit beträgt 140 km/h. Als Loks für zwei Spannungen können sie ihre Arbeit auch in

Diese schwere Rangier-Diesellok (Nr. 298 156) ist in Engelsdorf zuhause. Das gelbe Gestänge an der Frontseite ist eine automatische Kupplung.

Die Diesellok Nr. 212 173 pausiert, bevor sie sich in Frankfurt/M. wieder ans Rangieren macht (April 2000). Diese Klasse wurde mittlerweile größtenteils ausrangiert.

Die Diesel-Lok Nr. 215 134 für Personen- und Güterzüge schickt sich an, mit ihrem Zug loszufahren (Ehrang, Oktober 1992).

mehreren Ländern verrichten. – Die 1989 eingeführte Klasse 189 umfasst 100 Güterzugloks für vier Spannungen, die sich von der Klasse 152 ableiten. Ihre Höchstgeschwindigkeit beträgt 140 km/h. Konzipiert sind sie für den Einsatz in verschiedenen anderen Staaten, u.a. Benelux, Polen und Italien. Gemeinsam mit den E-Loks wurden auch die deutschen Dieselklassen nach der Einheit rationalisiert, vor allem im Hinblick auf die neuen Einheitszüge. Auch hiervon waren vor allem die früheren DR-

Duisburg, August 1993: Eine Reihe von inzwischen ausgemusterten Güterzug-Dieselloks der Klasse 216 (an der Spitze die Nr. 216 119).

Klassen betroffen. – Zur DB-Klasse V200 gehörten hydraulische Loks für Personenschnellzüge mit 140 km/h Höchstgeschwindigkeit. 1953 eingeführt, leisteten sie bis zu ihrer Ausmusterung in den 1980ern hervorragende Arbeit. Einige Exemplare blieben in Deutschland erhalten, während ehemals deutsche Loks bis vor kurzem in der Schweiz und in Griechenland fuhren. – Die früheren DR-Klassen 201, 202 und 204 mit insgesamt fast 900 Loks (Baujahr 1964–1978) wurden inzwischen großteils

Heimatbahnhof der Diesellok Nr. 217 020 ist Nürnberg. Diese Klasse war die Vorgängerin der Klasse 218 und sah genauso aus.

Die in Rumänien gebaute Personenzuglok Nr. 229 120 wartet in Berlin-Pankow auf den nächsten Einsatz (Mai 1994).

Diese Museums-Diesellok (Nr. 120 338) posierte im Mai 1995 in Dresden-Altstadt. Von diesem Typ gibt es in den früheren Ostblockstaaten mehrere Versionen.

Diese Güter- und Personenzuglok für Hauptstrecken (Nr. 228 683) war in Lobau stationiert (Mai 1995). Der Typ wurde inzwischen ausrangiert.

ausrangiert; die Klassenbezeichnung verwies auf den Motortyp. Diese Mischverkehrlokomotiven erreichten maximal 100 km/h. Eine kleine Anzahl von Loks der Klasse 201 wurden für den Einsatz im Harzer Schmalspurnetz umgebaut und in Klasse 199 umbenannt; ihre Höchstgeschwindigkeit betrug jetzt nur noch 50 km/h. Mehrere 201er-Lokomotiven wurden in den späten 1970ern zu schweren Rangierloks der Klasse 298 umkonstruiert, die maximal 60 km/h erreichten. Diese Klasse wurde um die Klasse 293 erweitert, die sich von der 201 ableitete und nach einem Umbau (1981) zur Klasse 298.3 entwickelte. – Die DB-Klassen 211, 212, 213 und 214 umfassten über 700 Lokomotiven für den Personen- und Güterverkehr, deren Höchstgeschwindigkeit 100 km/h betrug. Die Klasse 211 wurde zwischen 1958 und 1963 eingeführt, die stärkere Version 212 im Jahre 1962. Zur Klasse 213 gehört eine kleine Anzahl von für starke Steigungen umgebauten Loks der Klasse 212. Die ebenfalls kleine Klasse 214 besteht aus umgebauten 212ern, die Notfallzüge auf Schnellzuglinien zogen. Obwohl die Loks der Klasse 211 ebenso wie der Mehrzahl der 212er inzwischen ausrangiert sind, wurden einige Fahrzeuge beider Klassen von Bahnbaufirmen erworben und europaweit (einschließlich Großbritannien) eingesetzt.

Die DB-Klassen 215 und 216 wurden 1968 bzw. 1964 als Personen- und Güterzuglokomotiven eingeführt; ihre Höchstgeschwindigkeit betrug 140 km/h (215) resp. 120 km/h (216). Fast alle 216er-Loks sind mittlerweile außer Dienst, ebenso eine Anzahl 215er. Mehr als 60 der Klasse 215 ziehen nun ausschließlich Güterzüge und heißen seither Klasse 225. – Die kleine Klasse 217 wurde 1965 bei der DB eingeführt; sie besaß eine Zugheizung und erreichte maximal 120 km/h. Man setzte sie als Personen- und Güterzuglokomotiven ein. – Nachdem sie Erfolg hatte, führte die DB die Klasse 218 ein, zu der über 400 Personen- und Güterzugloks gehörten. Dies ist die stärkste Dieselklasse; ihre Höchstgeschwindigkeit beträgt 140 km/h. Obwohl einige wenige Loks ausrangiert wurden, dürfte die Klasse als solche noch einige Jahre im Dienst bleiben.

Die 1976 eingeführte DR-Klasse 219 besteht aus imposant anmutenden Lokomotiven, die maximal 120 km/h erreichen. Zwanzig von ihnen wurden zur stärkeren Klasse 229 umgebaut, die es auf 140 km/h bringen konnten. Keine dieser Klassen hatte besonderen Erfolg, und so rangierte man beide weitgehend aus. – Zur Klasse 220 von 1966 gehörten Loks für Schwereinsätze, deren Höchstgeschwindigkeit 100 km/h betrug. Diese in der UdSSR gebauten Loks sind im gesamten ehemaligen Ostblock zu finden: als Klasse M62 in mehreren Ländern, als Klasse 781

Zwei in Cottbus stationierte Loks der Klasse 232 (Nr. 232 288 und 232 588) mit altem und neuem Anstrich (April 1995).

Die Güter-Diesellok Nr. 232 534 wartet im April 2004 auf dem Betriebshof Lehrte auf ihren nächsten Einsatz.

Höchstgeschwindigkeit von 80 km/h. Viele dieser 1964–1974 gebauten Lokomotiven wurden auf Fernsteuerung umgerüstet und heißen seitdem Klasse 294. Einige von ihnen werden wohl neue Motoren bekommen und dann als Klasse 296 maximal 100 km/h erreichen. Die übrigen Dieselklassen

Heimatbahnhof der schweren Rangierlok Nr. 290 056 (hier mit dem alten türkis-blauen Anstrich) war Bremen (Mai 1993).

Eine kleine Oldtimer-Rangierlok der ehem. DR (Nr. 310 589) pausiert in Meiningen (Juni 1996). Diese Klasse wurde in den frühen 1930ern in Dienst gestellt.

Eine Diesel-Rangierlok der ehem. DR (Nr. 311 632, Heimatbahnhof Meiningen) im Juni 1996. Diese Klasse ist heute ausrangiert.

in Tschechien und der Slowakei und als ST44 in Polen. Alle deutschen Loks wurden inzwischen ausrangiert. – Die große DR-Klasse 228 bestand aus Lokomotiven, die zu Beginn der 1960er vor allem für Personenzüge eingeführt wurden. Ihre Höchstgeschwindigkeit betrug 120 km/h, und nach Einbau stärkerer Motoren bekam sie eine Unterklasse. Mittlerweile wurden alle außer Dienst gestellt, doch einige blieben erhalten. – Die DR-Klassen 230, 231, 232 und 234 umfassen fast 1000 in der UdSSR gebaute Loks. Eingeführt in den 1970ern, erreichen sie Höchstgeschwindigkeiten zwischen 100 km/h (Kl. 231) und 140 km/h (Kl. 234). Inzwischen hat man alle 230er und 231er ausrangiert. Die Klasse 232 zieht immer noch Personen- und Güterzüge, die 234 vornehmlich Personenzüge. – Zur DB-Klasse 290 gehören über 400 Lokomotiven, die als schwere Rangierloks und im Güterverkehr auf kurze Entfernungen eingesetzt werden. Sie erreichen eine

Eine große Diesel-Rangierlok der DR beim Einsatz in Wismar, Juli 1994. Von diesem Typ wurden mehr als 900 Stück gebaut, die aber inzwischen zumeist außer Dienst sind.

lassen sich als kleine Rangierloks definieren. – Die größten Lokomotivenklassen bilden die DR-Klasse 310 und die DB-Klasse 322/323/324. Diese kleinen, als „Kofs" bekannten Loks wurden von den 1930ern bis in die späten 1950er und frühen 1960er zu Hun-

derten gebaut. Ihre Höchstgeschwindigkeit war mit 30 km/h (Kl. 310) und 45 km/h (Kl. 323) sehr gering; sie dienten als leichte Rangierloks in Lok-/Waggondepots, Ausbesserungswerken und Bahnhöfen. Obwohl man beide Klassen ausrangiert hat,

Die Breitspur-Diesel-Rangierlok Nr. 347 975 im Fährhafen-Terminal von Mukran, Mai 2001.

Die Diesel-Rangierlok Nr. 360 176 vor ihrem Schuppen in Trier, November 1994. Dieser Typ stellt heute die wichtigsten kleinen Rangierloks der DB.

Die Firma Siemens verfügt über eine Flotte von E-Loks, die sie an private und staatliche Eisenbahnen vermietet. Die ungarische MAV besitzt zwei davon, die hier in Ferencvaros zu sehen sind (Oktober 2005).

blieben einige als Depot-Rangierloks und in Museen erhalten. – Die DR-Klassen 311 und 312 wurden 1959 bzw. 1967 eingeführt. Die 311er waren kleine Rangierloks mit einer Höchstgeschwindigkeit von 35 km/h. Die Klasse 312, eine stärkere Weiterentwicklung der 311, war mit maximal 55 km/h etwas schneller und fuhr leichte Einsätze auf Bahnhöfen, Güterbahnhöfen und in Depots. Alle 311er hat man inzwischen ausrangiert, doch einige 312er arbeiten noch. – Die DB führte 1959 die Klasse 332 und 1967 die Klasse 333/335 ein, Rangierloks mit maximal 60 km/h. Von den über 300 Fahrzeugen der Klasse 332 sind einige noch im Einsatz. Das Gleiche gilt für viele der über 250 Loks der Klassen 333/335. Die Klasse 335 besteht aus 333ern mit Fernsteuerung. – Die DR-Klassen 344, 345, 346 und 347 traten 1959 ihren Dienst an; insgesamt waren es über 900 Lokomotiven. Es handelt sich um Allzweckloks mit einer Höchstgeschwindigkeit von 60 km/h. Zur Klasse 347 gehören Breitspurlokomotiven, die im norddeutschen Eisenbahnfährhafen Mukran Rangierfahrten verrichten.

Obwohl einige von ihnen noch im Dienst sind, hat sich ihre Zahl erheblich verringert, da die DB andere Typen bevorzugt. – Die Klassen 360, 361, 364 und 365 bildeten früher das Gegenstück zu den im vorigen Abschnitt behandelten DR-Klassen. Es gab insgesamt mehr als 1000 dieser in den 1950ern gebauten Loks, und viele dienen noch heute als Güter- und Rangierloks auf Bahnhöfen, Lok/Waggondepots und Güterbahnhöfen. Sie erreichen maximal 60 km/h. Die Klassen 364 und 365 sind mit Fernsteuerung ausgerüstet und hießen früher Klasse 360 bzw. 361. In den letzten Jahren hat man einige dieser Lokomotiven mit neuen Motoren versehen; seither tragen sie die Klassenbezeichnungen 362 (ex 364) und 363 (x 365).

Abschließend ist zu vermerken, dass es in Deutschland immer mehr private Personen- und Güterbahnen gibt, die das nationale Streckennetz benutzen. Diese Gesellschaften verwenden eine Mischung aus ehemaligen DB-Loks, alten Industrielokomotiven und Neubauten.

Die E-Loks der Klasse 185 sind bei verschiedenen deutschen Privatbahnen im Einsatz. Hier präsentiert die Lok Nr. 185-CL 007 der Rail4Chem in Nordhausen ihre eleganten Linien (April 2004).

Der Privatbahn EVB gehören mehrere einstige DB-Loks. Heimatbahnhof der Nr. 622 01 aus der Klasse 232 ist Bremervörde (Foto vom Mai 2003). Früher führte sie die Nr. 232 103.

Österreich

Österreich besitzt ein interessantes Bahnsystem, das sehr bergige Gegenden mit engen, gewundenen Tälern erschließen muss. Neben den ausgedehnten Standardspurstrecken gibt es einige mit schmaler Spurweite, auf denen teilweise Dampfloks verkehren. Die ÖBB haben zur Modernisierung ihres Fuhrparks in den letzten Jahren viel Geld in moderne Diesel- und E-Loks investiert, um auch in angrenzende Länder fahren zu können. In Österreich gibt es auch mehrere Privatbahnen, die Güter- und Personenzüge betreiben.

1832 gab es die erste Pferdeeisenbahn, 1837 fuhr die

Zum fünfzigjährigen Bestehen des Bundesheeres erhielt die neue Lok Nr. 1116 246 der ÖBB-Klasse „Taurus" einen Spezialanstrich. Sie ist eine von 282 Lokomotiven dieser Klasse.

erste Dampflok. Kurz darauf stellte die Lokomotive „Bucephalus" mit 40 km/h den ersten amtlichen Geschwindigkeitsrekord auf, und 1840 baute man die erste landeseigene Lok namens „Patria".

Eine Lok der neuen ÖBB-Klasse 1016 schickt sich mit einem Containerzug zur Abfahrt an. Zu dieser 2000 in Dienst gestellten Klasse gehören 50 Lokomotiven.

1855 wurde zwischen Wien und Ljubljana die erste Schnellzugverbindung eingerichtet, und 1873 weihte man die erste Zahnradstrecke ein, die Kahlenberg-Bahn. Auf einer Wiener Handelsmesse war 1880 die erste E-Lok zu sehen, und ab 1883 gab es zwischen Mödling und Hinterbrühl die erste öffentliche E-Strecke. 1911 eröffnete man die elektrifizierte Strecke nach Mariazell, auf der heute noch historische E-Loks verkehren.

Um auch im Hochgebirge Eisenbahnen betreiben zu können, wurden zahlreiche lange Tunnel gebaut. Der 10,3 km lange Arlberg-Tunnel entstand in den 1880ern und ermöglichte den Eisenbahnverkehr westlich von Innsbruck. Der Karawanken-Tunnel (knapp 8 km) und der Tauern-Tunnel (knapp 10 km) wurden zu Beginn des 20. Jahrhunderts durchgetrieben und ermöglichten den Bau von Linien nach Südösterreich, Slowenien und Italien.

In organisatorischer Hinsicht waren seit Gründung der Staatsbahnen (1841) mehrere wichtige Änderungen zu verzeichnen: 1884 schuf man die k.u.k. Staatsbahnen und 1896 das Eisenbahnministerium. Die Staatliche Verkehrsverwaltung (DÖStB) entstand 1918, verwandelte sich aber schon 1919 in die ÖStB. 1921 wurden die Österreichischen Bundesbahnen (ÖBB) begründet, die jedoch 1938 in der DR aufgingen. Nach dem Krieg kam es 1945 zur Neugründung der ÖBB. In den letzten 20 Jahren vollzogen sich wichtige Entwicklungen: 1986 weihte man das riesige Eisenbahnausbesserungswerk in Kledering bei Wien ein – mit 120 km Gleisen und einer auf über 6000 Waggons pro Tag ausgelegten Kapazität ist es eines der größten Europas. 1988 brachte es der erste Personenzug auf 140 km/h, und die Einführung zahlreicher neuer E-Loks sorgte in den letzten Jahren für große Fortschritte.

Die abgebildete 52.4984 (Wien, Juli 1996) war ursprünglich eine deutsche „Kriegslok" und gehörte anschließend zur jugoslawischen Klasse 33, bevor sie zur „Nostalgieflotte" der ÖBB stieß.

Dieser Veteran, eine 4-6-2-Tanklok mit der Nr. 77.250, wurde 1927 gebaut. Als Museumsstück wird sie hier im August 1994 in Wien präsentiert. Derzeit unterzieht man diese Lok einer Restaurierung.

Die ÖBB kann leistungsfähige Personen- und Güterzugverbindungen in ganz Österreich und in die Nachbarländer anbieten. Sie hat auch zahlreiche neue Dieselloks für Personen- und Güterzüge angeschafft und investiert weiterhin kräftig in Hochgeschwindigkeitslinien.

Sowohl bei den ÖBB als auch bei den Privaten findet man eine imposante Auswahl von Lokomotiventypen. Bei einigen Privatbahnen verkehren Schmalspur-Dampf- und Dieselloks, und die ÖBB haben eine „Nostalgieflotte" aus Dampf-, E- und Diesellokomotiven eingerichtet. Zahlreiche Loks aller Typen stehen heute in Museen oder aufgebockt an Bahnhöfen. Die ÖBB benutzte eine erlesene Auswahl von Standardspur-Dampfloks; viele dieser Klassen blieben in der Nostalgieflotte und in sonstigen Museen erhalten. Die „Kriegslok" der Klasse 52 ist ein Relikt des Zweiten Weltkriegs, von dem es in Österreich und anderen Ländern noch einige Exemplare gibt (Näheres zu diesem Typ finden sie im Kapitel über Deutschland).

Zur 1923 eingeführten Klasse 33 gehörten 4-8-0-Lokomotiven, während die 77 von 1927 aus 4-6-2-Tenderloks bestand. Weitere Tenderlokomotiven formten die Klassen 93 und 95 aus den 1920ern; dabei handelte es sich um 2-8-2- bzw. 2-10-2-Loks.

Österreichs Schmalspur-Dampfloks bilden eine interessante Mischung: Die Klasse 399 wurde 1906 für die 76-cm-Spur eingeführt und bringt es auf 40 km/h. – Die 0-4-2-Tenderloks der Klasse 999 aus dem Jahre 1893 verkehren auf der 1-m-Zahnrad-bahn. Diese Klasse wurde in den 1990ern um eine weitere Tranche brandneuer Dampfloks vermehrt! – Die Achensee-Bahn besitzt drei ähnliche Lokomotiven des Baujahrs 1899 und hat erst kürzlich einen Neubau vom gleichen Typ angeschafft. – Die in Jenbach ansässige Zillertalbahn betreibt ein 76-cm-Netz, auf dem eine ehemals jugoslawische 0-8-2-Diesellok der Klasse 83 fährt. Sie wurde 1909 gebaut und bringt es auf maximal 35 km/h.

Die in Jenbach ansässige Achensee-Bahn besitzt mehrere interessante Loks, z.B. diese 0-4-0-Tanklok (Nr. 1) aus dem Jahre 1899.

Diese 0-8-2-Tanklok der Zillertal-Bahn war früher die jugoslawische Nr. 83.076. Hier pausiert die Nr. 4 vor dem nächsten Einsatz in Jenbach (September 2002).

Eine Oldtimer-Schmalspur-E-Lok (Nr. 1099.006) verlässt im September 1994 mit einem Nachmittagszug Mariazell in Richtung St. Pölten.

Auch bei den ÖBB gibt es mehrere interessante Dieselklassen. Die Klasse 2020.01 war eine hydraulische Diesellok, deren Prototyp 1959 antrat. Die fünfzig Loks dieses Typs gingen an die Bulgarische Eisenbahn, wo sie Klasse 04 hießen. Der maximal 190 km/h schnelle Prototyp wurde 1980 ausrangiert. – Zur Klasse 2045 gehörten die ersten Hauptstrecken-Dieselloks, welche bis zu 80 km/h erreichten. Ihre Einführung erfolgte 1952.

Die ältesten noch im Einsatz befindlichen E-Loks sind jene der Schmalspurklasse 1099 von 1909. Sie

wurden für die 76-cm-Strecke St. Pölten-Mariazell gebaut und brachten es maximal auf 50 km/h. Obwohl man ihnen vor etwa 40 Jahren neue Karosserien verpasste, haben sie ihren Charakter bewahrt und werden hoffentlich noch einige Jahre aushalten. – Die Klasse 1010 besteht aus inzwischen ausrangierten Standardspur-E-Loks, von denen einige allerdings noch für die „Nostalgie-Flotte" fahren. Sie wurden 1955 für Personen- und Güterzüge eingeführt und erreichten eine Höchstgeschwindigkeit von 130 km/h. Die Klasse 1110 von 1956 ist heute

Der Diesellok-Prototyp Nr. 2020.01 wird hier im August 1994 in Wien vorgeführt. Später verkaufte man ihn als Klasse 04 an die Bulgarische Eisenbahn.

Heimatbahnhof der heute zur „Nostalgie-Flotte" der ÖBB gehörigen E-Lok Nr. 1010.010 ist Wien (das Foto entstand im April 2004).

Die Museums-E-Lok Nr. 1018.05 verlässt im August 1994 ihr Depotgebäude in Linz. Von dieser Klasse blieben mehrere Exemplare erhalten.

Die mächtige E-Lok Nr. 1020.47 hält im April 1998 in Wien-Florisdorf. Diese Klasse wurde 1940 in Deutschland als E94 in Dienst gestellt.

ebenfalls nicht mehr im Dienst. Einige blieben als Nostalgie-Lokomotiven und in Museen erhalten. Sie dienten ursprünglich vor allem in gebirgigeren Gegenden als Personen- und Güterzugloks und erreichten eine Höchstgeschwindigkeit von 110 km/h. Einige Fahrzeuge dieser Klasse verfügten für Spezialeinsätze als Hilfsloks auf den starken Steigungen von Bergbahnen über Bremsen mit Widerstandsreglern. – Ein Exemplar der Klasse 1018 blieb in der „Nostalgieflotte" erhalten, mehrere andere

stehen in Museen oder verkehren auf Museumseisenbahnen. Die Höchstgeschwindigkeit der 1939 als Personenschnellzugslokomotiven eingeführten Fahrzeuge beträgt 130 km/h. Man findet diesen Typ als Klasse E18 auch in Deutschland. – Die 1940 eingeführte Klasse 1020 war bis in die 1990er im Einsatz, und einige blieben erhalten. Es handelte sich ursprünglich um deutsche E94er, die nach dem Krieg den ÖBB übergeben wurden. Diese Personen-

Heimatbahnhof der E-Lok Nr. 1041.024 aus den 1950ern ist Attnang-Puchheim (Juli 1996). Diese Klasse zog Güter- und Personenzüge, wurde aber inzwischen ausrangiert. Mehrere Exemplare blieben erhalten.

Die E-Lok Nr. 1142.558 gehörte zu einer Klasse von mehr als 250 Fahrzeugen. Hier wartet sie in Wien auf den nächsten Einsatz (April 2004).

Die E-Lok Nr. 1142.558 gehörte zu einer Klasse von mehr als 250 Fahrzeugen. Hier wartet sie in Wien auf den nächsten Einsatz (April 2004).

Zur 1963 eingeführten Klasse 1042 gehörten mehr als 250 Lokomotiven. Man findet sie als Personen- und Güterzugloks in ganz Österreich, doch wurden einige inzwischen ausrangiert, als man auf ihren Strecken modernere Typen in Dienst stellte. Die Höchstgeschwindigkeit der Klasse beträgt 130 km/h, doch eine beträchtliche Anzahl dieser Loks erreicht dank verbesserter Bremsen sogar 150 km/h. Einige Lokomotiven erhielten bei einer Modernisierung in den 1990ern neue Karosserien. – Recht umfangreich war mit über 200 Exemplaren auch die Klasse 1044, die in ganz Österreich Personen- und Güterzugloks stellt. Die 1974 eingeführten Fahrzeuge bringen es auf eine Höchstgeschwindigkeit von 160 km/h. Sie fahren u.a. Tageseinsätze mit Personen- und Güterzügen nach Deutschland. – Die 10 Lokomotiven der Klasse 1043 sind baugleich mit den R2-Loks der Schwedischen Eisenbahn und verkehren als Per-

Die Zwei-Spannungen-Lok Nr. 1822.005 ist in Wien stationiert. Die Tage dieser Klasse bei der ÖBB dürften gezählt sein. Das Foto entstand im September 2002.

und Güterzugloks erreichen eine Höchstgeschwindigkeit von 90 km/h und wirkten durch ihre unverwechselbare Form und ihre Länge sehr imposant. – Die 1950 eingeführte Klasse 1040 umfasste Personen- und Güterzugloks, die maximal 80 km/h erreichten. Sie wurden mittlerweile durchweg ausrangiert, doch gibt es noch einige Museumsstücke (darunter zwei in der Nostalgieflotte). – Die Klassen 1041 und 1141 von 1952 resp. 1955 waren Personen- und Güterzugloks, deren Höchstgeschwindigkeit 80 km/h (Kl. 10141) bzw. 110 km/h (Kl. 1141) betrug. Mehrere überlebten in Museen.

Zur Klasse 1044 gehörten Loks für Güter- und Personenzüge. Hier wartet die Nr. 1044.056 in Linz auf den nächsten Einsatz (August 1994).

sonen- und Güterzugloks rund um Villach (Kärnten). Die 1971 eingeführten Fahrzeuge erreichen maximal 135 km/h und wurden in Österreich mittlerweile ausrangiert. Einige verkaufte man jedoch an schwedische Privatbahnen (ein Exemplar mit dem neuen Anstrich zeigt das Kapitel über Schweden). – Die Klassen 1046 und 1146 bestanden aus inzwischen ausrangierten Personenzugloks. Die 1046er wurden 1956 als motorisierte Gepäckwagen eingeführt und blieben bis zur Jahrtausendwende im Liniendienst. 1987 baute man zwei Exemplare zur Klasse 1146 (für zwei Spannungen) um, die auch nach Ungarn fahren konnte. Die Höchstgeschwindigkeit betrug in beiden Fällen 125 km/h. – Die kleine Klasse 1822 wurde 1991 als Lok für zwei Spannungen eingeführt

August 1994: Dieses Bild zeigt zwei Loks der Klasse 1014, Nr. 1014.003 und Nr. 1114.017 in Wien, nur wenige Monate vor ihrer Außerdienststellung.

und erreichte maximal 140 km/h. Sie bewährte sich jedoch offenbar nicht, denn die ÖBB setzten sie nur kurze Zeit ein.

1993 stellte die ÖBB die Klasse 1014/1114 in Dienst, deren auch für zwei Spannungen ausgelegte Lokomotiven auch grenzüberschreitende Fahrten unternehmen können, v.a. nach Ungarn. Sie erreichen eine Höchstgeschwindigkeit von 170 km/h und ziehen Personenschnellzüge. Die 20 Loks dieser Klasse waren die ersten österreichischen mit neuer Technologie, doch ihre Rolle haben mittlerweile z.T. neuere Lokomotiven übernommen.

Hier zieht die Nr. 1116.001, erste einer Klasse von 282 Loks, im August 2005 einen Güterzug durch das ungarische Györ.

Zu den „Taurus"-Klassen 1016 und 1116 gehören unlängst in Dienst gestellte E-Loks für Personen- und Güterzüge. Die 2000 eingeführte Klasse 1016 umfasst 50 Lokomotiven für eine Spannung, die maximal 230 km/h erreichen. Die Klasse 1116 ist die entsprechende, gleich schnelle Version für zwei Spannungen und besteht aus 282 Loks. Beide kann man überall in Österreich und in Deutschland antreffen. Die Klasse 1116 fährt auch nach Ungarn. Inzwischen haben die ÖBB auch die Klasse 1216 (für drei Spannungen) eingeführt, die in eine Reihe anderer Länder fahren kann (u.a. nach Italien). Eine „Taurus"-Lok erreichte im September 2006 den E-Lok-Geschwindigkeitsweltrekord von 357 km/h.

Die ÖBB besitzen auch verschiedene Klassen von E-Loks für Rangierfahrten und Kurzstrecken: Zu den historischen gehört die Klasse 1045 von 1927, die maximal mit 60 km/h fährt. Nach ihrer Ausrangie-

Juli 1996: Eine Oldtimer-E-Lok (Nr. 1045.12) in Attnang-Puchheim. Diese Klasse wurde in den 1920ern eingeführt.

Die historische Rangier-E-Lok 1062.010 in Wien (April 1998). Die Klasse als solche wurde ausgemustert, doch es blieben zwei Exemplare erhalten.

Die Schmalspur-Diesellok Nr. 2095.012 wartet in St. Pölten Alpen auf den nächsten Einsatz. Diese 1958 eingeführte Klasse wird auf den meisten Schmalspurstrecken der ÖBB verwendet.

Diese Schmalspur-Diesellok (Nr. 2092.002) wirkt im verschneiten Zell am See (März 2003) ein wenig verloren. Eingeführt wurde die Klasse zu Beginn der 1940er-Jahre.

Lok Nr. 2043.069 in Villach (Kärnten), April 2003. Diese Klasse gehörte vor Einführung der 2016 zu den Standarddieselloks der ÖBB.

rung blieben einige Exemplare erhalten. – Die Klasse 1245 erledigte verschiedene Gütertransporte und ist ebenfalls außer Dienst, doch gibt es noch einige Museumsstücke. Diese 1934 eingeführten Loks erreichten maximal 80 km/h. – Die Klasse 1062 aus dem Jahr 1955 war auf den Güterbahnhöfen rund um Wien im Einsatz. Auch hier blieben nach der Ausrangierung Museumsexemplare erhalten. Sie brachte es nur auf 50 km/h. – Die Klasse 1063 von 1982 war die erste moderne Rangierlokomotive. Mehr als die Hälfte der Fahrzeuge sind Loks für zwei Spannungen, und die Klasse kann dank ihrer Höchstgeschwindigkeit von 100 km/h auch Kurzstreckenfahrten unternehmen. – Die Klasse 1163 bestand aus Loks für eine Spannung mit Mittelführerstand von 1994. Die 20 Fahrzeuge fuh-

Die Dieselloks der früheren DB-Klasse 211 wurden von der ÖBB erworben und hießen dort 2048. Hier pausiert Nr. 2048.029 zwischen den Einsätzen in Wien-Nord (Juli 1996).

ren maximal mit 100 km/h und eigneten sich daher ideal für diverse Gütertransporte. – 1984 führte man die Klasse 1064 als schwere Rangierlok für das Ausbesserungswerk Kledering bei Wien ein. Die Höchstgeschwindigkeit der 10 Lokomotiven beträgt 80 km/h. – Bei den ÖBB gibt es auch mehrere Klassen von Schmalspur-Dieselloks. Die stärkste ist die 2095 mit 15 Lokomotiven, die 1958 für die 76-cm-Spur eingeführt wurde. Sie kommt mit Personen- und Güterzügen zum Einsatz und erreicht maximal 60 km/h. – Die Klasse 2092 verrichtet auf 76-cm-Linien leichte Arbeiten. Diese Lokomotiven aus dem Jahr 1943 fahren maximal 25 km/h schnell. – Zur Klasse 2190, die man 1934 für das 76-cm-Netz einführte, gehörten ursprünglich drei Lokomotiven. Sie dienten als Rangierloks und erreichten maximal

Wien, April 2004: Die Lok Nr. 2050.02 der Klasse 2050 präsentiert hier stolz ihren grünen Anstrich. Mehrere Exemplare blieben erhalten.

45 km/h. Das einzige erhaltene Exemplar arbeitete bis zur Jahrtausendwende und steht heute im Museum.

Die ÖBB besitzen mehrere Hauptstrecken-Dieselklassen mit Standardspurweite: Die 1964 eingeführte Klasse 2043 dient als Personen- und Güterzuglok. Zu ihr gehörten ursprünglich über 80 Fahrzeuge, deren Höchstgeschwindigkeit 110 km/h betrug. Einige wurden bei Einführung der neuesten Dieselkassen ausrangiert. – Die Klasse 2143 aus dem Jahre 1965 dient ebenfalls als Personen- und Güterzuglok. Die 77 Exemplare bringen es maximal auf 100 km/h. Die Klasse 2048 war eigentlich die DB-Klasse 211, welche die ÖBB 1991 erwarben und mit neuen Motoren ausrüsteten. Sie erreichten maximal 110 km/h und zogen Güterzüge. Einige Exemplare der inzwischen ausgemusterten Klasse wurden an österreichische und deutsche Privatbahnen verkauft.

Die perfekt gewartete Diesellok Nr. 2016.059 fährt nach Einsätzen in Wien heim ins Depot (September 2005). Sie ist eine von 100 neuen Loks, die man 2002 für Güter- und Personenzüge anschaffte.

Die neue Güter- und Rangierlok Nr. 2070.014 fährt im September 2005 zum nächsten Einsatz nach Wien. Diese Klasse löste zahlreiche alte Rangier- und Güterzugloks der ÖBB ab.

Hier wartet die Rangierlok Nr. 2067.010 auf ihren nächsten Zug (Villach, April 2003). Diese Loks werden derzeit durch solche der Klasse 2070 ersetzt.

Die Höchstgeschwindigkeit der 18 Loks betrug 100 km/h, und einige blieben erhalten, nachdem man sie zugunsten neuerer Modelle ausmusterte. – Zur Klasse 2016 von 2002 gehören 100 Lokomotiven. Diese starken Personen- und Güterzugloks erreichen maximal 140 km/h. Sie bilden die Dieselversion der E-Klasse 1016/1116. – Die Klasse 2070 besteht aus 2001 eingeführten Güterzugloks mit einer Höchstgeschwindigkeit von 100 km/h. Dieser Lokomotiventyp ist ein Bestandteil der großen Produktfamilie der Firma Vossloth/MAK, der man in immer größerer Zahl bei vielen europäischen Staats- und Privatbahnen begegnet.

Die ÖBB besitzen auch mehrere Klassen von Diesel-Rangierloks: Zur 1954 eingeführten Klasse 2060 gehören leichte, maximal 100 km/h schnelle Fahrzeuge. Viele wurden inzwischen ausrangiert, doch einige blieben erhalten. – Die Klasse 2062 aus dem Jahre 1959 ist großteils außer Dienst. Sie unternahm die üblichen Rangierfahrten und erreichte höchstens 60 km/h. – Die Klasse 2067 wurde 1959 eingeführt, und die Mehrzahl der über 100 Loks verrichtet

immer noch Rangier- und leichte Gütertransporte. Ihre Höchstgeschwindigkeit beträgt 65 km/h. Ihre Zukunft hängt teilweise von der Einführung der Klasse 2070 ab. – Die Klasse 2068 war die erste moderne Lok, die man 1989 für Rangierfahrten und kurze Gütertransporte einführte. Von diesen starken, maximal 100 km/h schnellen Lokomotiven gibt es 60 Stück. – Zur Klasse 150 gehören kleine Rangierloks für Depots und Werkstätten, die Anfang der 1940er in Deutschland gebaut und später von den ÖBB erworben wurden. Sie entsprechen der DB-Klasse 323.

Schließlich gibt es in Österreich diverse Privatbahnen, die teilweise von den ÖBB übernommene E- und Dieselloks einsetzen. Zwei Beispiele dafür sind die Diesellokomotiven der Zillertal-Bahn in Jenbach. – Für die Wiener Lokalbahn fahren drei neue E-Loks, die mit der ÖBB-Klasse 1116 baugleich sind. Die von Siemens gemietete Lok gehört zur großen Flotte der „Dispoloks", die bei vielen Staats- und Privatbahnen häufig eingesetzt werden.

Wien, September 2005: Die moderne Rangierlok Nr. 2068.005 beim Pausieren. Diese Klasse wurde 1989 eingeführt.

Hier sieht man eine der neuen E-Loks (Nr. ES 64 U2 022), welche die Wiener Lokalbahnen von Siemens gemietet haben, beim Beschleunigen auf der Fahrt durch Passau im September 2005.

Ungarn

Ungarn besitzt ein ausgedehntes Bahnnetz, zu dem auch einige Schmalspurstrecken gehören. Es gibt hier eine interessante Mischung aus Diesel- und E-Loks, und im ganzen Land ist man eifrig darum bemüht, Oldtimer- und andere Loks zu erhalten, vor allem in den großen Verkehrsmuseen.

Die erste echte Eisenbahnlinie Ungarns wurde 1846 eröffnet; sie verband die Städte Pest und Vác. Leider wurde der Ausbau des Netzes durch die Unabhängigkeits-Revolution von 1848–49 unterbrochen, und in der Folge gab es kaum Fortschritte, bis der österreichisch-ungarische „Ausgleich" von 1867 die beiderseitigen Differenzen beilegte und für eine stabile Ausgangssituation sorgte. Von diesem Zeitpunkt an expandierte das Netz gewaltig, vor allem durch Privatinitiativen, und 1868 wurden die Ungarischen Staatsbahnen (MAV) gegründet. Die Regierung strebte ein landesweites Bahnnetz an, das die wirtschaftliche Entwicklung fördern sollte, und in den Folgejahren wurden viele Privatbahnen verstaatlicht. 1891 übernahmen die MAV die ungarischen Linien der Österreichisch-Ungarischen Staatsbahnen, und nur drei Privatbahnen blieben selbständig. Eine davon, die Györ-Sopron-Ebenfurther Eisenbahn AG (GySEV-Bahn) existiert bis heute und betreibt Strecken im Norden des Landes.

Nach dem Ersten Weltkrieg büßte Ungarn einen Großteil seines Territoriums ein, und das Bahnnetz schrumpfte von fast 20 000 km weniger als 9000 km. Nun bot sich die Gelegenheit zur Modernisierung – einem Prozess, der bis in die Jahre nach dem Zweiten Weltkrieg anhielt, als Ungarn ein Satellitenstaat der UdSSR war; damals entfiel der „königliche" Teil des Namens der MAV.

In den 1950ern setzte eine massive Elektrifizierung der Hauptstrecken ein, und man schaffte neue E- und Dieselloks an. Ab Mitte der 1980er wurden keine Dampfloks mehr eingesetzt. Heute umfasst das Netz der MAV nur noch knapp 8000 km Strecken, von denen über $1/3$ elektrifiziert ist. Neue E-Linien wurden bis 1960 mit 16 kV betrieben, anschließend jedoch ausnahmslos mit 25 kV. Es gab auch Pläne, alle 16-kV-Strecken der MAV auf 25 kV umzustellen, was 1972 auch erreicht war. Für die damals verwendeten E-Loks hatte dieser Wechsel keinerlei Bedeutung, denn sie waren durchweg auf zwei Spannungen ausgelegte Modelle, die sich mit Hilfe eines Handschalters problemlos „umschalten" ließen.

In jüngster Zeit hat die MAV moderne Einheitszüge und eine kleine Anzahl neuer Doppelspannungs-E-Loks angeschafft. Die Lebensdauer verschiedener Diesellokklassen wurden durch ein umfassendes Umbauprogramm verlängert, das die Flotte modernisieren und ihre Leistung verbessern sollte. Parallel dazu investierte die MAV in moderne Frachtterminals und ließ neue Auffahrrampen für Autoreisezüge errichten, die Pkws über die Grenzen transportieren können (v.a. nach Österreich). Diese Maßnahmen dürften die Entwicklung der MAV fördern. Großen Einfluss auf die künftige Anbieterstruktur dürfte auch die Politik der „Offenen Tür" haben, die Firmen mit einer entsprechenden EU-Lizenz die Benutzung des ungarischen Eisenbahnnetzes ermöglicht. Darin kann man eine Gefahr für das Konzept einer Bahn sehen, die nur dem Staat gehört und von ihm unterhalten wird, doch sie eröffnet auch Möglichkeiten zur Erweiterung des Angebotes sowie zur verstärkten Kooperation mit Privatfirmen und anderen Staaten.

Ein imposanter Aufmarsch von Dampfloks verschiedener Klassen im Fusti-Eisenbahnmuseum Budapest. Dieses Museum besitzt eine umfassende Sammlung von Dampf-, Diesel- und E-Loks sowie weitere Eisenbahnobjekte.

Die 0-6-0-Tanklok Nr. 28 der Budapester Lokalbahn wurde 1902 gebaut; hier sieht man sie im Städtischen Transport-museum Szentendre (Budapest, September 2004).

Die MAV-Nostalgielok Nr. 411.118 im Budapester Fusti-Museum, September 2004. Erbaut wurde diese 2-8-0-Lok 1944.

Während im fahrplanmäßigen Liniendienst keine Dampfloks mehr verkehren, gibt es noch Sonder-züge, und Ungarn bemüht sich eifrig darum, alte Lokomotiven zu erhalten, von den viele als Nationaldenkmäler eingestuft wurden. Das Fusti-Museum in Budapest ist ein prachtvolles Eisen-bahngebäude mit einer großen Anzahl historischer

Auch die alte E-Lok V41.523 ist im Budapester Fusti-Museum zu bewundern (Budapest 2004).

Die 1951 in Ungarn gebaute 4-6-4-Lok Nr. 303.002 gehört dem Fusti-Museum (Foto vom September 2004).

von 1901 brachten es auf 50 km/h und zogen Güterzüge. – Zur Dampfklasse 303 gehörten 4-6-4-Lokomotiven, die in den frühen 1950ern gebaut wurden. – 1907 führte man die großen 2-6-2-Tankloks der Klasse 375 ein, die es auf 60 km/h brachten. Die letzte von über 500 Lokomotiven wurde 1959 fertiggestellt – ein schlagender Beweis für die Qualität dieser Entwurfs!

Dampf-, E- und Dieselloks. Ergänzt wird es durch die Sammlungen anderer Museen, und jene Loko-motiven, die man an vielen Stellen überall im Lande auf Sockel gestellt hat. – Die 1902 gebaute 0-6-0-Tanklok Nr. 28 erreichte eine Höchstgeschwindig-keit von 45 km/h. Heute kann man sie in der vor-züglichen ÖNVP-Sammlung von Szentendre (Buda-pest) bewundern. – Die 0-6-0-Loks der Klasse 370

Eine andere große Klasse war die 424 (über 350 Loks), deren Einführung 1924 erfolgte; die letzte dieses Typs wurde 1958 gebaut. Diese Klasse hatte besonders großen Erfolg, und weitere 140 Exem-plare verkaufte man an verschiedene Länder, u.a. die CSSR und die UdSSR. Die Höchstgeschwindigkeit der 4-8-0-Loks betrug 90 km/h. – Zur Klasse 411 gehörten über 500 Loks aus den frühen 1940ern. Es

Hier sieht man die 1966 gebaute E-Lok V42 527 im Fusti-Museum (September 2004). Andere Exemplare dieses Typs dienen in ganz Ungarn zum Aufwärmen von Waggons.

handelte sich um 2-8-0-Loks, die 80 km/h erreichten und von der MAV aus Armeebeständen erworben wurden. Sie stammten aus den USA.

Im Vergleich mit der Typenvielfalt der Dieselloko-motiven mutet die Zahl der E-Lok-Klassen beschei-den an. Die Klasse 41 (für zwei Spannungen) wurde 1962 eingeführt. Diese Loks erreichten maximal 80

km/h und verrichteten Rangier- und leichte Auf-gaben. Bis auf ein einziges erhaltenes Exemplar wurden alle ausgemustert. – Die 1966 in Dienst gestellte Klasse V42 bestand aus insgesamt 42 Lokomotiven. Ihre Höchstgeschwindigkeit betrug 80 km/h. Inzwischen wurden alle ausrangiert; eine kam ins Museum, und die Mehrzahl der übrigen

Dombovar, September 2004: Die Rangier-E-Lok Nr. V46 016 wartet auf ihren nächsten Einsatz. Gebaut wurde sie 1991.

Im Fusti-Museum kann man auch die alte E-Lok V55 004 aus den 1950ern bewundern (Foto vom September 2004).

Die E-Lok V43 1224 fährt mit einem Kohlenzug durch den Budapester Bahnhof Ferencvaros (das Foto entstand im September 2004).

Die für Personen- und Güterzüge gedachte E-Lok V63 143 wartet mit baugleichen Loks in Ferencvaros auf den nächsten Einsatz (Oktober 2005).

Die moderne E-Lok 1047 002 pausiert in Linz, bevor der nächste Zug für die Rückfahrt nach Ungarn angekoppelt wird (September 2005).

dient an mehreren ungarischen Orten zum Aufwärmen von Zügen. – Die Lokomotiven der Klasse V46 ähneln äußerlich den V42ern und wurden 1983 eingeführt. Die 60 Loks erreichen eine Höchstgeschwindigkeit von 80 km/h und dienen als Rangier- und leichte Güterzugloks.

Von den 1954 eingeführten Oldtimern der Klasse V55 wurden 10 Stück gebaut. Sie waren die ersten Nachkriegs-E-Loks der MAV und erreichten 100 km/h, doch nach der Ausmusterung blieb nur ein Exemplar erhalten. – Zur Klasse V43 gehörten ursprünglich 379 Lokomotiven, welche die Standard-Personen- und Güterzugloks der MAV stellen. Die zwischen 1963 und 1982 gebauten Fahrzeuge bringen es auf 130 km/h. Einige hat man modernisiert, um sie mit Doppeltraktionszügen einsetzen zu können.

Die V63 war lange Zeit hindurch die wichtigste E-Klasse und bestand anfangs aus 56 Lokomotiven. Die große Mehrheit zieht immer noch Personen- und Güterzüge. Diese in den 1980ern gebaute Klasse wurde später unterteilt, um einige Loks schneller zu machen. Die normale Höchstgeschwindigkeit beträgt 140 km/h, jene der umgebauten Lokomotiven 160 km/h. – Die neuesten E-Loks gehören zur Klasse 1047, die mit der ÖBB-Klasse 1116 baugleich ist. Diese 10 Lokomotiven ziehen hauptsächlich Personenschnellzüge und können dank ihrer Eignung für zwei Spannungen auch in andere Länder fahren. Möglicherweise wird man weitere anschaffen, sobald ältere Modelle außer Dienst gehen.

Die Spannweite der MAV-Dieselklassen reicht von kleinen Rangierloks bis zu großen, starken Hauptstreckenlokomotiven. Besondere Beachtung verdient die Art, in der die MAV ihren Fuhrpark modernisierte und aufrüstete, um Leistung und Lebens-

Die Diesel-Rangierlok Nr. M28 1006 aus den 1950ern pausiert in Ferencvaros (September 2004).

Szeged, Oktober 2005: Die Diesel-Rangierlok M31 2019 beim Warten auf den nächsten Einsatz. Von den ursprünglich mehr als 50 Lokomotiven dieses Typs blieben neben der Nr. 2019 nur wenige erhalten.

dauer der Lokomotiven zu erhöhen. Zur kleinen Klasse M28.1 gehören 24 Loks für leichte Rangierfahrten. Sie wurden 1956 eingeführt und haben eine Höchstgeschwindigkeit von 50 km/h. Aus ihnen ging die Klasse M28.2 hervor; diese geringfügig größeren Loks bringen es ebenfalls auf etwa 50 km/h. Die Einführung dieser 10 Fahrzeuge erfolgte 1959. – 1958 stellte man die Rangierloks der Klasse M31 in Dienst; von den ursprünglich über 50 Lokomotiven wurden die meisten inzwischen ausgemustert. – Die Klasse M32 bestand aus mehr als 50 Loks für Rangier- und andere leichte Aufgaben und wurde 1972 eingeführt. Jede dieser Klassen erreicht ca. 60 km/h. – Von 1966 stammen die Personen- und Güterzugloks der Klasse M40; einige der wurden mit Kesseln zum Aufheizen von Zügen ausgerüstet. Die anfangs 80 Lokomotiven mussten z.T. anderen weichen; heute ist noch knapp die Hälfte im Einsatz. Sie waren mit 100 km/h recht schnell.

Zur großen Klasse M41 zählen über 100 Personenzugloks. Sie wurden 1973 eingeführt und erreichen eine Höchstgeschwindigkeit von 100 km/h. – Ein wenig kurios mutet die Klasse MDmot an: Diese 42 Loks wurden 1970 eingeführt und sind eigentlich

Triebwagen, die auch Pakete befördern können. Sie erreichen immerhin 100 km/h und werden in verschiedenen Regionen als Personenzüge eingesetzt, vor allem auf Nebenstrecken.

Die Klassen M43 und M47 umfassten zusammen ursprünglich über 200 Loks. Äußerlich gibt es geringfügige Unterschiede, doch mechanisch sind die beiden identisch. Die 1974 für Rangierfahrten und Nebenstrecken eingeführte Klasse M43 erreicht maximal 60 km/h, die M47 hingegen 70 km/h. Eine beträchtliche Anzahl von M47/ern hat man zur Leistungssteigerung in den letzten Jahren umgebaut und mit neuen Motoren versehen. – Zur großen Klasse M44 gehörten ursprünglich mehr als 200 Lokomotiven; sie wurde 1954 eingeführt. Die Klasse führt leichte Güter- und Rangierfahrten durch und bringt es auf maximal 80 km/h. Man exportierte diesen Typ erfolgreich in verschiedene andere Länder. – In den letzten Jahren hat eine beträchtliche Anzahl von Lokomotiven neue Motoren erhalten, um die Lebensdauer dieser Fahrzeuge zu verlängern und ihre Leistung zu steigern.

Die Hauptstrecken-Klasse M61 gehört zu einer großen Familie klassischer Loks, der man in mehre-

ren Ländern begegnet (u.a. in Belgien, Luxemburg, Dänemark und Norwegen). Sie führen Motoren von General Motors und wurden nach ihrem schwedischen Erbauer liebevoll „Nohabs" genannt. Die MAV besitzt eine Flotte von 20 dieser 1983 eingeführten, maximal 100 km/h schnellen Lokomotiven; die meisten hat man ausrangiert, doch einige blieben bei der MAV und in Museen erhalten. – Die Klasse M62 wurde 1965 eingeführt und bestand ursprünglich aus fast 300 Loks. Man findet den Typ u.a. in Tschechien und in den baltischen Staaten – kein

Wunder, schließlich baute die UdSSR über 7000 Stück! Die MAV hat einige mit neuen, leistungsfähigeren Motoren ausgerüstet, und ein paar wurden für die Breitspurbahnen umgebaut, die Nordostungarn mit der Ukraine verbinden.

Eine Besonderheit der ungarischen Eisenbahnen sind die zahlreichen Schmalspurlinien; in Budapest wird eine von Kindern betrieben. Diese Linien verwenden eine Vielfalt von Lokomotiven: Die wichtigste Lok für die 76-cm-Spur ist die 1960 eingeführte Klasse Mk48. Ihre Höchstgeschwindigkeit

Die Diesellok Nr. M41 2208 wartet in Szombathely auf das Ausfahrtsignal (Oktober 2004).

Die Hochgeschwindigkeits-Diesellok Nr. MDmot 3008 pausiert vor dem Ankoppeln eines Personenzugs in Pécs (September 2004).

Die Diesel-Rangierlok Nr. M47 1301 steht hier zum nächsten Einsatz bereit (Pécs, September 2004). Viele Lokomotiven dieser Klasse erhielten neue, stärkere Motoren.

beträgt 50 km/h. – Zur Klasse C50 von 1958 gehören kleine, maximal 30 km/h schnelle Dieselloks für den Einsatz auf 76-cm-Strecken.

Abschließend müssen wir noch die Loks der schon seit langem bestehenden GySEV-Bahn erwähnen. Diese Privatbahn gehört Ungarn (60%), Österreich (33%) und dem Hamburger Hafen (7%). Sie besitzt eine Anzahl von Oldtimer-Dampfloks und eine Flotte von Dieselloks, zu denen auch solche der MAV-Klassen M40 und M44 zählen. Außerdem gibt es zwei Klassen von E-Loks: Die mit der gleichna-

Die klassische Nohab-Diesellok Nr. M61 001 steht im Fusti-Museum, wo im September 2004 dieses Foto entstand.

Dieser Veteran, eine Diesel-Rangierlok mit der Nr. M44 209, trägt noch den alten grünen Anstrich (Bekescsaba, Oktober 2005).

migen MAV-Klasse identische V43 und die 1047.5, welche der MAV-Klasse 1047 entspricht. Das Äußere der Lokomotiven gewinnt durch den charakteristischen GySEV-Anstrich. Die GySEV verwendet auch Schmalspur-Dampfloks, und weitere dienen als Museumsstücke. Die 0-6-0-Tankloks der Klasse 394 wurden 1915 für 76-cm-Strecken eingeführt und noch bis in die späten 1940er hergestellt; zwei Exemplare blieben erhalten. – Auch die 1909 eingeführten 0-6-0-Tankloks der Klasse 492 baute man noch bis in jene Zeit. Sie waren für 76-cm-Strecken gedacht; ein einsatzfähiges Exemplar wird im Eisenbahnmuseum von Nagycenk verwendet.

Die Breitspur-Diesellok Nr. M62 508 fährt in Zahony an der ungarisch-ukrainischen Grenze zu ihrem nächsten Zug (Oktober 2005).

Diese Schmalspur-Diesellok des Typs 5713 (Nr. GV 5713) wartet im Bahnhof Balatonfenyves auf das Ausfahrtsignal (Oktober 2005).

Die GySEV-E-Lok 1047 503 wartet auf ihren nächsten Einsatz (Ferencvaros, September 2004). Der attraktive GySEV-Anstrich betont die Linien der Lokomotive.

Die ältere GySEV-Lok Nr. V43 320 fährt im Oktober 2005 zu ihrem nächsten Einsatz. Diese Lokomotive zieht Personen- und Güterzüge und ist baugleich mit der MAV-Klasse V43.

Kanada

Die erste Eisenbahnkonzession Kanadas wurde am 25. Februar 1832 erteilt, und zwar mit dem Ziel, eine Stecke von Dorchester (heute St. Jean) zu einer Stelle bei Laprarie am Sankt-Lorenz-Strom zu bauen. Am 21. Juli 1836 ging die Champlain & St. Lawrence Railroad in Betrieb; sie war die erste öffentliche Eisenbahn des Landes, und der Jungfernzug wurde von der Lokomotive „Dorchester" gezogen. Ab 1857 gehörte diese Linie zur Montreal & Champlain Railroad, die 1864 an die Grand Trunk vermietet wurde und heute Bestandteil des staatlichen Bahnnetzes ist. Im September 1839 fand die offizielle Einweihung der Albion Mines Railway

die Standardspurweite von 5 Fuß und 6 Zoll (137,5 cm) ein, die bis 1870 gültig blieb. Danach ging man allmählich zu 4 Fuß und 8½ Zoll (143 cm) über. Am 16. Mai 1853 verkehrte der erste Zug auf der Strecke der Ontario Simcoe and Huron Railroad Union Company zwischen Toronto und Aurora. Die Gesellschaft hieß seit dem 16. August 1858 Northern Railway of Canada und wurde am 6. Juni 1879 Teil der Northern & Northwestern Railway. Heute gehört sie zur Canadian National. Den ersten Zug lenkte W. R. Hackett, der auch die erste Lok nach Kansas City fuhr. Am 15. Juli 1853 ging aus der Fusion von sechs Bahngesellschaften die Grand Trunk Railway hervor, und im Laufe der Zeit wurden viele weitere Linien eröffnet, die den Personen- und Güterverkehr

Dieses beeindruckende Bild zeigt eine Dampflok der Canadian Southern Railways, die offenbar gerade die Niagarafälle an der Grenze zwischen den USA und Kanada passiert.

statt, auf der die aus England importierten Dampfloks „Samson", „Hercules" und „John Biddle" von Timothy Hackworth verkehrten. Im Juli 1847 erteilte die Legislature der Provinz Kanada der „Compagnie du Chemin à Rails du Saint-Laurent et du Village d'Industrie" die Konzession zum Bau einer Strecke von Lanoraie (am Sankt-Lorenz-Strom westlich von Montreal) nach dem 12 Meilen entfernten Village d'Industrie. Der Zielort hieß später – nach seinem Gründer Barthélémy Joliette – Joliette. Diese Eisenbahn hatte ursprünglich hölzerne, mit Bandeisen beschlagene Schienen. Sie wurde 1878 von der Quebec, Montreal, Ottawa & Occidental Railway übernommen und 1884 von der CP erworben. Am 31. Juli 1851 führten Ontario und Quebec

auf der riesigen Landmasse Kanadas erleichterten. Am 10. September 1860 reiste der damalige Prince of Wales – später König Edward VII. – von Toronto nach Collingwood (Ontario) und zurück. Den Sonderzug mit zwei Waggons und einem offenen Panoramawagen zog die 4-4-0-Lok „Cumberland" der Northern Railway. Am 12. Juli 1871 ging Nordamerikas erste öffentliche Schmalspurbahn, die zwischen Toronto und Uxbridge verkehrende Toronto & Nipissing, in Betrieb. Am 1. Juni 1875 beging man mit einer feierlichen Zeremonie den ersten Spatenstich für die Canadian Pacific Railway am linken Ufer des Kamistiquia River im Stadtgebiet von Fort William, etwa 6,5 km von der Flussmündung entfernt.

Am 9. Oktober 1877 traf die Lokomotive „Countess of Selkirk" auf einem vom Dampfer „Selkirk" gezogenen Lastkahn in St. Boniface ein. Sie sollte für den Bauunternehmer Joseph Whitehead auf der Strecke Selkirk-Emerson fahren und war die erste Lok in Manitoba und den Prärien. Am 31. Januar 1880 eröffnete die Quebec, Montreal, Ottawa & Occidental Railway zwischen Longueuil und Montreal eine Eis-Eisenbahn. Ihre Gleise verlegte man über dicken Balken auf dem Eis des Sankt-Lorenz-Stroms. In den Sommermonaten setzte die QMO&O dort eine Wagenfähre ein, doch die Eisbahn wurde bis 1883 jeden Winter erneuert. Am 8. November 1885 traf ein Sonderzug der CP in Port Moody am Pacific Tidewater ein; er war der erste, der Kanada von Ozean zu Ozean durchfuhr. Am 3. Juni 1889 lief der erste CP-Zug in Saint John (New Brunswick) ein, damit war die transkontinentale Canadian Pacific Railway vollendet. Am 19 September 1891 eröffnete die Grand Trunk Railway den eingleisigen Tunnel unter dem St. Clair River. Der Bau des Tunnels, der Sarnia mit Port Huron verbindet, hatte 1888 begonnen. Am 24. September 1897 vollendeten die Niagara Falls Suspension Bridge Company und die Niagara Falls International Bridge Company ihre neue zweigleisige Stahlbrücke. Die obere Ebene des Bauwerks wurde an die Grand Trunk Railway vermietet. Am 3. Juli 1904 verkehrte der erste „Ocean Limited"-Personenzug zwischen Montreal und Halifax (Nova Scotia). Er war der Zug mit der längsten Fahrstrecke Kanadas und befuhr ständig diese 1340 km lange Linie. Am 17. Mai 1908 begann der E-Lok-Verkehr im Tunnel von St. Clair zwischen Sarnia und Port Huron; damit endete der Einsatz von Dampfloks, der beim Personal mehrfach zu Rauchvergiftungen geführt hatte. Am 22. Juni stellte die Canadian Pacific den Viadukt der Crows Nest Pass Line bei Lethbridge fertig. Er war 1865 m lang und

erhob sich bis zu 110 m über den Oldman River – mit ihm entstand die höchste Eisenbahnbrücke Kanadas. Die Freigabe für den Verkehr erfolgte am 3. November 1909, doch wurde die Brücke schon vor diesem Zeitpunkt von Bauzügen befahren.
Am 2. Mai 1917 legte man den Drayton-Ackworth-Report vor, der die Beobachtungen von zwei Mit-

Hier flanieren Besucher durch die „Steamtown" des National Park Service, in der man eine Sammlung seltener Dampfzüge bewundern und fahren kann.

gliedern einer dreiköpfigen königlichen Kommission von 1916 zusammenfasste. Sir Henry L. Drayton war Vorsitzender des Board of Railway Commissioners von Kanada, während William Ackworth aus London kam. Dritter im Bunde war Alfred H. Smith, der Präsident der New York Central Railway.

Der Bericht empfahl der Regierung die Übernahme der Bahngesellschaften Grand Trunk, Grand Trunk Pacific und Canadian Northern, die zusammen mit der Intercolonial und der National Transcontinental Railway betrieben werden sollten. Diese Empfehlungen wurden von der Regierung auch befolgt.

Am 17. Oktober 1917 fuhr der erste Zug auf der Quebec Bridge über den Sankt-Lorenz-Strom; erbaut worden war jene von der Regierung des Dominions Kanada für die National Transcontinental Railway. Traurigen Ruhm erlangte sie dadurch, dass sie während der Bauarbeiten zweimal einstürzte. Am 19. Januar 1923 verschmolz die Grand Trunk Railway aufgrund der Verordnung P.C. 114 mit dem Canadian National System, und 1923 umfasste das Netz die Canadian Government Railways (mit den Intercolonial, Prince Edward Island und National Transcontinental Railways), die Hudson Bay Railway, die Canadian Northern und ihre Ableger, die Grand Trunk Pacific sowie die Grand Trunk (mit der

Die Lok 7470 der Canadian National Railroad macht im Conway Scenic Railroad Dampf auf. Ihre Räder sind nach dem Schema 0-6-0 angeordnet.

Grand Trunk Western und der Grand Trunk New England). Zwischen dem 1. und dem 4. November 1925 unternahm die Diesel-E-Lok Nr. 15280 der Canadian National eine insgesamt 72-stündige Fahrt von Montreal nach Vancouver, wobei die reine Reisezeit 67 Stunden und 7 Minuten betrug; damit stellte sie einen Weltrekord bei Ausdauer, Sparsamkeit und Dauergeschwindigkeit auf. Am 26. August 1929 stellten die Canadian National Railways ihre erste Diesel-E-Lok für Personenzüge in Dienst; sie zog den zweiten Abschnitt des „International Limited" zwischen Montreal und Toronto. Diese Lokomotive, die Nr. 9000, bestand aus zwei Einheiten, die zusammen 335 t wogen.

Am 21. April 1933 lief die 4-6-0-Dampflok „Royal

zurück. Im September 1936 stellte ein neuer leichter Stromlinien-Personenzug mit der 4-4-4-Lok Nr. 3003 auf dem Streckenabschnitt Winchester der Canadian Pacific bei St. Telesphore (Quebec) mit 180 km/h einen neuen amtlichen Rekord auf. Im Dezember 1937 übernahm die Canadian Pacific ihre erste Diesel-E-Lok, eine Rangierlokomotive mit der Nr. 7000.

Die „Royal Tour" durch Kanada begann im Mai 1939 mit der Ankunft von König Georg VI. und Königin Elizabeth auf der „Empress of Canada" in Wolfe's Cove (Quebec). Der in Königsblau und Alu gehaltene 12-Waggon-Zug verließ Quebec City am 18. Mai. Für den königlichen und den Lotsenzug setzte die CP die 4-6-4-Loks Nr. 2850 bzw. 2851 ein,

Diese halb-stromlinienförmige 4-6-4-Dampflok des Typs Royal Hudson kam 1939 bei der „Royal Tour" von König George VI. und Queen Elizabeth zum Einsatz.

Scot" der englischen London, Midland & Scottish Railway mit acht Waggons auf dem Weg zur Chicagoer „Century of Progress Exhibition" in Montreal ein. Anschließend fuhr sie auf der Toronto, Hamilton & Buffalo Railway und über diverse US-Städte nach Chicago weiter. Als die Ausstellung zu Ende war, verließ sie Chicago am 11. Oktober und reiste durch die USA nach Vancouver, Winnipeg, Minneapolis und Detroit. Auf der Hinfahrt und in Westkanada fuhr der Zug auf dem CP-Netz, auf der Rückfahrt durch Ontario auf jenem der CN. Am 24. November kehrte er von Montreal aus nach Großbritannien

außer auf dem Abschnitt Ottawa-Brighton (Ontario), der über das Netz der CN führte. Die Nr. 2850 zog den königlichen Zug ohne Ablösung bis Vancouver, d.h. über eine Entfernung von insgesamt 5160 km. An den Trittbrettern der beiden Lokomotiven brachte man Königskronen an, die schließlich die gesamte Klasse (Nr. 2820 bis 2864) erhielt, welche fortan mit Zustimmung Ihrer Majestäten den Namen „Royal Hudsons" führte.

1949 stellte die Canadian Pacific ihre letzte Dampflok in Dienst, die 2-10-4 Nr. 5935 der Klasse TI-c aus den Montreal Locomotive Works. Außerdem

Im Canada Science and Technical Museum kann man diese bestens restaurierte Lok Nr. 6400 der Canadian National Railways bewundern.

Die Farben der Canadian National Railways und ihre Nummer 1820 verraten, dass diese Diesellok 1953 von EMD geliefert wurde. Möglicherweise diente sie zu Testfahrten bei kaltem Wetter.

Diese 1969 im Lokomotivenwerk Montreal gebaute Strecken-Rangierlok ist das Modell 636, das zum Transport von Eisenerz dient.

Das Modell 5584/SD40 der Canadian Pacific wurde 1983 bei GMD als A4338 gebaut; hier passiert es die Stadt Milwaukee in Wisconsin (USA).

Es gibt mehrere Typen von „Grain Hoppers". Hier sieht man ein Gelenkmodell, die beliebteste Version der Canadian National. Es diente gewöhnlich zum Transport von Weizen.

erhielt sie ihre ersten Diesel-E-Loks, die Nr. 8400 bis 8404, zur Umstellung der Antriebskraft auf der Strecke Montreal-Newport-Wells River. Am 16. Februar 1951 begann die Canadian National zwischen Montreal und Ottawa mit der Erprobung der Budd-Lok RDC-1, eines Diesel-Triebwagens. 1953

Die 1958 gebaute Lok Nr. 6444 der Via Rail zog Güter- und Personenzüge und wurde von einem Alco-Motor (1800 PS) angetrieben. Sie war bis Anfang der 1990er im Einsatz.

wurden diese Diesel-Triebwagen (RDC) der Firma Budd auf mehreren Linien eingesetzt. Sie hießen bei der CN „Railiners", bei der CP „Dayliners". Der Betrieb auf der Canadian Pacific begann am 9. November 1925, doch schon am 24. April setzte die CP zwischen Montreal/ Toronto und Vancouver ihren neuen Edelstahl-Transkontinentalzug „The Canadian" (mit Panoramakuppel) ein. Am 9. August 1958 verkehrte Kanadas ältester Zug, der „Moccasin"; zum letzten Mal zwischen Montreal und

Dieses Foto von 1974 zeigt das Ende eines Turbo-Zugs auf der Fahrt nach Toronto. Diese Züge wurden im Laufe des Jahres 1968 in Kanada und den USA in Dienst gestellt.

Eine Reihe Dieselloks – an ihrer Spitze die Nr. 560 – auf einem Güterbahnhof in Toronto. Diese doppelstöckigen Waggons gewähren einen herrlichen Blick auf die Landschaft.

Die Lok Nr. 7498 mit dem Motor B36-7 von General Electric ist heute bei den Rocky Mountain Tours im Einsatz und dafür bestens geeignet.

Brockville. Das hatte er, wenn auch inoffiziell, fast seit seiner Indienststellung am 19. November 1855 getan. Schließlich fuhr am 25. April 1960 die Lokomotive Nr. 6043 als letzte fahrplanmäßige Dampflok der Canadian National zwischen The Pas und Winnipeg. Die letzte Dampflok der Canadian Pacific, die 4-4-0-Lok Nr. 29 der Klasse A1-e (Baujahr 1887) zog am 6. November 1960 einen Sonderzug von Montreal nach St. Lin. Am 17. Juli 1962 stellte man nach Testfahrten den „Super Continental" – den Transkontinentalzug der CN – erstmals

mit dem neuen schwarz-weißen Anstrich vor (die Frontseite der Lok war orange-rot). Damit verschwanden endgültig die alten Farben (Olivgrün, Gold und Schwarz). Seit dem 16. November 1967 testete die CP Kanadas erste ferngesteuerte Mittelzug-Diesellok (mit Roboter-Funksteuerung) im normalen Güterverkehr. Am 21. April 1970 enthüllte die Canadian Pacific Kanadas ersten Doppeldeck-Personenzug, der aus neun klimatisierten Waggons bestand und für 2,8 Mio. US-$ bei Canadian Vickers Ltd. gebaut wurde. Eingesetzt wurde er seit dem 27.

Lok Nr. 2039 gehört der Cape Breton & Central Nova Scotia Railway die früher eine Nebenstrecke der Canadian National Railway war.

Nichts lässt sich mit der Fahrt durch den Agawa-Canyon im Frühjahr oder Herbst vergleichen. Während das Laub sein Herbstkleid anlegt, fährt eine Lok durch den Wald.

Helles Rot und tiefes Grün prägen die farbenprächtige Herbstlandschaft am Agawa-Canyon, durch die dieser Personenzug fährt.

Electrics Genesis-Loks der Serie 700 geliefert hatte. Am 31 Oktober 2002 stellt die BC Rail mit der letzten Fahrt des „Cariboo Prospector" zwischen Prince George und Vancouver nach 88 Jahren den Fahrgastbetrieb ein.

Der „Canadian" ist der absolute Geheimtipp für eine Kanadareise von Toronto über Jasper nach Vancouver. Achten Sie auf Wildtiere, häufig stehen diese der Lok im Wege!

Auf der kurvenreichen Strecke durch die Rockies wählt man den Zug von Jasper nach Prince Rupert am Pazifik und genießt während der Zweitagereise das traumhafte Landschaftsbild.

Die Züge, auf denen man durch die schneebedeckte Landschaft Kanadas reist, verfügen über Panoramawagen, die eine noch bessere Aussicht auf die Landschaft gewähren.

April auf der Vorortstrecke Montreal-Lakeshore. Seit dem 3. Januar 1986 verkehrt der „Skytrain" zwischen Vancouver, Waterfront and New Westminster (British Columbia). Am 12. Dezember 1988 durchfuhr der erste fahrplanmäßige Zug den 15,5 km langen Tunnel der CP am Mt. MacDonald, den längsten des Kontinents. Am 26. Oktober 1995 wurde die Pendelzugverbindung der CN zwischen Montreal Hbf. und Deux Montagnes mit modernen Zügen wiedereröffnet. Die neuen elektrischen Einheitszüge (25 kV/WS) lösten bejahrtes Material ab, das z.T. schon seit Beginn des Linienverkehrs (1918) im Einsatz war. Am 12. September 1996 betrieben die Rocky Mountain Railtours den längsten Zug in Kanadas Geschichte: Drei GP40-Loks zogen 34 Waggons von Vancouver nach Kamloops. Am 21. Dezember 2001 rangierte VIA Rail Canada die letzten LRC-Loks der Serie 6900 aus, nachdem General

Russland/GUS-Staaten

Am 13. Oktober 1837 läutete die Bahnhofsglocke zweimal, und die Provorny-Dampflok ließ einen langen Ton aus ihrer Pfeife erschallen. So begann Russlands erster Zug seine Fahrt auf der öffentlichen Bahnstrecke St. Petersburg-Zarskoje Selo (heute Puschkin). Die frühesten Lokomotiven auf dieser Linie waren durchweg 2-2-2-Patentees, die Timothy Hackworth, Robert Stephenson und Tayleur & Co. in England gebaut hatten. Möglicherweise war dies aber nicht die erste russische Eisenbahn, denn schon 1834 hatte ein technisch begabter Handwerker, der Leibeigene Jefim Tscherepanow, mit seinem Sohn eine Bahn für die Hüttenwerke von Nischnij Tagil (Ural) gebaut, für die er auch zwei Dampfloks konstruierte.

Schon vorher hatte der Zar ein Manifest erlassen, in dem er darauf hinwies, dass die Entwicklung von Landwirtschaft und Industrie, der starke Bevölkerungszuwachs und der Umfang des Binnen- und Außenhandels die alten Verkehrsmittel überforder-

1836 erbauten die Tscherepanows eine Eisenbahnlinie, die vom Fabrikort Wjiskij über eine Strecke von zwei Meilen zur nächsten Kupfermine führte.

ten. So schuf man eine Kommission, die den Bau und Betrieb aller Verkehrsmittel überwachte; ein von dem berühmten spanischen Wissenschaftler, Ingenieur und Architekten Agustín de Betancourt (1758–1828) gegründetes und geleitetes Institut übernahm die Ausbildung der Ingenieure, die künf-

Hier sieht man eine Replik jener Lokomotive, die Jefim Tscherepanow und sein Sohn in den Metallwerken von Nischnij Tagil im Ural für ihre Bahnlinie bauten.

tig Eisenbahnen bauen sollten. Unter den Ingenieuren und Wissenschaftlern dieses Instituts finden sich zahlreiche berühmte Namen; diese Männer trieben damals den Ausbau des russischen Eisenbahnnetzes voran.

Der Moskauer Bahnhof in St. Petersburg, ein schönes Bauwerk von K. A. Ton, einem bedeutenden Architekten jener Epoche.

Der 1. Februar 1842 war ein denkwürdiger Tag: Nach Berichten von P.P. Melnikow und N.O. Kraft unterzeichnete Zar Nikolaus I. ein kaiserliches Edikt, das den Bau der Strecke St. Petersburg-Moskau erlaubte. Am 1. August machten sich zwei Bautrupps – jeweils am Nord- und Südende – unter Melnikow und Kraft ans Werk. Die Streckenführung erfolgte nach wirtschaftlichen und kundenorientierten Kriterien; es handelte sich um eine 5-Fuß-Spur, die später zur russischen Standard-Spurweite wurde.

K. A. Ton entwarf nicht nur Kopfbahnhöfe, viel bekannter war er als Erbauer von Kirchen. Dieses Bild zeigt ein weiteres Meisterwerk, den Moskauer Bahnhof in St. Petersburg.

Etwa 190 Brücken mussten entlang der Strecke gebaut werden, und der Architekt K. A. Ton entwarf die beiden großen Kopfbahnhöfe, die heute noch stehen. Am 1. November 1851 verließ ein Zug auf der damals längsten Strecke St. Petersburg und ereichte nach 21³/₄ Stunden am nächsten Morgen um 9 Uhr

Moskau. Der wichtigste Lokomotivenhersteller jener Zeit waren die Alexander-Werke in St. Petersburg; sie lieferten auch die beiden Loks für die Waggons dieser Strecke. Das Fahrgastvolumen stieg rasch an, und schon 1852 beförderte die Eisenbahn 719 000 Passagiere und 164 000 Tonnen Güter – ein Schnellzug legte die etwa 640 km mittlerweile in circa 12 Stunden zurück.

Neue Bahnlinien entstanden in rascher Folge, und da Russland außerstande war, alle nötigen Loks zu liefern, mussten viele aus England, Frankreich, Deutschland und Österreich importiert werden.

1887 schickte man drei Expeditionen aus, um die günstigste Route für eine geplante Transsibirische Eisenbahn festzulegen, und 1891 wurde das Sibirische Bahnbaukomitee gegründet. Im Februar dieses Jahres beschloss man, den Bau der großen Sibirischen Bahnlinie in zwei Richtungen zu beginnen – von Wladiwostok und Tscheljabinsk aus. Am 19. Mai 1891 wurde in einer feierlichen Zeremonie der Grundstein gelegt; eine silberne Gedenktafel im Bahnhof erinnert an dieses Ereignis. So begann der Bau der Transsibirischen Eisenbahn. Die Streckenarbeiter hatten mit den schwierigsten Bedingungen zu kämpfen, denn die Gleise mussten überwiegend durch dünnbevölkerte oder unbesiedelte, dicht bewaldete Gebiete, über reißende Flüsse und durch Seen und Sümpfe verlegt werden, die großteils im Permafrost-Gebiet lagen. Erst nachdem man die Amur-Bahn und die Brücke über den Amur in Betrieb genommen hatte, bestand ab Oktober eine direkte Verbindung zwischen Tscheljabinsk und der Pazifikküste. Verwaltungsmäßig gliederte sich die Transsibirische Eisenbahn in vier Abschnitte, die Sibirische, Transbaikal-, Amur- und Ussuri-Bahn. Die Fahrgastzahlen stiegen rasch an, und während 1897 noch 609 000 Passagiere befördert wurden, benutzten 1912 schon 3,2 Millionen Menschen die

Die alte Dampflok Nr. L-0029 verlässt mit einigen altmodischen Waggons den Bahnhof von Rostow am Don, der Hauptstadt der Oblast (Bezirk) Rostow.

Schön und stark wie eh und je: Diese Dampflok Su250-64 entdeckten wir am Bahnhof Rostow-Bereg in der russischen Region Rostow.

Versteckt zwischen anderen Exponaten findet man im Rostower Eisenbahnmuseum im Gnilowskaja-Bahnhof diese seltsame Benzin-Rangierlok Mz/2.

Diese sehr gut erhaltene Diesellok TEP10-163 sahen wir im Eisenbahnmuseum im Warschauer Bahnhof von St. Petersburg.

System wieder den Ausbaustand von 1913 erreicht, und das Fahrgast- und Gütervolumen stieg abermals kräftig an. Vom Zweiten Weltkrieg – den man hier oft den „Großen Vaterländischen Krieg" nennt – waren die Eisenbahnen ebenfalls betroffen, aber dennoch gelang es ihnen, Ausrüstung und Nachschub an die Frontlinien zu schaffen. 1946 wurde das Volkskommissariat für Verkehrswesen, dem die Eisenbahnen unterstanden, in „Verkehrsministerium der UdSSR" umbenannt, und 1954 wurden jene vom Verkehrsministerium unabhängig. 1992 reorgani-

Eine elektrische AC-Lok (Nr. ER9-12) verlässt gerade den Bahnhof Gorky-Moskovsky. Diese Lokomotive zieht einen Vorortzug der Gorki-Eisenbahn.

Bahn. Der Bau der 7500 km langen Strecke dauerte 12 Jahre; sie reicht vom Ural bis an das Japanische Meer. 1895 wurde auf der schmaleren Spur der Trasse Wologda-Archangelsk die erste Charge von 29 Gelenkverbund-Tenderloks (0-6-6-0) des Typs Mallet in Dienst gestellt. Um 1900 umfasste das russische Bahnnetz etwa 45 000 km, und weitere waren im Bau. Während in den nächsten Jahren der Personen- und Frachtverkehr gewaltig zunahm, sorgte der Erste Weltkrieg für eine Zäsur. Im Laufe des Konfliktes wurden vor allem die Gleise und das rollende Material in großem Umfang zerstört: Diesen Kampfhandlungen und dem anschließenden Bürgerkrieg fielen über 60 % der Gleise, 90 % der Loks und 80 % der Waggons zum Opfer. Erst 1928 hatte das

Die E-Lok VL61-012 kann man im Rostower Eisenbahnmuseum in der Region Rostow bewundern. Rostow ist ein wichtiger Bahnknotenpunkt und eine der ältesten russischen Städte.

sierte man sie in Gestalt des Transstroy-Konzerns. 1956 beschloss das Verkehrsministerium, den Bau von Dampfloks einzustellen, und so wurde ein Elektrifizierungsprogramm aufgelegt. In den 1960ern stieg die Zahl der Streckenkilometer, und auch das Verkehrsvolumen nahm zu, bis schließlich über 51 % von E-Loks und 47 % von Diesellokomotiven bewältigt wurden. Obwohl ein großer Teil der Industriebahnen nach wie vor Dampfloks einsetzte, verwendete man dort, wo es keinen preiswerten Brennstoff gab, Dieselloks der Typen TO-4, TO-6A und TO-7. Der Frachtverkehr der UdSSR erreichte ein größeres Volumen als jener der ganzen übrigen Welt; damals dienten die 2-10-0-Lokomotiven der Nachkriegsklasse L als erfolgreiche „Arbeitspferde". Die Brjansker Maschinenfabriken (BZK) zählten zu den größten Lokomotivenbauern Russlands; ihnen verdankte man einige wichtige Modelle. Das Werk wurde im Zweiten Weltkrieg vollständig zerstört, doch die Regierung gab ihm nach dem Krieg einen riesigen Auftrag, und schon 1945 baute man dort die ersten Nachkriegsloks. Die M1-1 war eine kleine Schmalspurlok. Ein Jahr später begann die Fabrik mit dem Bau großer Hauptstrecken-Dampfloks wie der legendären P-Serie von Lebedjanskij. Obwohl sie als eine der besten Dampfloks der Geschichte galt, neigte sich das Dampfzeitalter rasch seinem Ende zu. Aus den P-Lokomotiven wurde die Serie L, die kaum davon abwich; einige dieser Loks wurden bis Mitte der 1970er eingesetzt. 1958 wechselte

Die Lokomotiven ChME3-3469 und ChME3-3465, zwei Diesel-Rangierloks, ziehen einen Kohlenzug auf dem Bahnhof Inta-I in der autonomen Republik Komi.

1960 entwarfen die Ingenieure des größten russischen Lokomotivenwerks BMZ die riesige 1200-PS-Diesel-E-Lok TEM-2, die alle Modernisierungen der TEM-1 übernahm.

Bei BMZ erfand man auch die Benzin-Lok TEM18G. Die technischen Daten entsprachen denen der Diesellok TEM18, doch diente hier verflüssigtes Erdgas als Brennstoff.

BMZ zu moderneren Modellen über und baute die erste 100-PS-Diesellok, die TEM-1; sie war Russlands erste in Serie hergestellte Diesel-Rangierlok. 1960 entwarfen die BMZ-Ingenieure die noch größere Diesel-E-Lok TEM-2 (1200 PS), die zur beliebtesten russischen Rangierlokomotive wurde. BMZ befindet sich mittlerweile in Privatbesitz, stellt aber weiterhin Diesel-E-Loks her.

Hier sieht man die Diesel-Rangierlok TEM2-6623 vor dem Lokschuppen von Inta in der Republik Komi. Diese TEM wurde bei GMZ gebaut und gehört zu den meistverwendeten Modellen Russlands.

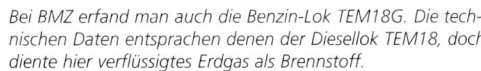

Die E-Lok eines Varortzuges auf dem Bahnhof Saratow, der zum Netz der Wolga-Eisenbahn gehört. Die meisten russischen Züge wurden mittlerweile elektrifiziert.

Ein DC-Hochgeschwindigkeitszug der Moskauer Eisenbahn vom Typ ER200 nähert sich dem Bahnhof Malino (Oblast Moskau) an der Strecke St. Petersburg-Moskau.

Als nach dem Zusammenbruch der Sowjetunion 1991 die neue Gemeinschaft Unabhängiger Staaten (GUS) entstand, wurden die Eisenbahnen unter den Mitgliedsländern aufgeteilt, was zunächst für einige Verwirrung sorgte. Die GUS erbte etwa 150 000 km der Fünf-Fuß-Strecken und 2400 km des Schmalspurnetzes. Sie besteht aus folgenden Staaten: Armenien, Aserbaidschan, Weißrussland, Georgien, Kasachstan, Kirgisien, Moldawien, Russland, Tadschikistan, der Ukraine und Usbekistan. Turkmenistan beendete seine ständige Mitgliedschaft am 26. August 2005 und ist heute assoziiertes Mitglied. Seit ihrer Gründung hat die GUS zahlreiche Dokumente zur Integration und Zusammenarbeit in der Wirtschafts-, Verteidigungs- und Außenpolitik unterzeichnet. Viele GUS-Staaten erhielten (oder besaßen bereits) nur vergleichsweise schlecht ausgestatte Bahnlinien und Fuhrparks.

Mit der Russischen Eisenbahn kann man die legendären Fahrten zwischen Moskau und St. Petersburg

2005 fertigt der Maschinenbaubetrieb Demichowskij AC- und DC-Züge für den Nah- und Interregio-Verkehr., wie z.B. diese ED4M-Lokomotive

und in den Fernen Osten unternehmen. Das riesige Streckennetz wurde 2003 privatisiert, und die damals geschaffene RZhd überwacht die 16 Regionalbahnen des Landes. Es gibt Dutzende von Direktverbindungen zu europäischen und asiatischen Grenzbahnhöfen.

Das armenische Bahnnetz ist alt und völlig überholt, sodass der Bahntransport langsam und unzuverlässig verläuft. Zwischen 1989 und 1999 büßten Armeniens Eisenbahnen etwa 93 % ihres Frachtvolumens ein. Nach Änderungen der Tarifstruktur, der Trennung von veralteten Anlagen und Personalabbau hat sich ihre finanzielle Lage jedoch verbessert. 1998 wurde die Armenische Eisenbahn (ARD) umstrukturiert und in drei staatliche Aktiengesellschaften aufgeteilt – für Frachtverkehr, rollendes Material und Infrastruktur. Weitere Maßnahmen sind nötig, aber ein guter Anfang ist gemacht.

Aserbaidschan besitzt neben einigen kleinen Industriebahnen ca. 2100 km Strecke. Die meisten sind breitspurig, und die Hauptstrecken elektrifiziert. In den letzten Jahren nahm man mit EU-Mitteln einige Verbesserungen am Streckennetz vor, doch nach Einschätzung der Regierung sind 700 km (etwa $^1/_3$ aller Strecken) in so schlechtem Zustand, dass Reparaturbedarf besteht und Geschwindigkeitsbeschränkungen verhängt wurden. Das Bahnnetz und die Züge werden von der Aserbaidschanischen Staatsbahn (ADDY – Azerbaycan Doövlet Demir Yolu) betrieben. Vor kurzem hat man einiges Geld in Züge investiert, sodass sich das Angebot verbesserte.

Die Weißrussische Eisenbahn wirk gut organisiert und verwendet modernes Zugmaterial. Derzeit be-

Die E-Lok Nr. VL80S-1060 durchfährt hier den Bahnhof Gorki-Sortirowochni in der Region Nischnij-Nowgorod. Das Foto stammt aus dem Jahr 2005.

Hier nähert sich die E-Lok Nr. ChS4T-304 dem Moskauer Bahnhof in Gorki (Region Nischnij-Nowgorod).

Diese Lok mit der Nr. DR1P-403 DMU sahen wir auf dem Hauptbahnhof von Baku (Aserbeidschan): Es handelt sich um den Dienstzug der Eisenbahnverwaltung Aserbeidschans (ADDY).

treibt die Weißrussische Eisenbahn ein Streckennetz von 6900 km. Es wurde mit den Bahnen der wich-

Der Bahnhof Khachmas in Aserbeidschan. Fahrgäste warten auf den Pendlerzug, der sie zu ihren Bestimmungsorten bringt. Sicherheit wird dabei offenbar nicht groß geschrieben!

Um Georgiens Eisenbahnen fit für das 21. Jahrhundert zu machen, muss noch viel getan werden. Streckenarbeiter verlegen im Abschnitt Marelisi-Dzirula die Schienen für zwei Gleise.

tigsten europäischen Partnerländer abgestimmt und befördert vor allem Güter.

Zur Sowjetzeit spielte die Georgische Eisenbahn im Transportwesen Kaukasiens eine wichtige Rolle. Heute ist das Netz leider größteils in erbärmlichem Zustand. Im Jahr 2000 gewährte die Europäische Bank für Wiederaufbau und Entwicklung einen Kredit in Höhe von 20 Mio. US-$ zur Reparatur und künftigen Wartung des georgischen Eisenbahnnetzes. Für die Zukunft gibt es Pläne zum Bau einer neuen internationalen Bahnverbindung von Tiflis (Tbilissi) ins türkische Karsi, die den wirtschaftlichen Wiederaufbau Südgeorgiens erheblich fördern und auch Wirtschaftsbeziehungen zwischen Georgien, der Türkei und der gesamten Region stärken dürfte.

Ein wichtiger Transportkorridor in Kasachstan wird derzeit mit einem Kredit in Höhe von 65 Mio. US-$ modernisiert, den die Europäische Bank für Wiederaufbau und Entwicklung der staatlichen Eisenbahn Kazakhstan Temir Zholy (KTZ) gewährte. Der

Dieses Bild zeigt eine alte Dampflok, die an der Bakyriani-Strecke der damaligen Georgischen Eisenbahnen steht.

von der Republik Kasachstan garantierte Kredit unterstützt die derzeitige Modernisierung und verstärkte Kommerzialisierung.

Kirgisien ist ein weiteres Überbleibsel der einst so stolzen sowjetischen Bahnen, doch das heutige spärliche Angebot besteht ausschließlich aus Verbindungen von und nach Bischkek, der Hauptstadt des Landes. Neben einigen Lokalbahnen gibt es internationale Züge nach einigen GUS-Hauptstädten, v.a. nach Moskau.

Wie viele andere muss auch die Moldawische Eisenbahn dringend modernisiert werden. Während die das Land durchquerende Hauptstrecke die Hauptstadt Cisinau (Kischinew) mit anderen Städten in Russland, der Ukraine, Rumänien, Bulgarien und Weißrussland verbindet, werden im Inland u.a. Ungheni, Tiraspol und Balti angefahren.

In Tadschikistan macht der inländische Personenverkehr nur 13 % aller Fahrten aus. Allerdings stieg er zwischen 1992 und 1998 an. Seinen Höhepunkt erreichte er mit fast 135 Mio. Passagieren im Jahre 1995, vor allem aufgrund von (meist russischen) Truppentransporten bei den Kämpfen zwischen Regierung und Opposition. Die Eisenbahn erledigt hier fast 90% des gesamten Exportverkehrs.

Im November 2000 verpflichtete sich die SYSTRA, die ukrainischen Eisenbahnen EBRD und UZ bei

Die Pläne zur Modernisierung des georgischen Eisenbahnnetzes umfassen auch den Bau neuer Loks und Waggons. Der Fortschritt lässt sich in dieser Waggonbaufabrik ablesen.

Auch Moldawien hat Kredite zur Modernisierung seiner Eisenbahnen beantragt. Hier signalisiert ein Streckenwärter die Annäherung eines Zuges.

Eine frühe Tank-Dampflok sowjetischer Bauart, die man nach ihrer Restaurierung auf einen Sockel stellte, um die Besucher eines Eisenbahnmuseums in Usbekistan zu erfreuen.

Diese sowjetische Dampflok ist in Usbekistan ausgestellt. Das Land erhielt von der EZB einen Kredit zur Modernisierung seines veralteten Bahnnetzes.

ihrem Investitions- und Modernisierungsprogramm mit Rat und Tat zu unterstützen. Das Investitionsprogramm umfasst die Erneuerung und Wartung des Netzes, vor allem der Hauptstrecke Kiew-Lviv (Lemberg)

Usbekistans Eisenbahn wird mit einem Kredit in Höhe von 40 Mio. US $ modernisiert und umgebaut, den die Europäische Bank für Wiederaufbau und Entwicklung der staatlichen Bahngesellschaft Uzbekistan Temir Yollari (UTY) gewährt hat. Der von der Regierung garantierte Kredit soll die Modernisierung des UTY-Fuhrparks durch die Anschaffung neuer Güter-E-Loks vom Typ 8-10 ermöglichen. Diese werden mehr Leistung bieten, zuverlässiger arbeiten und billiger im Unterhalt sein. So bringen die erst seit kurzem unabhängigen Staaten ihre bejahrten Bahnen auf Vordermann, um auf dem sich rasch verändernden Markt mithalten zu können.

Tschechien und die Slowakei

Obwohl diese Länder heute zwei unabhängige Staaten bilden, müssen ihre Eisenbahnen gemeinsam behandelt werden, da sich ihre Entwicklung im Rahmen der ehemaligen Tschechoslowakei vollzog. Nach der Gründung der beiden neuen Republiken

Hier sieht man eine der E-Loks, welche die CD 1998 für ihre Personenschnellzüge einführte. Diese Einheitszüge bestehen aus Doppeldeckwaggons.

Das Pilsener Lokomotivenwerk ist wohl das älteste und bekannteste der Tschechischen Republik. Hier sieht man eine seiner Loks, die heute zahlreiche Besucher anzieht.

motiven – einige stehen in Museen, andere da und dort auf Sockeln und wieder andere ziehen noch Sonderzüge. Viele wurden als Nationaldenkmäler eingestuft. Die meisten Linien haben die Standardspur, doch gibt es auch einige Schmalspurbahnen, und die Slowakei verbindet eine Breitspurbahn mit der Ukraine.

Während es in den späten 1820ern und frühen 1830ern erst einige Pferdebahnen gab, zog die erste Dampflok namens „Moravia" 1838 einen Zug im heutigen Tschechien in Brno (Brünn). 1839 fuhr auf

In dieser Szene wartet ein bejahrter Triebwagen auf einem ländlichen Bahnhof auf das Abfahrtssignal. Solche Fahrzeuge werden bei der CD und der ZSR in großer Zahl eingesetzt.

wurden auch neue Bahngesellschaften gegründet, und man wies diesen je nach Bedarf die ehemals tschechoslowakischen Loks zu; einige Spezialklassen gelangten allerdings geschlossen in den Besitz nur eines Staates.

Die Tschechische und die Slowakische Republik verfügen über ausgedehnte Bahnnetze, die vor allem in der Slowakei durch sehr schöne Landschaften führen. Zur Lokomotivenflotte gehören E- und Dieselloks, die z.T. recht alt sind. Die Fahrzeuge wirken durch die sehr unterschiedlichen Anstriche, die man ihnen verpasst hat, sehr attraktiv. Jedes der beiden Länder besitzt eine Reihe von Dampfloko-

der Nordbahn der erste Zug von Wien nach Brno, und im Jahre 1848 wurde eine Verbindung mit Prag eröffnet.

In der Slowakei ließ die Südostbahn ihre erste Dampflok 1848 auf der Strecke von Bratislava nach Devinska Nova Ves fahren, und ab 1871 verkehrten die Züge der Ungarischen Nordbahn auf der Bahnverbindung von Budapest nach Zvolen (Slowakei). Unterdessen war eine ganze Reihe neuer Bahnlinien entstanden, und dieser Prozess setzte sich in den 1870ern fort. Im Laufe der 1880er verstaatlichte man einige Linien, und als 1918 die Tschechoslowakische Republik gegründet wurde, übernahm die CSD alle staatlichen Eisenbahnen. Die weitere Entwicklung der Bahnen wurde 1920 gesetzlich geregelt, was vor allem den Bau neuer Strecken in der Slowakei förderte. 1939 kamen die Eisenbahnen im „Protektorat Böhmen und Mähren" unter deutsche Verwaltung, bis die CSD nach 1945 erneut die Kontrolle übernahm.

Die nächste wichtige organisatorische Veränderung gab es bei der Gründung der Tschechischen und der Slowakischen Republik. Die CSD wurde im Januar 1993 aufgelöst; ihr folgten die CD (Tschechien) und die ZSR (Slowakei). Seither haben sich die Bahnen weiter entwickelt; u.a. kamen Hochgeschwindigkeitsstrecken und -Neigezüge hinzu. Auch organisatorisch gab es in beiden Ländern Veränderungen, die innerhalb der Bahnsysteme neue operative Einheiten entstehen ließen.

Parallel dazu entwickelten sich im Laufe der Jahre auch die Lokomotiven weiter. 1920 wurde bei Skoda die erste Dampflok (Nr. 434.1100) fertiggestellt, und in der Folge baute diese Firma zahlreiche Dampf- und E-Lokomotiven für die staatlichen Eisenbahnen. 1964 stellte die Dampflok 498.106 bei Testfahrten mit 162 km/h einen CSD-Geschwindigkeitsrekord auf. Die letzte Dampflok für die CSD wurde1958 bei Skoda gebaut, und im fahrplänmäßigen Verkehr setzte man seit den frühen 1980ern keine mehr ein.

Die Elektrifizierung war seit Beginn des 20. Jahrhunderts ein Thema, und in den folgenden Jahren entstanden mehrere E-Linien. Als erste wurde 1903 die Strecke von Tabor nach Bechyne elektrifiziert, die man mit 700 V/GS betrieb. Ab 1924 waren 1,5 kV/GS bei der CSD Standard; das blieb so, bis 1946 die Entscheidung zugunsten von 3 kV/GS fiel. 1959 beschloss man, die Strecke Plzen (Pilsen) – Budweis (Ceske Budejovice) mit 25 kV zu elektrifizieren. Deshalb besitzen sowohl die CD als auch die ZSR Loks für eine Sapnnung (3 kV/GS oder 25 kV) sowie einige auf zwei Spannungen ausgelegte Klassen. Die CD unterhält derzeit 9400 km Strecken (davon gut 30 % elektrifiziert; 1700 km mit 3 kV/GS und 770 km mit 25 kV). Die Schmalspurbahnen (75 und 76 cm) messen zusammen 100 km. Die ZSR verfügt über 2000 km Strecke, von denen 43% elektrifiziert sind (470 km mit 3 kV/GS und 510 mit 25 kV); es gibt 100 km Schmalspurbahnen (1,52 m, 1 m und 0,75 m). Überraschenderweise sind mehr als 80% des CD-Netzes einspurig (bei der ZSR immerhin 72%).

CD und ZSR sind beide wichtige Frachtführer. Die CD befördert jährlich über 59 Mrd. Tonnen; mehr als 50% davon entfallen auf Steinkohle, Braunkohle und Stahl. Die ZSR transportiert mehr als 35 Mrd. Tonnen, darunter über 50% Eisenerze. Einige der

traditionellen Staatsbahn-Gütertransporte werden nun von Privatbahnen erledigt, was sich auf CD und ZSR in Zukunft nicht nur finanziell auswirken dürfte. Eine andere wichtige Herausforderung für CD und ZSR wird auch die allfällige Modernisierung ihrer E-Lok-Flotten darstellen, aber das dürfte die bereits erzielten Fortschritte nicht entwerten. Schwer abwägbare Faktoren sind auch die Auswirkungen der Politik der „Offenen Tür" und die Erfordernisse und Chancen, die sich aus der zunehmenden zwischenstaatlichen Kooperation und dem grenzüberschreitenden Verkehr ergeben.

Obwohl die Mehrzahl der hier behandelten Loks von der CSD bestellt wurden, berücksichtigen wir auch ihre Zuweisung zur CD bzw. ZRS, um die heutigen Besitzverhältnisse zu veranschaulichen. Beide Bahnen besitzen noch eine stattliche Anzahl von Dampfloks; sie stehen in Museen oder auf Sockeln an Bahnhöfen, und einige hält man in Depots für Sonderzugfahrten bereit.

Die 0-6-0-Tankloks der Klasse 310.0 wurden 1899 eingeführt und erreichen maximal 40 km/h. Zur Klasse gehören 138 Fahrzeuge, von denen das letzte im Jahre 1968 außer Dienst gestellt wurde. Einige Exemplare blieben erhalten. – Die Klasse 310.4 war bei der ZSR im Einsatz und umfasste ursprünglich 53 Loks, doch insgesamt wurden über 530 dieser erfolgreichen Lokomotiven gebaut und in mehreren Ländern eingesetzt. Ihre Einführung erfolgte 1885, und die ZSR rangierte erst 1957 die letzte dieser Klasse aus. Mehrere dieser Loks sind noch erhalten. Es waren 0-6-0-Tankloks, die maximal 45 km/h erreichten. – Zur Klasse 331 gehörten 2-6-2-Tankloks, die 1915/16 in Budapest gebaut und 1918 von der CSD übernommen wurden. Eine weitere Charge

Die 2-6-2-Tanklok Nr. 331 037 der ZSR in Bratislava, August 2000. Diese in Ungarn gebauten Loks wurden ab 1915 in Dienst gestellt.

Die 4-8-2-Lok Nr. 475 179 in Decin, Juni 1996. Diese bei Skoda gebaute Klasse wurde in den frühen 1940ern in Dienst gestellt und zog in der CSSR Schnellzüge.

kam nach dem Zweiten Weltkrieg hinzu. In der Slowakei setzte man sie für verschiedene Zwecke ein.

Besonderes Interesse verdient die Klasse 354.7, von der nach ihrer Einführung 1909 insgesamt 380 Stück gebaut wurden; 152 davon erwarb die damalige CSD, die sie zur Erhöhung ihrer Leistung nach und nach umbaute. Diese 2-6-2-Personenzugloks erreichten maximal 80 km/h; das letzte Exemplar wurde 1970 außer Dienst gestellt. – Zur CD- und ZSR-Klasse 433 gehörten 60 Lokomotiven für Personen- und Güterzüge. Diese 2-8-2-Tankloks wurden in den 1940ern eingeführt; ihre Höchstgeschwindigkeit betrug 60 km/h. Die letzte aktive Lok wurde 1880 ausrangiert, doch sind einige Exemplare erhalten geblieben. – Die Klasse 464.2 bestand aus zwei 1956 für die CD gebauten 4-8-4-Tankloks und zählte zu den letzten Skoda-Dampflokomotiven. Diese starken, maximal 90 km/h schnellen Loks zogen Personenzüge auf Gebirgsstrecken und wurden 1975 ausrangiert. Ein Exemplar der Klasse blieb erhalten. – Die 4-8-2-Loks der Klasse 475.1 wurden in den 1940ern bei Skoda gebaut. Diese prachtvollen Schnellzuglokomotiven waren die Vorgänger der Klasse 476, die einige Errungenschaften des Franzosen André Chapelon verwertete. Sie hatten allerdings wenig Erfolg und

Diese mächtige 2-10-0-Güterlok mit der Nr. 556 0510 steht vor dem Depot des sehenswerten Museums von Luzna, in dem sie ausgestellt ist (September 2000).

wurden später umgebaut. – Von den Lokomotiven der Klassen 476.1 und 477 besaß die CD insgesamt 60 Stück, die sie im Vorort-Personenverkehr einsetzte. Diese 4.8-4-Loks entstanden in den 1950ern und erreichten maximal 100 km/h. Das letzte Exemplar der Klasse wurde 1979 außer Dienst gestellt, doch zwei sind erhalten geblieben. – Die Klassen 498.0 und 498.1 waren 4-8-2-Personenschnellzugloks; die Klasse 498.0 wurde Mitte der 1940er gebaut, während man ihre modernisierte Version, die 498.1,

Mitte der 1950er einführte. Letztere besaß viele Merkmale, die auf den Erfindungen des Franzosen Chapelon basierten. Ein Exemplar dieser Klasse hält mit 160 km/h den Geschwindigkeitsrekord für CD-Dampflokomotiven. – Die Klasse 534 war ein 2-10-0-Vorkriegsmodell, das vorwiegend bei Skoda hergestellt wurde; man baute bis 1947 über 200 Loks, und die Klasse war so erfolgreich, dass sie bis zum Ende der Dampfära im Dienst blieb. Ihre Höchstgeschwindigkeit betrug 60 km/h. – Die Klasse 555 bestand aus ehemals deutschen „Kriegsloks", welche die CD nach dem Zweiten Weltkrieg erwarb. Details zu diesem Typ finden sich im Kapital über Deutschland. Während man die letzte Lok bei der CD 1974 ausrangierte, wurden einige an andere Länder verkaufte noch bis in die 1990er eingesetzt. – Zur Klasse 556 gehörten starke 2-10-0-Güterzuglokomotiven, von denen Skoda bis 1958 insgesamt 510 Stück baute. Ein Exemplar dieser Klasse unternahm 1981 die letzte fahrplanmäßige Fahrt einer Dampflok. Diese Loks konnten schwere Züge relativ schnell (mit 80 km/h) ziehen. – Es gibt mehrere Klassen von Schmalspur-Dampfloks, die von der CD und ZSR sowie kleinen Bahnen in der Forstwirtschaft und Industrie benutzt wurden. Die Klasse U36 war für 76-cm-Forstbahnen gedacht. Diese 0-6-0-Tankloks wurden Ende der 1940er eingeführt und erreichten eine Höchstgeschwindigkeit von 20 km/h. – Zur Klasse U37 gehörten ursprünglich 15 Lokomotiven für die 76-cm-Spur. Diese in den 1890ern eingeführten 0-6-2-Tankloks brachten es maximal auf 35 km/h. – Die Klasse U46 besteht aus 0-8-0-Tankloks der Spurweite 76 cm, die man für die rumänischen Forstbahnen baute. Zwei Exemplare wurden von privaten Schmalspurbahnen in der Tschechischen Republik für den Einsatz auf früheren CD-Linien im Raum von Osoblaha (Hotzenplotz) bzw. Jindrichuv Hradec (Reichenberg) erworben. Diese Loks aus den 1950ern erreichen 30 km/h.

Zu den frühesten E-Loks gehörte die 1927 gebaute Klasse 423, die Rangier- und Güterfahrten verrichtete. Diese kleine Lokomotivenklasse brachte es auf maximal 50 km/h und wurde Mitte der 1970er ausrangiert. Erhalten blieb nur ein Exemplar. – Die Klasse 436 wurde 1928 hergestellt und umfasste vier Loks mit einer Höchstgeschwindigkeit von 60 km/h. Sie wurden bis zu ihrer Ausmusterung in den 1970ern im Raum Prag eingesetzt. Ein Exemplar blieb erhalten. – Die Klasse 100 von 1957 bestand aus vier Lokomotiven. Die Höchstgeschwindigkeit der mit Personenschnellzügen eingesetzten Loks betrug 50 km/h. Das letzte Exemplar wurde 2004 ausgemustert. – Die E-Loks der Klasse 110 wurden in den frühen 1970ern gebaut und dienen als Rangierloks in den 3-kV/GS-Netzen der CD und der

Die E-Lok Nr. 100 001 der CD steht heute als Museumsstück im böhmischen Tabor (September 2002). Diese Klasse wurde 1957 eingeführt.

Die Rangier-E-Lok Nr. 110 020 mit Mittelführerstand verlässt hier im August 2000 ihren Heimatbahnhof Ceska Trebova (Böhm. Trübau).

Die Rangier-E-Lok Nr. 110 042 der ZSR wartet in der Nachmittagssonne auf ihren nächsten Zug (Zilina, September 2003).

Die blitzsaubere Rangier-E-Lok Nr. 111 006 fährt nach gründlicher Überholung langsam durch den Prager Bahnhof (April 2005).

Die Oldtimer-E-Lok Nr. 121 060 beschleunigt, während sie einen Güterzug aus dem ZSR-Bahnhof Zilina zieht (September 2003).

Juni 1996: Die frisch gestrichene E-Lok Nr. 122 055 der CD bei der Einfahrt in ihren Heimatbahnhof Usti nad Labem (Aussig/Elbe).

ZSR. Skoda fertigte mehr als 50 Exemplare, deren Höchstgeschwindigkeit 80 km/h betrug. – Zur CD-Klasse 111 gehören Lokomotiven für Rangier- und leichte Fahrten. Die 35 im Jahre 1981 eingeführten Loks (3 kV/GS) erreichten maximal 80 km/h und wurden ebenfalls bei Skoda gebaut. – Die kleine, aus der Klasse 110 entwickelte CD-Klasse 113 besteht aus Loks für 1,5 kV/GS und wurde 1973 eingeführt. Sie dient zu Rangier- und leichten Fahrten. – Die Klasse 121 kam 1960 von Skoda und wird von CD und ZSR vor allem als leichte Güterzuglok eingesetzt. Diese 3 kV/GS-Loks erreichen maximal 90 km/h. – Die Klassen 122 und 123 gingen aus der Klasse 121 hervor und wurden bei der CD 1967 bzw. 1971 vornehmlich für Güterzüge eingeführt. Auch ihre Höchstgeschwindigkeit beträgt 90 km/h. Eine dieser Loks wurde zur Klasse 124.6 und fährt auf der Teststrecke von Cerhenice. Dort brachte sie es 1972 auf 220 km/h, und in Russland erreichte sie 1973 sogar 222 km/h – die höchste Geschwindigkeit, die je bei einer Skoda-Lokomotive gemessen wurde. – Zur ZSR-Klasse 125 gehören Breitspurloks (3 kV/GS), die auf den Güterstrecken in die Ukraine

Diese mächtige ZSR-Doppellok (Nr. 125 807 und 808) hat gerade an der ukrainisch-slowakischen Grenze einen Güterzug übernommen (Juli 2004).

zum Einsatz kommen. Die insgesamt 44 Lokomotiven wurden von Skoda aus der Klasse 123 entwickelt und 1976 eingeführt. Sie bilden gewöhnlich paarweise eine Doppellok und erreichen maximal 90 km/h. Auf der aus der Ukraine kommenden Linie werden jährlich schätzungsweise 10 Mio. t Eisenerze in die Slowakei geschafft – durchweg von diesen Loks. Auf bestimmten Steigungsstrecken dienen die 125er als Schublokomotiven für die Maschinen an der Zugspitze. – Die Loks der CD-Klasse 130 wurden 1977 für Güterzüge eingeführt. Sie gingen

September 2003: Eine ZSR-Doppellok (Nr. 131 076 und 075) durchfährt mit einem Zug aus leeren Güterwagen das malerische Margencany.

aus den Klassen 123 und 125 hervor; ihre Höchstgeschwindigkeit beträgt 60 km/h. Dieser Typ wird auch in der Industrie verwendet. – Zur ZSR-Klasse 131 gehören Güterzugloks (3 kV/GS) von Skoda aus dem Jahre 1980. Sie umfasst insgesamt 100 Einzellokomotiven, die normalerweise zu zweit Doppel-

Heimatbahnhof der bejahrten E-Lok Nr. 140 085 ist Olomouc (Olmütz; September 2003). Die Klasse ist bei CD und ZSR im Einsatz.

loks bilden, die es so auf 160 km/h bringen. – 1953 wurde die Klasse 140 der CD und ZSR eingeführt, die ursprünglich Personenschnellzüge, Güter- und andere Personenzüge zog. Sie erreichte maximal 120 km/h, wird aber inzwischen nur noch begrenzt eingesetzt, und viele Exemplare hat man ausrangiert. Einige blieben jedoch bei der CD und der ZSR erhalten und gelten als historische Loks. – Die Klasse 141 wurde 1959 als Weiterentwicklung der Klasse 140 bei der CD für Personen- und Güterschnellzüge ein-

geführt; sie brachte es maximal auf 120 km/h. Mittlerweile ist sie überwiegend ausrangiert. Andere Länder erwarben auf der Klasse 141 basierende Loks – v.a. Polen (Klasse EP05) und die frühere Sowjetunion (Klasse ChS3). – Zur CD-Klasse 150 gehören 1978 eingeführte Personen-Schnellzugloks (140 km/h) von Skoda. – Die Klasse 151 besteht aus

Die Schnellzuglok Nr. 151 006 der CD wartet mit einem Nachmittagszug im Prager Hauptbahnhof auf das Ausfahrtssignal.

modifizierten Loks der Klasse 150, deren Höchstgeschwindigkeit 160 km/h beträgt. – Die Klassen 162 und 163 wurden Ende der 1980er von Skoda eingeführt und ziehen im 3-kV-System der CD und ZSR schnelle Personen- und Güterzüge. Die 162er erreichen maximal 140 km/h, die 163er nur 120 km/h. Einige 162 hat man durch Austausch der Radgestelle zu 163ern umgebaut. – Zur großen CD-Klasse 181 gehören 150 Lokomotiven (3 kV/GS), die 1961 als schwere, maximal 90 km/h schnelle Güterzugloks

Die E-Lok Nr. 163 123 der ZSR harrt im Sonnenschein in Cadca ihres nächsten Einsatzes (September 2003).

Heimatbahnhof der CD-E-Lok Nr. 181 074 ist Ceska Trebova (Böhm. Trübau, August 2000). Die Klasse wurde 1961 für Güterzüge eingeführt.

Die CD-E-Lok Nr. 182 118 bei der Ausfahrt aus dem Güterbahnhof von Valasske Mezirici im August 2000.

Die Schub-E-Lok Nr. 183 002 der ZSR wartet in Strba darauf, dass man den nächsten Zug ankoppelt (das Foto entstand im Juli 2004).

von Skoda eingeführt wurden. Die 1963 eingeführte Klasse 182 ist eine Weiterentwicklung der 181 und dient der CD und ZSR als Güterzuglok. – Die Klasse 183 zieht bei der ZSR Güterzüge. Diese 1971 bei Skoda für das 3-kV/GS-System gebauten Lokomotiven erreichen maximal 90 km/h. Einige werden auch auf starken Steigungen als Hilfsloks verwen-

Die ZSR-Rangier-E-Lok Nr. 210 032 mit Mittelführerstand pausiert zwischen zwei Einsätzen in Kuty (September 2003). Diese Klasse wird auch bei der CD verwendet.

det. – Die Existenz der Strecken mit 25 kV hatte zur Folge, dass man für dieses System geeignete Loks benötigte. CD und ZSR besitzen Loks mit Mittelführerstand aus der 1973 von Skoda eingeführten Klasse 210, die aus der 110 hervorging. Sie verrichten Rangier- sowie leichte Personen- und Güterfahrten und bringen es auf 80 km/h. – Die Klasse 230 wurde 1966 von Skoda eingeführt und erreicht maximal 110 km/h. Diese Loks ziehen vorwiegend Güterzüge. Ähnliche Fahrzeuge verwendet die Bulgarische Eisenbahn als Klasse 42. Äußerlich fallen diese Loks durch ihre Fahrerstände im Art-Deco-Stil

Die Rangier-E-Lok Nr. 210 073 mit Mittelführerstand wartet in Brno (Brünn; Juli 2004).

Die tadellos gewartete CD-E-Lok Nr. 230 028 präsentiert in Tabor ihren Art-Deco-Führerstand (April 2005). Dieser 1966 eingeführte Typ wird auch von den Bulgarischen Eisenbahnen als Klasse 42 verwendet.

auf. – Die selben imposanten Führerstände besitzt auch die Klasse 240 von Skoda, welche die CD und ZSR 1968 als Personenzuglok einführte. Ihre Höchstgeschwindigkeit beträgt 120 km/h. Drei Exemplare – heute Klasse 340 – wurden umgebaut, um sie als Lokomotiven für zwei Spannungen im grenzüberschreitenden Verkehr nach Österreich einsetzen zu können. – Die 1975 eingeführte CD-Klasse 242 ist eine Weiterentwicklung der 240. Man setzt die maximal 120 km/h schnellen Loks mit

Die wie original erhaltene CD-E-Lok Nr. 240 111 pausiert in Bratislava (Pressburg), bevor sie mit einem Nachmittagszug abfährt (Oktober 2001).

Personen- und Güterzügen ein. – Die kleine CD- und ZSR-Klasse 263 besteht v.a. aus Personenzugloks, die man 1985 von Skoda einführte. Sie erreichen maximal 120 km/h. – Um sie überall einsetzen zu können erwarben CD und ZSR von Skoda eine Serie von Loks für zwei Spannungen. Zur ZSR-Klasse 350 zählen imposante, 1974 eingeführte Personenschnellzuglokomotiven, die es auf 160 km/h bringen. Sie leiten sich von der CD-Klasse 150/151 ab und haben ähnliche Karosserien. – Die Klassen 362 und 363 fahren bei CD und ZSR. Die 1981 eingeführten 362er sind Personenschnellzuglokomotiven, deren Höchstgeschwindigkeit 140 km/h beträgt. Die

Juli 2004: Die CD-E-Lok Nr. 242 203 wartet in Cheb (Eger) auf den nächsten Einsatz. Diese Klasse wurde 1975 eingeführt.

Die vorzüglich erhaltene und hübsch lackierte E-Lok Nr. 263 003 der ZSR verlässt ihren Heimatbahnhof Kuty (September 2003).

Die perfekt gewartete Personenschnellzug-E-Lok Nr. 350 004 steht hier bei Bratislava (Pressburg) in der Sonne (August 2000).

Die CD-E-Lok Nr. 363 082 bei der Ausfahrt aus dem Prager Hauptbahnhof (Oktober 2004). Diese Klasse wird auch von der ZSR verwendet.

Die CD-E-Loks der Klassen 371/372 befördern Personen- und Güterzüge nach Deutschland. Hier sieht man die Lok Nr. 372 014 in Decin (Tetschen; September 2003).

Klasse 363 ist mit diesen Loks baugleich, hat aber eine andere Ausrüstung, um Personen- und Güterzüge ziehen zu können. Sie erreicht maximal 120 km/h. – Die 1986 eingeführten CD-Klassen 371/372 sind im Wesentlichen identisch und für schnelle Personen- und Güterzüge entworfen. Die Klasse 371 entstand, als man einige 372-Lokomotiven modifizierte und umrüstete, damit sie maximal 160 km/h fahren konnten. Die Klasse 372 hingegen erreicht nur 120 km/h. Sie ist baugleich mit der DB-Klasse 180, und 2003 erwarb die CD eine dieser DB-Loks, um Ersatz für eine in Deutschland beschädigte CD-Lokomotive zu schaffen.

CD und ZSR besitzen große Flotten von Dieselloks, von denen einige durch ihre Konstruktion und ihre Anstriche optisch sehr attraktiv wirken. Typisch für beide Bahnen ist auch, dass bestimmte Loks in gewissen Klassen eine vom üblichen Schema abweichende Nummerierung tragen, die auf besondere Verwendungen oder Besitzverhältnisse hinweist. Auf den Linien der CD und ZSR begegnet man auch anderen Loks, die Industriebetrieben oder Privatbahnen gehören. Beide Gesellschaften haben eine Reihe von Loks verschiedener Klassen umgebaut, um sie moderner und leistungsfähiger zu machen. Zur Klasse 700 gehören kleine Rangierloks der CD. Nach ihrer Einführung im Jahre 1957 wurden insgesamt über 150 Stück gebaut, und weitere 450 stellte man für die Industrie oder Spezialeinsätze bei der CD her. Dort wurden sie inzwischen großteils ausrangiert, doch einige baute man zur neuen Rangierklasse 799 um. Sie erreichen maximal 40 km/h. – Die Klasse 701 wurde Ende der 1970er bei CD und ZSR eingeführt. Es handelt sich dabei im Kern um 700er-Loks mit anderen Motoren, von denen die Staatsbahnen und die Industrie über 270 Stück einsetzten. – Auch die Klasse 702 leitete sich von der

Diese kleine Diesel-Rangierlok der ZSR (Nr. 701 004) steht zwischen zwei Einsätzen in Zilina (Sillein; September 2004). Die in den 1970ern eingeführte Klasse ist auch bei der CD im Einsatz.

700 ab. Zu 1967 vor allem bei der CD eingeführten 100 Loks kamen mehr als 200 weitere für die Industrie. Auch diese Klassen wurden inzwischen teilweise ausrangiert; einige gehören heute zur Klasse 799. – Die Klasse 703 besteht aus Rangierloks, welche die CD 1977 einführte. Sie dienen normalerweise in Depots als Rangierloks und erreichen maximal 40 km/h. – Die Klassen 799 (CD) und 199 (ZSR) sind kleine Rangierlokomotiven für den Einsatz in Depots. Ihre sehr niedrige Höchstgeschwindigkeit beträgt 10 km/h. Natürlich ermöglichten die Erfahrungen bei der Konvertierung dieser Loks und der Erfolg des Entwurfs das Zustandekommen weiterer Umbauten, aus denen die Klasse 797 für Industrie- und Spezialbahneinsätze hervorging. – 1988 führte man die Klasse 704 ein, die moderner als die Klassen 700 bis 703 wirkt. Zu ihr gehören 20 Rangierloks mit der relativ hohen Höchstgeschwindigkeit von 60 km/h. – Die Klasse 708 umfasst 13 maximal 80 km/h schnelle Loks, die 1995 für die CD gebaut wurden. Sie dienen als Rangier- und Güterloks sowie als Personenzugloks auf Nebenstrecken. – Zur Klasse 705.9 gehören Schmalspurloks (75 und 76 cm) der CD aus den

Hier sieht man die ZSR-Rangierlok Nr. T211 0551 mit hübschem grünem Anstrich in Zvolen (Altsohl; September 2003).

1950ern. Sie befahren Strecken in Südböhmen, die 1998 privatisiert wurden. Ihre Höchstgeschwindigkeit beträgt zumeist etwa 50 km/h. – Die Klasse 710 besteht aus Rangierloks der CD und ZSR; sie wurden zwischen 1961 und 1965 gebaut und erreichen maximal 60 km/h. Für die CD stellte man über 500 Fahrzeuge her, wovon ZSR und Industrie mit den Staatsbahnen 248 Stück übernahmen. Viele sind

Die kleine ZSR-Diesel-Rangierlok Nr. 710 005 wartet in Zvolen (Altsohl) auf ihren nächsten Einsatz (Foto vom September 2003).

Lok Nr. 799 009 wartet in Louny (Laun) auf den nächsten Einsatz (April 2000). Diese Klasse dient in den CD-Depots als Rangierlok.

Die relativ moderne leichte CD-Rangierlok Nr. 704 001 schickt sich in Brno (Brünn) an, einen Waggon zu verschieben (September 2003).

Zur Diesel-Klasse 708 gehören moderne Rangierlokomotiven, welche die CD 1995 einführte. Hier sieht man die Lok Nr. 708 011 in Kralupy nad Vltavou (Kralup/Moldau, April 2004).

Die Schmalspur-Personen- und Güterzuglok Nr. 705 915 präsentiert in Jindrichuv Hradec (Reichenberg) ihren hübschen blauen Anstrich (Juli 2004).

Lokomotiven der Klasse 710 dienen bei der CD und ZSR als Rangierloks. Hier pausiert die Nr. 710 003 der ZSR in Spisská Nová Ves (Zipser Neudorf; Juli 2004).

Die leichte Güterzug- und Rangierlok Nr. 720 053 steht hier in Rakovnik (Rakonitz; April 2005). Die meisten CD-Loks dieser Klasse wurden inzwischen ausgemustert. Sie ist auch bei der ZSR im Einsatz.

inzwischen ausrangiert; die restlichen werden v.a. in Depots eingesetzt. – Die CD-Klasse 715 verdient Interesse, weil sie aus vier Zahnradlokomotiven besteht, die auf zwei Standardspurstrecken im Norden des Landes verkehren. Die 1961 gebauten Lokomotiven erreichen maximal 50 km/h. Zwei von ihnen blieben erhalten. – Zur CD-Klasse 720 gehörten ursprünglich 150 Loks, von denen man einige für den Einsatz im Breitspurnetz umbaute. Die 1958 eingeführten Lokomotiven haben eine Höchstgeschwindigkeit von 60 km/h und verrichten Rangier- und leichte Güterfahrten. Viele sind inzwischen ausrangiert worden. – Die Klasse 721 wurde 1962 als größere Version der 720 eingeführt und war mit 80 km/h auch schneller. Für CD und ZSR baute man über 200 Stück. Während viele der CD-Loks außer Dienst gestellt wurden, verrichten sie bei der ZSR noch eifrig Rangier- und leichte Güterfahrten. – Die in den 1960ern eingeführten Klassen 725 und 726 erreichen maximal 70 km/h. Sie wurden bei CD und ZSR vielfältig eingesetzt; es wurden 200 Stück gebaut. Die meisten wurden ausrangiert. – Die CD-Klasse 730 wurde während der späten 1970er und

Mitte der 1980er in zwei Phasen eingeführt. Mit maximal 80 km/h ist sie eine brauchbare Lok für Rangier- und leichte Güterfahrten. Die von CD und ZSR 1988 für die gleichen Zwecke eingeführte Klasse 731 erreicht ebenfalls maximal 80 km/h.

Die Lokomotiven der 1962 eingeführten Klasse 721 dienen als Güterzug- und Rangierloks. Hier wartet die Nr. 721 072 der ZSR in Poprad (Popper) auf den nächsten Einsatz.

Die Klasse 725 diente bei der CD und ZSR als Güterzug- und Rangierlok, wurde aber weitgehend ausgemustert. Hier wartet die Lokomotive Nr. 725 6092 im Depot Bratislava (Pressburg) auf das Ausfahrtssignal (August 2000).

Die relativ moderne Rangier- und leichte Güterzuglok Nr. 730 007 der CD auf der Fahrt durch Decin (Tetschen; April 2004). Die Höchstgeschwindigkeit von 80 km/h reicht für ihre Aufgaben aus.

Hier sieht man die CD-Lok Nr. 731 032 in Olomouc (Olmütz; Juli 2004). Diese 1988 eingeführte Lokomotive dient auch bei der ZSR als Rangier- und leichte Güterzuglok.

Auf einem ruhigen Landbahnhof schickt sich die CD-Diesellok Nr. 714 207 mit einem Nahverkehrszug zur Ausfahrt aus Tyniste an (Juli 2004). Dieser Typ ist ein Nachbau der älteren Dieselklasse 735.

Die Dieselklasse 736 ist ein Nachbau der Klasse 735 für die ZSR, der für Einsätze aller Art gedacht ist und maximal 100 km/h erreicht. Hier sieht man die Lok Nr. 736 003 in Zvolen (Altsohl; September 2003).

Zur CD- und ZSR-Klasse 735 gehörten beinahe 300 Lokomotiven für Güter- und Personenzüge. Diese 1973 eingeführten Loks erreichen Höchstgeschwindigkeiten von 90 km/h. Während die meisten ausrangiert wurden, hat die CD eine bedeutende Anzahl zur Klasse 714 umgebaut, die seit 1992 auf Nebenstrecken Personenzüge zieht. Diese Lokomotiven bringen es auf 100 km/h. – Die ZSR baute eine kleine Anzahl von 735ern zur Klasse 736 um, die man 1998 als maximal 100 km/h schnelle Allzwecklokomotive einführte. – Zu den zahlenmäßig größten noch aktiven Lokomotivenklassen zählen die 742er. Über 450 wurden für CD und ZSR gebaut, wobei die CD den Löwenanteil übernahm. Ein weiterer Schub von 41 Loks kam in der Industrie zum Einsatz. Die 1977 eingeführten Lokomotiven verrichten Rangier-, Güter- und Personenfahrten. Ihre Höchstgeschwindigkeit beträgt 90 km/h. – Zur interessanten kleinen Klasse 743 gehören zehn Lokomotiven für Güter- und Personenzüge auf Strecken mit starker Steigung, die vor allem auf der Zahnradbahn Tanvald-Harrachov in Nordböhmen zum Einsatz kommen, wo sie für zusätzliche Zugkraft sorgen. Die 1987 eingeführte Klasse erreicht maximal 90 km/h. Diese Lokomotiven tragen einen charakteristischen Anstrich, der ihre Form betont. – Die folgenden Klassen 749 bis 753 waren, wie im Text näher ausgeführt wird, zahl-

reichen Umbaumaßnahmen und Umgruppierungen unterworfen. Zur Klasse 749 gehören maximal 100 km/h schnelle Personenzuglokomotiven. Sie entstanden Mitte der 1990er durch Umbauten der Klassen 751 und 752. – Die Loks der Klasse 750 fuhren für CD und ZSR und waren 1990 fertiggestellte

Eine große Standard-Diesellok der CD für Rangier- und leichte Güterfahrten (Nr. 742 017) wartet in Plzen (Pilsen) auf neue Arbeit (Oktober 2002).

Lok. Nr. 743 007 der Klasse 743 in Ceska Lipa (Böhm. Leipa; April 2005). Dieser Typ zieht Züge auf Strecken mit starker Steigung.

Umbauten der Klasse 753. Diese Personenzugloks erreichten maximal 100 km/h. Äußerlich hoben sie sich deutlich durch ihre großen „Schwimmbrillen-Windschutzscheiben" ab. – Zur 1964 eingeführten Klasse 751 gehörten über 250 Loks der CD und ZSR; sie wurden anfangs auf Personenstrecken ein-

gesetzt, doch die meisten erhaltenen ziehen heute Güterzüge. Ihre Höchstgeschwindigkeit beträgt 100 km/h. Einige Exemplare hat man nach Umbauten den Klassen 749 oder 752 zugeordnet. – Die ZSR-Klasse 752 wurde 1969 v.a. als Personenzuglok eingeführt und erreichte maximal 100 km/h. Einige dieser Lokomotiven entstanden Mitte der 90er Jahre bei der CD durch den Umbau von 751ern. – Die CD- und ZSR-Klasse 753 von 1968 umfasste über 400 Lokomotiven für Personenzüge. Sie bringt es auf 100 km/h und besitzt eine charakteristische Windschutzscheibe. Viele dieser Loks hat man zur Klasse 750 umgebaut, während andere außer Dienst gestellt wurden. Andere Exemplare dieser Klasse erwarben italienische Privatbahnen, und einige wurden auch an Industrie- bzw. Privatbahnen in der Tschechischen Republik verkauft. – Bei der 1978 eingeführten CD- und ZSR-Klasse 754 handelt es sich um Personenzugloks die 100 km/h erreichen; insgesamt gab es 86 Stück. Auch sie haben „Schwimmbrillen-Windschutzscheiben". – Von der Klasse 770 wurden für CD und ZSR über 100 Exemplare gebaut. Diese 1963 eingeführten schweren Rangier- und Güterloks bringen es auf 90 km/h. Eine kleine Anzahl der ZSR-Lokomotiven hat man für die Breitspurbahnen an

Die perfekt gewartete CD-Personenlok Nr. 749 265 pausiert bei Olomouc (Olmütz) (August 2000). Ihr neuer Anstrich ist nur einer von mehreren, die man den großen CD- und ZSR-Dieselloks verpasste.

Die auf CD-Hauptstrecken eingesetzte Personen-Diesellok Nr. 750 234 präsentiert hier in Plzen (Pilsen) ihre typische „Taucher-brillen-Windschutzscheibe". Auch die ZSR verwendet diese Klasse.

Die Diesel-Personenzugloks Nr. 750 333 und 750 224 der CD präsentieren ihre imposanten Vorderseiten (Letohrad (Geiersberg), August 2000).

der Grenze zur Ukraine umgerüstet. Die Tage dieser attraktiven Klasse sind jedoch gezählt, und viele Loks wurden inzwischen schon ausrangiert. – Die Klasse 771 fuhr für CD und ZSR; sie umfasste ursprünglich über 200 Loks für leichte Güterfahrten. Ihre Einführung erfolgte Ende der 1960er, und die Höchstgeschwindigkeit betrug 90m km/h. Einige ZSR-Loks wurden für den Einsatz auf Breitspurbahnen umgebaut. Wie bei der Klasse 770 hat man einige dieser Loks inzwischen ausrangiert, doch die

Die ZSR-Diesellok Nr. 751 057 pausiert vor dem nächsten Einsatz in Plesivec (Pleßberg; September 2003). Diese Klasse verwendet auch die CD.

Diese perfekt erhaltene CD-Diesellok Nr. 752 001 pausiert in Louny (Laun) in der Sonne (April 2000). Die Klasse entstand in den 1990er-Jahren durch den Umbau der Klasse 751.

Die „Taucherbrillen"-Dieselloks der CD-Klasse 753 ziehen Personenzüge. Hier pausiert Nr. 753 211 zwischen zwei Einsätzen in Plzen (Pilsen; September 2002).

Die Diesel-Personenzuglok Nr. 754 072 der ZSR pausiert zwischen zwei Einsätzen in Zvolen (Altsohl; September 2003). Die Klasse wird auch von der CD verwendet.

Die ZSR- und CD-Personenzugloks der Dieselklasse 754 werden vorzüglich gewartet; sie tragen verschiedene hübsche, typische Anstriche. Hier sieht man die CD-Lok Nr. 754 051 in Plzen (Pilsen; Juli 2004).

ZSR unterzog zwischen 1998 und 2001 eine kleine Anzahl dieser Loks einem radikalen Umbau, um so eine modernere Lok für Rangier- und leichte Güterfahrt zu bekommen, die maximal 100 km/h erreicht. – Die Klassen 775 und 776 wurden 1961 eingeführt; alle 44 Exemplare gingen an die ZSR. Die Höchst-

geschwindigkeit betrug 100 km/h. Mittlerweile hat man diese Loks komplett ausrangiert, doch einige Fahrzeuge sind erhalten geblieben. – Die Klasse 781 bestand aus in der UdSSR gebauten Lokomotiven von 1966, die an CD und ZSR gingen. Es handelt sich um Fahrzeuge der sowjetischen Klasse M62,

Eine imposante Reihe schwerer Rangier- und leichter Güterzugloks der ZSR-Klasse 771 in Vrutky (Ruttek) (September 2003). Die Loks Nr. 771 094, 093 und 020 warten im Sonnenschein auf den nächsten Einsatz.

Hier sieht man die ZSR-Diesellok Nr. 771 143 in Plesivec (Pleßberg); September 2003. Auch die CD besitzt Exemplare dieser in den 1960ern eingeführten Klasse für schwere Rangier- und leichte Güterfahrten.

die im ehemaligen Ostblock viel eingesetzt werden. Sie erreichen eine Höchstgeschwindigkeit von 100 km/h. Fast alle CD- und ZSR-Loks wurden ausrangiert, doch einige Exemplare blieben erhalten. Andere Vertreterinnen dieser Klasse hat man an Privatbahnen in Deutschland verkauft. – Der wich-

Die Breitspur-Diesellok Nr. 770 811 pausiert zwischen zwei Gütertransporten in Haniska (Hansdorf; September 2003). Die meisten Loks dieser Klasse haben die Standardspurweite.

tigste Hersteller von Dieselloks für CD und ZSR, eine in Prag ansässige Firma, existierte seit 1927. Sie baute die Klassen 700, 701 und 704, die Schmalspurloks 705, 708, 710, 714, 720, 721, 730, 731, 742 und 743 sowie die Originalloks der Klassen 750 bis 754, 770 und 771. Außerdem fertigte man dort viele Klassen von Industriebahnen. Das Unternehmen machte 2000 bankrott und wurde 2001 von Siemens erworben – so entstand die neue Firma Siemens SKV (Siemens Eisenbahnausrüstung). Man darf gespannt darauf sein, ob sie neue Lokomotivenklassen herstellt. – In der Slowakei hat sich das Lokomotivenwerk Zvolen daran gemacht, mehrere Klassen umzubauen, um so moderne Lokomotiven für die ZSR und private Bahnen zu produzieren; daneben betreibt sie die normale Generalüberholung anderer ZSR-Dieselklassen. Angesichts der Preise neuer Lokomotiven wird man wohl an dieser günstigen Alternativlösung festhalten. Die ZSR beschränkt sich jedoch nicht auf den bloßen Umbau alter Loks. Mitte der 1990er erteilte sie den Auftrag für die Umkonstruktion einer 753er-Lok zur Klasse 755, aus dem 1997 eine sehr elegante, modern anmutende Lokomotive hervorging. Außerdem bot sich eine 771er für den Umbau zu einer schweren, modernen

Zur heute ausgemusterten Klasse 781 gehörten Loks sowjetischer Bauart, die in mehreren Ländern (u.a. Deutschland und Ungarn) und bei Privatbahnen zum Einsatz kamen. Hier sieht man die Nr. 781 600 in Sokolov (Falkenau; Juni 1996).

Rangierlok an. Das Resultat – die Klasse 772 – war 1998 fertig: Es wirkt sehr ungewöhnlich, ist futuristisch gestylt und erinnert in nichts an eine frühere 771er-Lok. Leider scheint keine dieser Lokomotiven ein Erfolg geworden zu sein, da beide nicht über das Erprobungsstadium hinauskamen. – Auch die CD ist um Innovationen bemüht. Zur Klasse 759 gehörten zwei Lokomotiven-Prototypen, die für Personenschnellzüge gedacht waren. Die 1974 eingeführten Loks besaßen eine Reisegeschwindigkeit von 155 km/h. Eine von ihnen erreichte allerdings im Testzentrum Cerhenice 175 km/h und stellte damit einen bisher ungebrochenen Rekord für tschechische Dieselloks auf. Die Entwicklung wurde indes nicht weiter verfolgt, möglicherweise weil man die Elektrifizierung vorantreiben und Einheitszüge entwickeln wollte.

Inzwischen ist nicht mehr zu übersehen, dass Privatbahnen in Tschechien zunehmend an Bedeutung gewinnen. Die OKD Doprava betreibt seit Anfang der 1990er Kohlenzüge im Industriegebiet Ostrava (Mährisch-Ostrau) und hat ihre Aktivitäten jüngst in andere Regionen ausgeweitet. Das Unternehmen unterhält eine große Flotte von Loks, die zumeist aus 740ern besteht, die v.a. in der Industrie eingesetzt werden und äußerlich den 742 der CD und ZSR ähneln. Außerdem gibt es ehemalige 770er und 753er der CD. – Viamont wurde 1992 gegründet und ist für den Transport von Kohle zum Kraftwerk Dolni Berkovice in Nordwestböhmen zuständig. Auch diese Firma setzt vor allem Loks der Klasse 740 ein. Die genannten Unternehmen erledigen derzeit zusammen mit anderen tschechischen Firmen schätzungsweise 8% aller Gütertransporte auf dem Netz der CD, und ihr Anteil könnte künftig noch ansteigen, wenn sich die „Offene Tür" erst auswirkt. Die Wirkung privater Bahnen auf die ZSR ist weniger bedeutend, doch die österreichische Firma LTE ist mittlerweile für diverse Zement- und Kohletransporte mit neuen Vossloth-Loks zuständig. US Steel hat die Lieferung von Kalkstein aus eigenen Brüchen übernommen und nutzt dazu Loks der Klasse 770. Diese Firma erwarb auch einige umgebaute 770er-Lokomotiven der Zvolen-Werke, welche die Klassenbezeichnung 774 tragen.

Italien

Bis zur Mitte des 19. Jahrhunderts bestand Italien noch aus mehreren Einzelstaaten, die alle ihre eigenen Vorstellungen von Wirtschaft und Verkehr hatten. In der ersten Jahrhunderthälfte bekam das Regno delle Due Sicilie (Königreich Beider Sizilien) als erster italienischer Staat eine Bahnlinie. Die Strecke Neapel-Portici war 72 km lang und wurde vom französischen Ingenieur Armand Bayard erbaut. Mit ihrer Einweihung am 3. Oktober 1839 begann für Italien das Eisenbahnzeitalter.

Schon kurz darauf folgte ihr die Linie Neapel-Nocera und -Castellamare, und im Jahre 1843 wur-

Die 2-2-2-Dampflok „Bayard" fuhr zunächst auf der Strecke Neapel-Portici, nur einige Monate nach deren offizieller Eröffnung.

Italiens erste Eisenbahnlinie, die Strecke Neapel-Portici, war das Werk des französischen Ingenieurs Armand Bayard. Seinen Namen trug auch die Lokomotive.

Erste Unabhängigkeitskrieg ausbrach, waren die insgesamt 100 km langen Strecken Mailand-Treviglio und Vicenza-Padua-Mestre bereits in Betrieb. Das Königreich Lombardo-Venetien stellte die Linie Mailand-Venedig 1857 fertig, und 1860 wurde sie bis nach Triest verlängert, das schon eine Bahnverbindung mit Wien besaß.

Das Großherzogtum Toskana weihte am 14. März 1844 als ersten Abschnitt der Leopolda-Linie zwischen Empoli und Florenz (Bhf. Porta al Prato) die Strecke Livorno-Pisa ein. Die Fertigstellung erfolgte dann am 10. Juni 1848. Als am Ende dieses Jahres

Schon bald wurden weitere Linien eröffnet. Hier sieht man eine Preisliste von 1857, auf der einige Fahrziele und -preise aufgeführt sind.

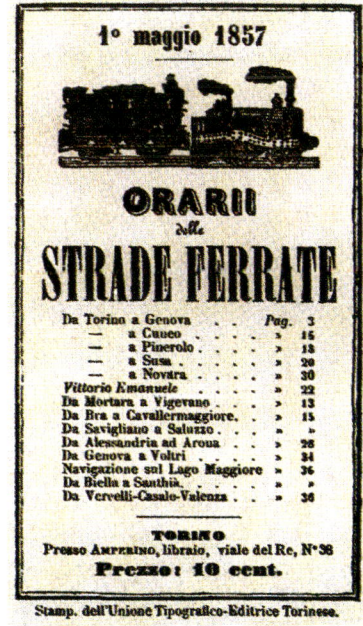

den die Strecken nach Caserta (die man ein Jahr später bis Capua verlängerte) und die Nebenstrecke Cancello-Nola eröffnet. Am 3. Juni 1846 war das neapolitanische Streckennetz insgesamt 93 km lang. 1855 schmiedete das Königreich ehrgeizige Ausbaupläne, aber davon wurden nur 29 km auch tatsächlich gebaut, nämlich die Linien Nola-Sarno und Nocera-Vietri.

In der Zwischenzeit weihte man am 17. August 1840 im Königreich Lombardo-Venetien die Strecke Mailand-Monza ein; außerdem entstanden Pläne für die Linie Mailand-Verona-Venedig. Als 1848 der

Die Jungfernfahrt der Bahn über den Mont Cenis im August 1867 muss den Fahrgästen Schrecken eingejagt haben. Es wurde im Sommer und im Winter gearbeitet.

Diese 2-6-0-Dampflok präsentiert ihre imposante Konstruktion, während sie auf das Abfahrtssignal wartet.

Ein historische 2-6-0-Dampflok hält am Bahnsteig, während die Fahrgäste einsteigen. Italien interessiert sich seit kurzem verstärkt für die Geschichte seiner Eisenbahnen.

auch die Bahnlinien Pisa-Lucca, Florenz-Prato und Lucca-Pescia in Betrieb gingen, umfasste das toskanische Bahnnetz mehr als 157 km. 1851 stellte das Großherzogtum die Maria-Antonia-Strecke fertig, welche Florenz mit Prato und Pistoia verband. Ergänzt wurde das Bahnnetz 1849 um die Linie Empoli-Siena (später bis Sinalunga verlängert) und 1859 durch die Strecke Pescia-Pistoia. Ende 1860 besaß die Toskana 336 km Eisenbahnen.

Als vorletzter Staat erhielt Piemont-Sardinien ein Bahnsystem, sodass nur die Päpstlichen Staaten hinterherhinkten. Es war der Weitsicht von Graf Cavour und Carlo Ilarione Petitti zu verdanken, dass Piemont von Anfang an ein vollwertiges Eisenbahnnetz plante. Die Hauptschlagader dieses Systems bildete die Linie Turin-Alessandria-Genua, deren erster Streckenabschnitt (Turin-Moncalieri) am 24. September 1848 eingeweiht wurde. Schon 1859 besaß Piemont mit 465 km Strecke mehr Bahnlinien als jeder andere Staat Italiens, und Ende 1860 waren es bereits 850 km.

Der Kirchenstaat eröffnete als Nachzügler am 7. Juli 1856 die Linie Rom-Frascati, der drei Jahre später die Strecke Rom-Civitavecchia folgte.

Zum Zeitpunkt der Einigung Italiens im Jahre 1861 umfasste das Bahnnetz bereits 2000 km, die sich in zahlreiche, von sieben Gesellschaften betriebene Linien gliederten, ohne ein geschlossenes System zu bilden. Das neue Italien sorgte für einen kräftigen Impuls, indem es Pläne zur Aufarbeitung der in den letzten Jahrzehnten eingetretenen Verzögerungen vorlegte, die Italien gegenüber dem übrigen Europa und Nordamerika zurückfallen ließen. Durch den Bau mehrerer Linien wuchs das Netz in nur fünf Jahren auf 3700 km an. Man legte unter riesigen Anstrengungen neue Strecken an, und um diese Entwicklung weiter voranzutreiben, erließ das junge Königreich 1865 ein Gesetz, das alle existierenden und künftigen Linien in vier großen Gesellschaften zusammenfasste: die Societá Ferroviaria dell'Alta

Diese Dampflok der Klasse 835 steht in einem Museumspark in Ancona. Diese 0-6-0-Tanklokomotiven wurden 1906 eingeführt, und es gibt noch über 50 Exemplare.

wünschten Ergebnisse. So erließ man 1885 ein neues Gesetz, das die Kriterien für die Zuweisung der Linien völlig neu ordnete und zu einer neuen Vereinbarung zwischen dem Staat und den drei großen Eisenbahnen führte. Es beruhte darauf, dass die Konzessionäre nur noch Betreiber des Netzes waren, das selbst Eigentum des Staates blieb. Die Strade Ferrate Meridionali betrieben jetzt die Adriastrecken sowie Rom-Florenz, außerdem jene in Venetien und Teilen der Lombardei (zus. 4100 km). Die Societá italiana per le strade ferrate del Mediterraneo – bekannt als Rete Mediterranea RM – erhielt 4000 km (vornehmlich in der Lombardei, im Piemont und in Ligurien) sowie die lange Strecke Genua-Rom-Neapel-Salerno-Tarent und die Linie Reggio Calabria-Taranto am Ionischen Meer.

Die Oldtimer-E-Lok Nr. 626 248 in Bologna (Mai 2000). Diese Klasse wurde 1928 als Güterzuglok eingeführt.

Italia (SFAI) erhielt alle Strecken im Norden des Landes; die Societá delle Strade Ferrate Romane (SFR) übernahm jene an der ligurischen Küste (welche später die SFAI erwarb) in der Toskana, der Campagna, Umbrien, den Abruzzen und im früheren Kirchenstaat; die Societá Italiana per le Strade Ferrate Meridionali betrieb die Strecken in Kampanien (bis auf Neapel-Ceprano), Molise, den Abruzzen und Apulien sowie die Strecke Bologna-Ancona-Bari-Otranto, und die Societá delle Calabro-Sicule bekam die Bahnlinien Taranto-Brindisi, Taranto-Reggio, Metaponto-Potenza-Eboli und jene auf Sizilien.

Um privates Kapital und ausländische Investoren anzuziehen, übernahm Italien das öffentliche französische Franchise-System der „Konzessionen", das den Bahngesellschaften gute Renditen einbrachte, während das Finanzministerium die Kosten langfristig amortisieren konnte. Die öffentlich-rechtliche Lösung, bei der das Eigentum an den Bahnen und alle Verantwortlichkeiten den großen Gesellschaften übertragen wurden, brachte jedoch nicht die er-

Die Dieseldampflok Nr. 143 3002 hält in Falconara (Mai 2000). Diese Klasse besteht aus ehemaligen Loks des US Transportation Corps von 1943.

Die vier größten Bahnhöfe – Mailand, Florenz, Rom und Neapel – wurden gemeinsam verwaltet, und jedes Liniennetz unterhielt wichtige Häfen und Anschlüsse an die ausländischen Bahnen. Als letzte bekam die Societá Italiana per le Strade Ferrate della Sicilia 600 Bahnkilometer auf Sizilien, vor allem die

Die E-Loks der Klasse 424 wurden in den 1940ern in Dienst gestellt. Hier hält die Lok Nr. 424 318 mit einem Nahverkehrszug in Ancona (Mai 2000).

Die kleine Diesel-Rangierlok Nr. 216 0043 im Sonnenschein (Falconara, im Mai 2000). Diese Klasse wurde 1965 eingeführt.

Linien Messina-Catania-Syrakus und Catania-Caltanissetta-Palermo. Aber auch dieses System funktionierte nicht ausreichend, da die Erneuerung von Gleisen und rollendem Material an die Einnahmen gekoppelt war, die erst gegen Ende des Jahrhunderts anstiegen. Die Vereinbarungen sollten erstmals 1905 auslaufen, und die Konzessionäre waren nicht gewillt, das Material zu modernisieren, da ihre Verträge bald ausliefen, sodass sie alles taten, um die Kosten niedrig zu halten und Profite zu erzielen. Lohnstopps und manchmal sogar Kürzungen sorgten für Unruhe und Besorgnis unter der Belegschaft, während das veraltete rollende Material, das häufig versagte, zu zahlreichen Verspätungen und Beschwerden seitens der Fahrgäste führte. Daher begann man um die Jahrhundertwende, sich ernsthaft Gedanken über die komplette Verstaatlichung der Eisenbahnen zu machen. Dazu kam es 1905 mit der Gründung der Amministrazione Ferrovie dello Stato, die Eigentum des Staates war.

1905 wurden durch eine Entscheidung des Parlaments die Ferrovie dello Stato gegründet; sie übernahmen von den drei Hauptbahnen ein schweres Erbe. Die Verstaatlichung hatte aber auch ihre guten Seiten und konnte einige Forderungen erfüllen, die von verschiedener Seite gestellt wurden: Von der Handelskammer, die sich oft über die hohen, exportbehindernden Tarife beschwert hatte; von den Bahnarbeitern, die sich sicherer fühlten, weil die Arbeitsbedingungen und die Entlohnung besser wurden; von der Industrie, die sich von der Eisenbahn größere Aufträge erhoffen konnte, nachdem Italiens Maschinenbau den Stand der am besten entwickelten Länder Europas erreicht hatte.

Riccardo Bianchi, der frühere Direktor der Rete Sicula (Sizilianische Eisenbahnen) sollte das neue Unternehmen organisieren, in Gang bringen und weiterentwickeln. Er legte ein umfassendes Programm zur Reorganisation des Streckennetzes und zur Modernisierung der Anlagen, des Fuhrparks und der Bahnhöfe vor. Die lange Periode des wirtschaftlichen Aufschwungs unter Giolitti war auch der höheren Effizienz des Bahntransports zu verdanken, der die bis zum Ausbruch des Ersten Weltkriegs steigende Nachfrage antrieb. In dieser Phase erfolgte der Durchbruch des Tunnels unter dem Simplon, und auch der Fährbetrieb über die Straße von Messina, den man erst kurz zuvor überhaupt aufgenommen hatte, ging in Betrieb. Das bei weitem wichtigste Ereignis dieser Periode war jedoch der umfassende Elektrifizierungsplan, der Italien eine in Europa führende Stellung verschaffte.

Die E-Lok Nr. 636 430 mit dem traditionellen braunen Anstrich kurz vor der Ausfahrt aus Falconara (Mai 2000). Diese Klasse diente überwiegend als Güterzuglok.

Die E-Lok 636 241 mit neuem Anstrich unweit von Venedig (September 2005). Diese Klasse wurde in den 1940ern eingeführt und fand vor allem im Güterverkehr Verwendung, gelegentlich aber auch bei Personenzügen.

Entsprechende Forschungen begannen im Jahre 1899, und man führte Experimente mit Akkumulatoren und einer Mittelschiene zur unmittelbaren Stromzufuhr durch. Ein Experiment auf der Valtellina-Linie offenbarte gleich seine große Bedeutung: Zur Elektrifizierung diente hier Dreiphasen-Wechselstrom (3 kV/15 Hz). Es war das erste Mal, dass derart hohe Voltzahlen verwendet wurden, und nach dem Erfolg des Experiments beschloss man, das gleiche System auf der Giovi-Linie anzuwenden, deren Steigung 1:28 betrug. Sie wurde mit Dreiphasen-Strom (3,6 kV/15 Hz) betrieben, und man konstruierte eine E-Lok namens FS E 550, die sich ausgezeichnet bewährte. Der neue Zug konnte pro Tag 700 Waggons bewegen – Dampfloks hingegen schafften nur 450 – und bekam den Spitznamen „der Riese von Giovi".

Als Italien 1915 in den Ersten Weltkrieg eintrat, erwies sich, dass seine Eisenbahnen ihren strategischen Aufgaben gewachsen waren: Sie transportierten reibungslos und ohne Unterbrechung Truppen und Material an die Front sowie Verwundete in die fernab vom Schlachtfeld gelegenen Lazarette.

In der Zwischenkriegszeit widmete man den Eisenbahnen besondere Aufmerksamkeit. Um ihre Leistung zu steigern, wurden die Vorstandsmitglieder entlassen und durch Administratoren ersetzt. Unter dem Faschismus kürzte man die Löhne und entließ Beschäftigte.

Von den 235 500 Stellen des Jahres 1921 wurden

Die Diesellokomotiven der Klasse 345 dienen als Personen- und Güterzugloks. Hier wartet die Nr. 345 1079 bei Campobasso auf den nächsten Einsatz (März 2003).

Hier sieht man die moderne E-Lok Nr. 412 009 im September 2005 zwischen zwei Einsätzen bei Mailand. Diese Klasse von Güterloks für drei Spannungen wurde zur Verwendung in Frankreich, Österreich und Deutschland entworfen.

85000 in den 1920ern gestrichen, sodass es 1937 nur noch 133100 Bahnarbeiter gab.

Die größte Veränderung kam 1924 mit der Gründung des Verkehrsministeriums. Nun begann die große Elektrifizierung: Die Schnellzuglinie Rom-Neapel wurde fertig, und als man nach 13-jähriger Arbeit den 17,6 km langen Großen Apennintunnel vollendete, konnte endlich die Linie Florenz-Bologna eingeweiht werden. Im Rahmen des Programms wuchs

das E-Netz von 450 km am Ende des Ersten Weltkriegs bis 1928 auf 760 km an, und 1939 waren 5100 km erreicht. Dabei konzentrierte man sich v.a. auf die internationalen Verbindungen nach Frankreich, Österreich und in die Schweiz, während ganz Süditalien ausgespart blieb.

Nachdem der Schwerpunkt auf den Straßenbau gelegt wurde, verlor die Eisenbahn an Bedeutung. Zu Beginn der 1930er gab es auf Italiens Straßen

Die Güterzug-E-Lok Nr. 645 042 hält hier in Verona. Diese Klasse wurde 1958 eingeführt. Das Foto entstand im September 2005

Die E-Lok Nr. 646 079 mit einem Personenzug an der reizvollen Rivieraküste Italiens (Juli 2003). Diese Klasse wurde 1961 eingeführt.

Die Mittelführerstand-Diesellok Nr. 145 1026 passiert an der Spitze einer Kolonne leichter Güterwagen eine imposante Berglandschaft. Diese 1958 eingeführte Klasse dient auch als Rangierlok.

vier mal so viele Pkws und doppelt so viele Lkws wie ein Jahrzehnt zuvor.

Unmittelbar vor Italiens Eintritt in den Zweiten Weltkrieg umfasste das staatliche Bahnnetz mehr als 17000 km; es beförderte jährlich 194 Mio. Fahrgäste und etwa 66 Mio. t Fracht. In den ersten Kriegsjahren erhöhten sich diese Zahlen, weil Benzin knapper wurde. Später jedoch waren die Häfen und Bahnlinien wichtige strategische Ziele der alliierten Streitkräfte, und bis 1945 wurden über 40% der Gleise zerstört, außerdem ein Großteil des rollenden Materials. Einige Zahlen zur Veranschaulichung der Verluste: Als der Krieg zu Ende ging, besaß Italien nur noch 1803 von einst 4177 Loks,

Die E-Lok Nr. 402 012 bei einem Halt in Bologna. Diese 1994 eingeführte Klasse wurde anfangs bei Personenschnellzügen eingesetzt. Heute zieht sie auch Güterzüge.

Die Klasse 402.1 ist eine Weiterentwicklung der 402, bekam aber von Pininfarina ein völlig anderes Design. Hier docken die Loks Nr. 402 117 und eine weitere rückwärts an ihren Zug an (Neapel, Mai 1998).

Hier sieht man einen modernen E-Einheitszug in voller Fahrt. Sein Design weicht deutlich vom traditionellen Typ ab. Diese Art von Einheitszügen wird in zunehmendem Maße auch von anderen europäischen Ländern übernommen.

Ein FS-Dieselzug älteren Typs überfährt hier einen imposanten Viadukt. Zu diesem Zug gehören zwei Triebwagen, die ein wichtiges Merkmal italienischer Lokalbahnen bilden.

Ein E-Einheitszug fährt in Baumwipfelhöhe über einen Viadukt. E-Einheitszüge werden in Italien seit einigen Jahren eingesetzt, und die neuen Pendolino-Züge entsprechen konstruktiv diesem Typ.

Dieser relativ moderne E-Einheitszug fährt vor einer imposanten Bergkulisse in eine Kurve.

und von 8704 Personenwagen waren nur 1255 geblieben.

Nach dem Zweiten Weltkrieg standen die Eisenbahnen im Zentrum der gewaltigen Wiederaufbaumaßnahmen, und schon Ende 1945 hatte das Netz wieder den Ausbaustand des Jahres 1940 erreicht. Leider brachte dieses imposante Unterfangen keinerlei Verbesserungen für das System selbst: Das Streckennetz blieb fast unverändert, und doch wurden die Italiener zunehmend mobiler. In der Periode des Wirtschaftswunders, die auf die traumatischen Kriegsjahre folgte, erhielt der Transport riesiger Mengen von Massengütern und Konsumwaren von einem Teil des Landes in den anderen immer größere Dringlichkeit, doch die Eisenbahnen waren dem nicht gewachsen. Offenbar war das Streckennetz nach seinem Wiederaufbau bereits veraltet und durch die entschiedene Regierungspolitik überholt, welche die Einführung und Entwicklung privater Autos begünstigte – jetzt baute man neue Straßen und Autobahnen, welche die Bahn auf Platz 2 verwiesen.

Erst die große Ölkrise des Jahres 1974 und das wachsende Umweltbewusstsein der Bevölkerung verliehen der Eisenbahn im Rahmen der wirtschaftlichen Entwicklung erneut Bedeutung. Zu Beginn der 1980er war Italien hinsichtlich der Art, auf die es die Bahn gegenüber dem Straßenverkehr benachtei-

ligte, wahrlich Weltmeister: 85% aller Reisenden benutzten bei Fahrten von Stadt zu Stadt das Auto, nur 12% die Bahn. Daran änderte sich bis zum Ende des Jahrzehnts nichts, und die Eisenbahn war außerstande, mit dem steigenden Verkehrsvolumen zurechtzukommen, für das der immer größere Ausstoß der Industrie mittlerweile sorgte.

Im Ausland – vor allem in Frankreich und Deutschland – war der Hochgeschwindigkeitszug inzwischen Realität, während Italien gerade erst mit der Modernisierung der Strecken begonnen hatte, indem es die Hauptlinien, welche die Hauptlast des inländischen Personen- und Güterverkehrs trugen, vierspurig ausbaute. Die Verkehrskapazität ließ sich nur durch den Bau neuer Gleise steigern, welche die Überlastung der vorhandenen Linien milderten, die inzwischen an ihre Grenzen stießen. Der Regional- und Fernverkehr musste auf die neuen Schnellbahnstrecken verlagert werden, während man gleichzeitig den Nah-, Pendel- und Frachtverkehr auf dem alten Netz modernisierte. So stellt sich Italiens Situation im Jahre 2005 dar: Es hat neue Pendel- und Güterzüge entwickelt und verfügt auch über ein Schnellbahnsystem, das ihm die Integration ins übrige europäische Bahnnetz ermöglichen wird.

Belgien und Luxemburg

Obwohl Belgien (SNCB/NMBS) und Luxemburg (CFL) flächenmäßig kleine Länder sind, besitzen beide ein gut ausgebautes Bahnnetz und eine interessante Auswahl von Lokomotiven. Jedes der Länder hat in den letzten Jahren kräftig im die Modernisierung der Infrastruktur sowie neue Einheitszüge und Loks investiert.

Die erste belgische Eisenbahn fuhr ab Mai 1835 von

Die neue E-Lok Nr. 1357 der SNCB/NMBS in voller Fahrt vor einem modernen Zug.

Brüssel nach Mecheln. Die Entwicklung schritt so rasch fort, dass es 1843 bereits 500 und 1850 sogar 1000 km Strecken gab.

1926 wurden die SNCB/NMBS gegründet; damals

Die Klasse 21 gehört zu den belgischen Standard-E-Loks für Güter- und Personenzüge. Hier neigt sich die Lok Nr. 2140 beim Durchfahren einer Kurve seitwärts.

spielte die Eisenbahn bereits eine Schlüsselrolle im Wirtschaftsleben des Landes. Der Zweite Weltkrieg und seine Folgen zwangen zu umfangreichen Wiederaufbaumaßnahmen, und man erkannte, welche Bedeutung die Bahn im künftigen Frachtverkehr haben würde. Die nach dem Krieg erzielten Fort-

schritte basierten v.a. auf der verbesserten Infrastruktur und dem Erwerb zahlreicher Lokomotiven.

Als Teil ihres Modernisierungsprogramms hat die SNCB/NMBS kürzlich neue Einheitszüge eingeführt: Ein Beispiel dafür ist dieser 4101er.

Die SNCB/NMBS betreibt heute 3500 km Strecken, von denen 2900 elektrifiziert sind; dazu gehören 140 km Hochgeschwindigkeitslinien für 300 km/h.

In letzter Zeit hat man zur Förderung des Personen- und Güterverkehrs in neue Diesel- und E-Loks investiert. Ein wichtiges Zeichen setzte die Eröffnung des Kanaltunnels, der ab 1994 den durchgehenden Zugverkehr zwischen Brüssel und London ermöglichte. Er gab auch den Anstoß zum Bau einer Hochgeschwindigkeitsstrecke von Frankreich nach Belgien und steigerte den Verkehr zu Reisezielen jenseits von Brüssel.

Besondere Bedeutung hat nach wie vor der Güterverkehr. 2004 wurden 55 Mio. t Fracht befördert, und es gibt durchgehende Zugverbindungen nach Deutschland und Frankreich. Der Frachtverkehr wird von B-Cargo betrieben, bleibt aber unter der Kontrolle der SNCB/NMBS.

Die Museums-Dampflok Nr. 29 013 ist eine 2-8-0-Lokomotive von 1945 Hier zieht sie mit aller Kraft einen Sonderzug.

Die Klasse 11 der SNCB/NMBS verkehrt auf der Strecke Brüssel-Amsterdam. Hier nähert sich die Lok Nr. 1184 im Juli 1995 dem Brüsseler Südbahnhof.

Organisatorisch schufen die SNCB/NMBS 2005 „Infrabel" für die Unterhaltung der Infrastruktur und „Opérations" für den Güter- und Personenverkehr; beide bleiben jedoch der Oberaufsicht der SNCB/NMBS unterstellt.

Die Politik der „Offenen Tür" zeigt in Belgien bisher noch keine großen Auswirkungen, doch einige private Güterbahnen lassen schon Züge ins Land fahren, und angesichts der strategischen Lage des Landes dürfte es in nächster Zukunft Veränderungen geben. Möglicherweise ergeben sich auch Partnerschaften, z.B. mit DB, NS und SNCF.

Als erste Eisenbahnen Luxemburgs wurden 1859 die Strecken von Luxemburg nach Arlon (Belgien) bzw. Thionville (Frankreich) eröffnet. Weitere Linien im Landesinneren richtete während der 1860er eine Privatbahn, der Compagnie Guillaume-Luxembourg (GL) ein, und eine weitere, die Compagnie Prince

Die E-Lok Nr. 1605 der Klasse 16 hält hier in Ostende (Juni 1995). Diese Klasse für mehrere Spannungen wurde 1966 eingeführt.

September 1993: Der E-Lok-Veteran Nr. 1503 der SNCB/NMBS steht mit einem Personenzug in Namur zur Abfahrt bereit. Nach ihrer Einführung 1962 wurde diese Dreispannung-Klasse auch in Holland eingesetzt.

Die mittlerweile ausgemusterten SNCB/NMBS-Loks der Klasse 18 zogen Personenschnellzüge. Hier fährt Lok Nr. 1802 in den Brüsseler Südbahnhof ein (September 1993).

Lok Nr. 20 der SNCB/NMBS-Klasse 20 mit einem Personenzug kurz vor der Ausfahrt aus dem Bahnhof Luxemburg (Juli 1993).

Henri (PH), baute in den 1870ern Strecken im Süden des Landes. Als Elsass-Lothringen 1871 von Deutschland annektiert wurde, kam die GL unter deutsche Kontrolle; mit dem Rückfall des Landes an Frankreich wurde sie 1918 der SNCF unterstellt. Die PH konnte ihre Selbstständigkeit bewahren, wurde aber 1918 Teil der DR.

Die Luxemburger Eisenbahn CFL (Chemins de Fer Luxembourgeois) entstand im April 1946 und kontrolliert noch heute das Bahnnetz. Heute unterstehen der CFL 270 km Strecke, von denen die Mehrzahl mit 25 kV/WS elektrifiziert ist. Das Land hat auch in die Infrastruktur, neue Züge (u.a. solche mit Doppeldeck-Waggons) und Lokomotiven investiert.

Belgien besitzt zwar kein staatliches Eisenbahnmuseum, aber es blieben einige Dampfloks erhalten, die heute in Depots oder auf Museumsbahnhöfen stehen.

Die erhaltene Nr. 18.051 der Klasse 18 ist eine 4-4-0-Lokomotive von 1905, die auf einem Entwurf von McIntosh (Schottland) basiert. Die 140 Loks dieses Typs zogen Personenzüge, vor allem zwischen Brüssel und Antwerpen. Erhalten blieb auch die Nr. 01.002 der Klasse 01, eine 4-6-2-Lok für Personenschnellzüge vom Baujahr 1923. Davon gab es 35 Stück. Vor wenigen Jahren erwarb man eine polni-

Die Personen- und Güterzug-E-Lok Nr. 2701 beim Halt in Lüttich (Juni 1996). Diese Lokomotive war die erste von 60 Stück ihrer Klasse.

Die E-Lok Nr. 2211 der SNCB/NMBS mit dem typischen grünen Anstrich in Monceau, Juni 1996. Diese Klasse wurde 1954 eingeführt.

sche 2-10-0-„Kriegslok" der Klasse Ty2, die für den Einsatz in Belgien restauriert wurde. Die 1943 gebaute Lokomotive trägt nun die Nummer 26.101. Auch in Luxemburg fährt noch eine „Kriegslok", die ehemalige Nr. 52.3504 der ÖBB, deren Bezeichnung heute Nr. 5621 lautet.

Belgien besitzt eine stattliche Anzahl von E-Loks

Die SNCB/NMBS-E-Lok Nr. 2317 der Klasse 23 wartet in Amsterdam auf ihren nächsten Einsatz (das Foto entstand im Februar 2000).

Ein weiterer Typ für zwei Spannungen ist die Klasse 12 (betrieben mit 3 kV/GS/25 kV/WS) von 1986. Diese 12 Lokomotiven zogen ursprünglich Personenschnellzüge und erreichten eine Höchstgeschwindigkeit von 160 km/h. Sie unternehmen heute überwiegend Güterfahrten in Belgien und nach Frankreich.

Zur Klasse 15 gehören 6 Loks für für zwei Spannungen (1,5 und 3 kV/GS sowie 25 kV/WS). Sie fuhren anfangs nach Frankreich und in die Niederlande, sind aber seit der Einführung des TGV weitgehend auf Inlandseinsätze beschränkt. Die 1962 eingeführte Klasse erreicht maximal 160 km/h.

Die 8 Lokomotiven der Klasse 16 aus dem Jahre 1966 lassen sich mit 1,5/3 kV/GS und 15/25 kV/WS betreiben. Sie unternehmen u.a. Fahrten nach

Eine tadellos erhaltene E-Lok der Klasse 26 (Nr. 2612) in Lüttich (Juni 1996). Die Einführung dieser Klasse erfolgte 1964.

und -Klassen. Es handelt sich um eine Mischung aus Typen für eine, zwei, drei oder vier Spannungen, die auf die zahlreichen Durchgangsstrecken in die Nachbarländer verweisen. Zur Klasse 11 gehören 12 Loks für zwei Spannungen (1,5/3 kV/GS), die nur auf der Strecke Brüssel-Amsterdam verkehren. Die 1985 eingeführte Klasse erreicht maximal 160 km/h.

Die SNCB/NMBS-E-Lok neigt sich seitwärts, als sie mit einem Nachmittags-Güterzug in Antwerpen durch eine Kurve fährt (Februar 2000).

Die Loks der Klasse 28 wurden 1949 für Personenschnellzüge eingeführt. Hier hält die Lok Nr. 2802 in Brüssel (September 1993).

Die neue E-Lok Nr. 1304 der SNCB/NBMS bei einem Halt in Löwen (Juni 2005). Diese Klasse wird bei Güter- und Personenzügen eingesetzt.

Die E-Klasse 3000 der CFL ist baugleich mit der belgischen Klasse 13. Hier sieht man die Lokomotive Nr. 3020 bei einem Halt in Luxemburg (September 2002).

Deutschland und in die Niederlande, werden aber seit der Einführung moderner Züge etwas seltener eingesetzt. Ihre Höchstgeschwindigkeit beträgt 160 km/h.

Die Klasse 18 wurde inzwischen ausrangiert, doch blieben einige Exemplare erhalten. Die 6 Loks aus dem Jahre 1973 erreichten maximal 180 km/h; es waren Fahrzeuge für vier Spannungen, die als Klasse 16 nach Frankreich und Deutschland fahren konnten. Äußerlich gleichen sie der SNCF-Klasse 40100, doch sind sie stärker motorisiert als das französische Gegenstück. 1990 brachte es die Lokomotive 1805 bei Testschnellfahrten auf 216 km/h – für belgische Loks damals ein Rekord.

Eine imposante Reihe von CFL-Veteranen (mit Mittelführerständen) der Klasse 3600 (Luxemburg, Januar 2000). Die Klasse wurde ab 1959 bei Personen- und Güterzügen eingesetzt und mittlerweile ausgemustert.

Einige CFL-Loks der Klasse 3600 tragen imposante Namensplaketten. Jene der Lok Nr. 3614 verweist auf die Stadt Rumelange (Luxemburg).

Die Klasse 20 besteht aus 25 Loks für 3 kV/GS, die man 1975 für Personen- und Güterzüge einführte; sie erreichen maximal 160 km/h. Diese Lokomotiven fahren auch nach Luxemburg hinein. Zu dieser Klasse gehörten bis zur Einführung der Klasse 13 die stärksten belgischen Lokomotiven. Die Klassen 21 und 27 sind äußerlich identisch; insgesamt waren 120 als Personen- und Güterzugloks im Einsatz. Diese Anfang der 1980er eingeführten Fahrzeugen sind Loks für eine Spannung, wobei die Klasse 21 die schwächere ist. Beide erreichen 160 km/h.

Die 1961 eingeführte große Dieselklasse 51 der SNCB/NMBS wird derzeit ausgemustert. Hier hält die Lokomotive Nr. 5166 in Antwerpen (September 1993).

Die Diesellok Nr. 5401 der SNCB/NMBS bei einem Halt in Bertrix (Foto vom November 1994). Eingeführt wurde diese Klasse 1955.

Die Klasse 22 (für eine Spannung) stammt von 1954 und umfasst 50 Lokomotiven für Personen- und Güterzüge, die es auf 130 km/h bringen. Einige von ihnen wurden inzwischen eingemottet, als man neue Loks/Einheitszüge anschaffte.

Auch die Klasse 23 stammt aus den mittleren 1950ern und zieht v.a. Güterzüge. Von diesen Einfachspannungs-Loks gibt es über 80, deren Höchstgeschwindigkeit 128 km/h beträgt.

Die Dieselloks der Klasse 55 führte die SNCB/NMBS im Jahre 1961 ein. Auf diesem Bild hält die Lok Nr. 5513 in Lüttich (Juni 1996).

Die SNCB/NMBS-Dieselloks der Klasse 59 wurden 1955 für den Schwergutverkehr eingeführt. Hier hält die Lokomotive Nr. 5924 in Namur (Februar 1992).

Die Klassen 25 und 25.5 wurden 1960 eingeführt und waren ursprünglich beide für Personenzüge vorgesehen; aus der Klasse 25.5 wurden Mitte der 1970er Lokomotiven für zwei Spannungen (1,5 und 3 kV/GS) für Durchgangsfahrten in die Niederlande. Heute ziehen sie v.a. Güterzüge. Die insgesamt 24 Lokomotiven erreichten maximal 130 km/h.

Zur Klasse 26 gehören 35 Einfachspannungs-Loks aus dem Jahre 1964. Sie erreichten eine Höchstgeschwindigkeit von 130 km/h und wurden mit Güterzügen eingesetzt. – Die Klassen 28 und 29 waren frühe E-Loks, die man 1949 bzw. 1948 einführte. Sie wurden mit Personenschnellzügen eingesetzt, doch die 29er dienten vor ihrer Ausmusterung auch als Güterzugloks. Die Fahrzeuge der Klasse 28 erreichten maximal 128 km/h, die 29er nur 100 km/h. Von der letztgenannten Klasse blieben zwei Exemplare erhalten.

Die Klasse 13 ist der neueste belgische Lokomotiventyp und wird als Klasse 3000 (20 Ex.) auch in Luxemburg verwendet. Belgien besitzt 60 dieser 1997 eingeführten Loks, die maximal 200 km/h erreichen. Die auf zwei Spannungen ausgelegten Fahrzeuge ziehen Personen- und Güterzüge (auch über die Grenzen nach Frankreich und Luxemburg).

Die Veteranen der Dieselklasse 62 wurden in den 1960ern eingeführt und viele sind heute noch im Einsatz. Hier wartet die Lok Nr. 6231 im Sonnenschein in Antwerpen auf ihren nächsten Einsatz (Februar 2000).

Die große SNCB/NMBS-Diesel-Rangierlok Nr. 7004 der Klasse 70 wartet in Antwerpen auf den nächsten Einsatz (September 1993).

Die Luxemburger Lokomotiven verrichten ähnliche Aufgaben und ziehen oft im Gespann mit ihren belgischen Gegenstücken Güterzüge.

Luxemburg besitzt drei weitere Klassen von E-Loks: die Klasse 3600 wurde 1959 eingeführt und gleicht äußerlich der französischen Mittelführrerstand-Klasse BB 12000. Diese 25 kV/WS Loks erreichen eine Höchstgeschwindigkeit von 120 km/h und ziehen Personen- und Güterzüge. Seit man neue Lokomotiven und Einheitszüge anschafft, wird die Klasse nach und nach ausrangiert.

Bevor die CFL neue Fahrzeuge erwarb, leaste sie eine Reihe von deutschen Personen- und Güterzugloks der Klasse 185 (Näheres dazu finden Sie im Kapitel über Deutschland). Die weitere Zukunft dieser Lokomotiven ist ungewiss, seit die CFL für ihre

Die Rangierlok Nr. 7404 der Klasse 74 wartet in Antwerpen auf ihren nächsten Einsatz (Januar 1995). Diese Klasse wurde 1977 in Dienst gestellt.

Personenzüge 20 Loks der Klasse 4000 kaufte. Bei diesen handelt es sich um Fahrzeuge für zwei Spannungen (15/25 kV/WS), die im Wesentlichen der Bombardier-Klasse 185 entsprechen.

Belgien und Luxemburg besitzen auch interessante Dieselklassen. Die belgische Klasse 51 wurde 1961 eingeführt und umfasst beinahe 100 Loks für Personen- und Güterzüge. Sie erreichen maximal 130 km/h. Nachdem modernere Fahrzeuge in Dienst gestellt wurden, hat man die Klasse praktisch ausrangiert. Zu den Klassen 52, 53 und 54 gehören Loks von Nohab/General Motors, die es auch in Ungarn (Kl. M61), Dänemark (Kl. MV, MX und MY), Norwegen (Kl. Di 3a) und Luxemburg (Kl. 1600) gibt. Es handelt sich um Loks für Personen- und Güterzüge, die heute v.a. die letzteren ziehen.

Die SNCB/NMBS-Klasse 82 ist typisch für mehrere belgische Rangierloks. Lok Nr. 8273 hält hier in Antwerpen (Foto vom Juni 1996).

Während einige Lokomotiven beider Klassen inzwischen ausrangiert wurden, blieben einige Exemplare erhalten. – Die Klasse 55 besteht aus über 40 Loks für Personen- und Güterzüge in Südbelgien. Sie fahren auch nach Luxemburg. Diese 1961 eingeführten Fahrzeuge erreichen maximal 130 km/h. Im Liniendienst steht keines mehr, doch ein paar hat man beim Bau der Hochgeschwindigkeitsstrecken, in Belgien und Frankreich als Schleppzüge verwendet. Einige blieben erhalten.

Die zahlenmäßig große Klasse 60 wurde 1963 in Dienst gestellt und vor einigen Jahren komplett ausrangiert. Einige Fahrzeuge sind jedoch erhalten, und mehrere andere wurden an italienische Infrastrukturfirmen verkauft. Ihre Höchstgeschwindigkeit betrug 130 km/h. – Die zu Beginn der 1960er eingeführte Klasse 62 zog Personen- und Güterzüge. Zu ihr gehörten ursprünglich mehr als 130 Loks, deren Zahl sich durch Ausrangierungen verringerte; einige erwarb auch die ACTS, eine private niederländische Güterbahn. Die Klasse erreicht eine Höchstge-

Die SNCB/NMBS-Rangierlok Nr. 8504 in Antwerpen, Februar 2000. Diese 1956 eingeführte Klasse wird derzeit von der Klasse 77 abgelöst.

schwindigkeit von 130 km/h. – Die Klassen 70 und 71 dienen in den Docks von Antwerpen als schwere Rangierloks. Diese 1954 (Kl. 70) bzw. 1962 (Kl. 71) eingeführten Lokomotiven bringen es auf 50 resp. 80 km/h. – Unter den kleineren Rangierloks ist die Klasse 73 mit fast 100 Fahrzeugen zahlenmäßig die größte. Die in mehreren Schüben zwischen 1965 und 1977 eingeführten Lokomotiven erreichen maximal 60 km und verrichten Rangier- sowie leichte Güterfahrten. – Die kleinen Klassen 74 und 75 bestehen aus Rangierlokomotiven der Antwerpener Docks. Die Klasse 74 wurde 1977 eingeführt, die Klasse 75 in den 1980ern; letztere waren vorher Hauptstrecken-Loks der Klasse 65 von 1965. Die Höchstgeschwindigkeit betrug 40 bzw. 80 km/h. – Zur Klasse 76 gehören ex-niederländische NS-Loks der Klasse 2200, welche die SNCB/NMBS für die neuen Hochgeschwindigkeitsstrecken erwarb (Näheres dazu im Kapitel über die Niederlande).

Die Diesel-Rangierloks der Klasse 92 werden gegenwärtig ausgemustert. Hier hält die Lok Nr. 9204 in Antwerpen (Januar 1995).

Die insgesamt über 250 Fahrzeuge der Klassen 80, 82, 83, 84 und 85 sind Allzweck-Rangierloks, die auf Güterbahnhöfen überall in Belgien im Einsatz sind. Sie wurden in den 1950ern und 1960ern eingeführt und erreichen maximal entweder 40 (Kl. 80 und 82) oder 50 km/h. Seit die Klasse 77 eingeführt wurde, haben diese Lokomotiven deutlich weniger zu tun, und einige hat man inzwischen ausgemustert. Einige Loks der Klassen 80 und 84 wurden vor einigen Jahren von italienischen Bahnbaufirmen erworben. – Die Klasse 92 bestand aus 25 Rangierloks, deren Höchstgeschwindigkeit 30 km/h betrug. Sie wurden 1960 eingeführt und mittlerweile außer Dienst gestellt. – Von der Ausmusterung war die Klasse 91 stark betroffen; diese ursprünglich 60 kleinen Rangierloks werden in Depots und auf Güter-

Die winzige Rangierlokklasse 91 verrichtet leichte Arbeiten in Depots und auf Güterbahnhöfen. Hier sieht man die Lokomotive Nr. 9148 in Stockem (Januar 2000).

bahnhöfen eingesetzt; sie erreichen maximal 40 km/h. Ihre Einführung erfolgte 1961. – Die Klasse 77 umfasst 170 im Jahre 1999 für Rangier- und Güterfahrten eingeführte Lokomotiven. Ihre Höchstgeschwindigkeit beträgt 100 km/h. Gebaut wurden sie bei Vossloth/Bombardier, wobei die heute in ganz Europa viel verwendete Lok G1200 als Grundlage diente. Ihre Entwicklung hängt auch mit jener der NS-Klasse 6400 zusammen. Die Loks tragen einen hübschen grau-weiß-gelben Anstrich.

Luxemburg besitzt verschiedene Dieselloks für Rangierfahrten und Hauptstrecken. Die Klasse 800 ist baugleich mit US-Rangierloks aus den 1950ern. Sie besteht aus sechs 1954 in Dienst gestellten Lokomotiven. Sie verrichten Rangier- und leichte Güterfahrten; ihre Höchstgeschwindigkeit beträgt 80 km/h. – Der französischen Klasse BB 63000 gleichen die acht Lokomotiven der Klasse 850 und die dreizehn 900er; ihre Aufgaben entsprechen denen der Klasse 800. Die Mitte der 1950er eingeführten Loks erreichen 100 km/h. – Zu den kleinen Klassen

Lok Nr. 7721, eine neue SNCB-Diesellok für Rangier- und leichte Güterfahrten, hält hier in Merelbeke (Foto vom Juni 2005).

Luxemburg verfügt über mehrere Klassen kleiner Rangierloks. Hier tritt die Lokomotive Nr. 1011 die Fahrt zum nächsten Einsatz in Luxemburg an (Oktober 2002).

1000, 1010, 1020 und 1030 gehören leichte Rangierloks, die 1972, 1964, 1952 und 1988 eingeführt wurden. Die Klassen 1000 und 1030 bringen es auf 60 km/h, die 1010er auf 25 km/h und die Klasse 1020 auf 50 km/h.

Die Klasse 1800 besteht aus 20 Loks, die man 1963 als Hauptstrecken-Personen- und -güterzüge einführte. Sie sind praktisch mit der SNCB/NMBS-Klasse 55 identisch und fahren auch nach Belgien. Die Höchstgeschwindigkeit beträgt 130 km/h.

Die heute ausrangierten 1600er waren Loks von Nohab/General Motors, die auch im übrigen Europa fahren. Sie wurden 1955 eingeführt, entsprechen der SNCB-Klasse 52 und erreichen maximal 130 km/h. Drei Exemplare blieben erhalten.

Luxemburg hat kürzlich eine Reihe moderner Rangierloks und mehrere Vossloth G1200 geleast. Es wird interessant sein, zu beobachten, wie sich diese Erwerbungen auf die Zukunft einiger traditioneller CFL-Dieselklassen auswirken.

Lok Nr. 1001 der CFL-Rangierlokklasse 1000 beim Verschieben von Waggons in Bettembourg (Juli 1993). Diese Klasse wurde 1972 in Dienst gestellt.

Die Loks der 1963 eingeführten CFL-Klasse 1800 werden im Personen- und Güterverkehr eingesetzt. Hier hält Lok Nr. 1812 in Arlon (Oktober 1992).

Die Klasse 800 präsentiert ihr klassisch amerikanisches „Rangierlok-Design", während sie sich anschickt, leere Waggons aus dem Luxemburger Bahnhof zu ziehen.

Skandinavien

Zu den skandinavischen Bahnen gehören die Eisenbahnen von Dänemark (DSB), Finnland (VR), Norwegen (NSB) und Schweden (SJ). Jede betreibt ein Bahnnetz, das mit extremen Klimabedingungen, riesigen Entfernungen und schwierigem Terrain zurecht kommen muss. In jedem System gibt es verschiedene Diesel- und E-Loks, di z.T. recht modern sind. Außerdem existieren in manchen Gegenden auch Privatbahnen, die interessante Lokomotiven verwenden.

Die erste dänische Bahnstrecke führte ab 1847 von Kopenhagen nach Roskilde und wurde 1856 bis Korsör verlängert. Ihre Betreiberin war die Sjællandske Jcrnbaneselskab (Seeländer Eisenbahngesellschaft). In der Folge baute man weitere Bahnlinien, sodass die Grundstruktur des heutigen Streckennetzes bis 1894 fertiggestellt war. 1892 kam es zur Gründung der Danske Statsbaner (DSB), die fortan für das System verantwortlich waren. Das verhinderte jedoch nicht, dass in den Jahren bis zum Zweiten Weltkrieg weitere Privatbahnen bzw. -linien entstanden, die auch heute noch Teile des Systems

bilden. Die Nachkriegszeit war eine Phase der Konsolidierung, doch ab Mitte der 1960er wurde das System verbessert (vor allem die Strecken zur deutsch-dänischen Grenze). All dies gipfelte 1997 in der Eröffnung der Brücke über den Großen Belt und der Verkürzung der Reise nach Schweden durch die gewaltige Öresund-Brücke im Jahre 2000.

Die Herstellerplakette der DSB-Dampflok Nr. 34 belegt, dass sie 1916 bei der Firma Henschel & Sohn in Cassel (= Kassel) gebaut wurde.

Die dänische Museums-Dampflok Nr. 34 läuft mit einem Sonderzug aus Oldtimer-Waggons in den Bahnhof von Aalborg ein. Hergestellt wurde diese Lok 1916.

Die erste finnische Bahnlinie verband ab 1862 Helsinki mit Hameenlinna. Der Ausbau des Streckennetzes konzentrierte sich tendenziell auf die dichter bevölkerten Regionen im Süden, wobei man überwiegend auf Dampf- und später Dieselloks setzte, bis 1969 die ersten Strecken elektrifiziert wurden. Der Ausbau des Netzes und der Lokomotivenbau standen unter starkem russischen Einfluss.

Norwegens erste Eisenbahn fuhr 1854 von Oslo nach Eidsvoll, und seit dem 19. Jahrhundert gibt es die NSB. Schon 1862 plante man eine Strecke, die bis nach Bodo im hohen Norden führen sollte, doch obwohl in der Folge einige Abschnitte gebaut wurden, ging die Gesamtlinie erst 1962 in Betrieb.

Die erste private Eisenbahn Schwedens führte 1856 von Orebrö nach Nora. Im gleichen Jahr wurden zwei staatliche Bahnlinien (Göteborg-Jonsered und Malmö-Lund) eröffnet, die beide Lokomotiven britischer Bauart verwendeten. Im Zeitraum zwischen 1862 und 1875 gingen die fünf staatlichen Hauptstrecken in Betrieb. Die letzte fahrplanmäßige Dampflok fuhr im Jahre 1972, doch man hielt noch bis 1992 Hunderte dieser Lokomotiven als strategische Reserve bereit.

1988 übertrug die SJ die Verantwortung für die Bahninfrastruktur an Banverket; diese Firma unterhält eine eigene Flotte von Lokomotiven.

Die schwedischen Staatsbahnen begannen 1915 mit der Elektrifizierung der nördlichen Erzbahn, und dieser Prozess machte in den 1920ern und danach gewaltige Fortschritte. Finnland hingegen entschloss sich nur zögerlich zu diesem Schritt; dort wurde erst 1969 die elektrifizierte Strecke Helsinki-Kirkkonummi eröffnet. Ungeachtet dieses Fortschritts setz-

Die Oldtimer-Lokomotive Nr. 5 „Bifrost" ist eine 4-4-0-Tanklok aus dem Jahre 1882. Hier sieht man sie als Ausstellungsstück in Narvik (Juli 2004).

te man in diesem Land aber noch bis 1975 fahrplanmäßig Dampfloks ein. Die erste elektrifizierte Strecke Norwegens war 1922 die Drammen-Linie, doch der größte Teil des Netzes wurde erst nach dem Zweiten Weltkrieg umgestellt. Die Hauptstrecke von Trondheim nach Bodo blieb dabei ausgespart und vertraut weiterhin auf ihre mächtigen Diesellokomotiven.

Die Bahnnetze von Dänemark und Finnland verwenden 25 kV/WS, Norwegen und Schweden 15 kV/WS. Die durch den Bau der Öresund-Brücke erleichterte Verbindung nach Deutschland erforderte eine Klasse von Lokomotiven, die mit zwei Spannungen arbeiten konnten, und dazu boten sich die EG-Loks der DSB an.

Dänemark unterhält heute über 2500 km Strecke, von denen 25% elektrifiziert sind. Finnland verfügt über 5600 km (davon 45% elektrifizierte). In Norwegen gibt es gut 2400 km Eisenbahn, die zu 60% elektrifiziert wurden, während es beim fast 7100 km langen schwedischen Netz über 50% sind.

In Skandinavien kam eine große Anzahl von Dampfloktypen zum Einsatz. Auf Dänemarks erster, 1847 eröffneter Linie fuhren vier englische 2-2-2-Loks der Odin-Klasse. – Die K-Klasse der DSB bestand aus 1894 eingeführten 4-4-0-Loks. Davon gab es über 100 Stück. – Die DSB-Klasse D1 wurde 1902 eingeführt; insgesamt baute man 41 dieser 2-6-0-Lokomotiven. Viele waren noch in den 1960ern im Einsatz. – Kurz nach 1900 erfolgte die Einführung der 4-4-2-Schnellzuglok P1; zwei dieser Fahrzeuge blieben erhalten.

Die finnische Klase Tk2 bestand aus holzbefeuerten 2-8-0-Breitspurloks, die auf dem amerikanischen Baldwin-Typ basierten und kurz nach 1900 eingeführt wurden; sie waren bis in die späten 1950er im Dienst. – Zur Klasse Tv1 gehörten 2-8-0-Güterloks von 1917, die sich bis weit in die 1960er bewährten. – Die Klasse HR1 bestand aus 4-6-2-Loks für Personenschnellzüge aus dem Jahre 1937. 21 Exemplare wurden gebaut und bis in die 1970er eingesetzt, zuletzt mit Güterzügen. Neben diesen in Finnland erhaltenen Dampfloks wurden einige auch von britischen Museen importiert.

Eine interessante Lokomotive blieb im norwegischen Narvik erhalten. Die „Bifrost" ist eine 4-4-0-Tanklok aus dem Jahre 1882, die man später für die Erzbahn in Narvik ankaufte. Ihr Dienst endete in den 1950ern. – Zur 1900 eingeführten Klasse 18 gehörten die ersten 4-6-0-Loks der NSB. Ihnen folgte 1910 die Klasse 27, die bis in die 1930er hinein zum Ziehen von Personenzügen diente. – Die Klasse 49 bestand aus starken 2-8-4-Loks für den Einsatz auf steilen Bergbahnstrecken. Sie wurden 1935 eingeführt und bis in die 1950er verwendet; ein Exemplar

Diese Plakette an der Lok Nr. 5 „Bifrost" belegt, dass sie 1882 gebaut und 1901 von der LKAB in Narvik erworben wurde.

Die alte NSB-Dampflok (4-6-0) Nr. 271 der Klasse 30a blieb bei Oslo erhalten, wo sie im September 2004 fotografiert wurde. Sie ist eine Lok vom Baujahr 1914.

ist noch erhalten. – Die Einführung der schwedischen G-Klasse erfolgte 1867; diese in England gebauten 0-6-0-Güterloks arbeiteten bis in die 1920er. Davon gibt es noch ein Exemplar. – Die Klasse MA wurde 1902 eingeführt, Sie bestand aus 2-8-0-Loks, welche die Loren der Erzbahnen in Nordschweden und ins norwegische Narvik zogen. – Von der 1914 für Personenschnellzüge eingeführten Klasse F wurden 15 Exemplare gebaut, die bis 1937 im Einsatz waren; dann verkaufte man sie als Klasse E an die DSB. Weitere 25 entstanden in Dänemark. Eine der originalen Loks blieb in Schweden erhalten.

Jedes Land verfügt auch über mehrere E-Lok-Klassen. Bis auf die dänische EG-Klasse handelt es sich durchweg um Typen für nur eine Spannung. Die DSB besitzt zwei Klassen von E-Loks. Zur Klasse EA gehören 22 Lokomotiven, die man Mitte der 1980er und 1992 in zwei Schüben einführte. Sie ziehen Personen- und Güterzüge und haben eine Höchstgeschwindigkeit von 175 km/h. Die Klasse EG wurde 1999 eingeführt und umfasst 13 Doppel-

spannungs-Loks für Güterzüge. Sie gleicht äußerlich Loks der deutschen Klasse 152, trägt aber den charakteristischen Anstrich von DSB GODS („Fracht"). Die Höchstgeschwindigkeit der Klasse beträgt 140 km/h; sie fährt regelmäßig nach Deutschland und Schweden.

Die DSB-E-Lok Nr. 3017 bereitet sich mit einem anderen Vertreter dieser Klasse in Fredericia auf die Fahrt zum nächsten Einsatz vor (Juli 2002).

Die E-Loks der VR sind alle für die 1524-mm-Breitspur gebaut; die 1973 eingeführte Klasse Sr1 dient als Personen- und Güterzuglok. Sie erreicht maximal 140 km/h. Davon gibt es über 110 Exemplare, die überwiegend in Russland gebaut wurden; einige hat man in Finnland fertiggestellt. – Zur Klasse Sr2 gehören 46 Loks, die 1996 für Personen- und Güterzüge eingeführt wurden, sie erreichen maximal

Die neue DSB-E-Lok Nr. 3107 in Fredericia, kurz vor der Ausfahrt mit einem Güterzug (Juli 2002). Diese Klasse wurde 1999 eingeführt.

Oktober 1994: Lok Nr. 3019 aus der Standard-E-Klasse Sr1 der VR fährt mit einem Personenzug in Helsinki ein. Es handelt sich um eine Breitspurklasse, die 1973 eingeführt wurde.

200 km/h. Diese Lokomotiven ähneln äußerlich der Schweizer Klasse 460 und der NSB-Klasse EL 18. Die NSB besitzt mehrere E-Lok-Klassen: Die Klasse 9 war eine sehr frühe, die auf der berühmten Flåm-Strecke zum Einsatz kam. Erhalten blieb die Lok Nr. 9.2063. – Zur Klasse El 14 gehörten die 30 ersten modernen E-Loks, deren Einführung Ende der 1960er erfolgte. Es sind starke Lokomotiven, die ursprünglich auf gebirgigen Strecken Personenzüge zogen. Heute dienen sie überwiegend als Güterzug-loks; ihre Höchstgeschwindigkeit beträgt 130 km/h.

Die Oldtimer-E-Lok Nr. 9.2063 fuhr für die Flåm-Eisenbahn. Das tadellos erhaltene Fahrzeug steht hier im Juni 2004 auf dem Bahnhof Flåm.

– Die kleine Klasse El 15 besteht aus sechs Loko-motiven, die bei den zwischen Nordnorwegen und -schweden verkehrenden Erzbahnen eingesetzt sind. Sie wurden 1967 eingeführt und erreichen maximal 130 km/h. Ihr Betreiber ist heute die Eisenerzfirma LKAB/MTAB. Diese Lokomotiven gehören zum Rc-Typ, den man in Schweden antrifft. Teil der schwedischen Rc-Familie ist auch die Klasse El 16; sie wurde 1977 für Personen- und Güterzüge einge-führt und bringt es auf 140 km/h. Eine Anzahl dieser Lokomotiven wurden für den Personenverkehr an

Diese frühere SNB-Lok gehört heute der schwedischen Gesellschaft TKAB. Die ehemalige SNB 16.2209 führt heute die Nr. 24 und steht hier in Sunsvall (September 2004).

Die SNB-Lok Nr. 17.2228 gehört zu einer Klasse, die auf der Flam-Eisenbahn in Norwegen verkehrt. Mit ihrem hübschen grünen Anstrich wartet sie in Myrdal auf das Abfahrtssignal (Juni 2004).

Die moderne NSB-E-Lok Nr. 18.2259 fährt im Bahnhof Bergen rückwärts auf ihren Personenzug zu (Juni 2004). Diese 1996 eingeführte Klasse ähnelt Typen aus der Schweiz und Finnland.

Die im Norden von Schweden und Norwegen tätige Bergbaugesellschaft LKAB/MTAB besitzt noch verschiedene Oldtimer-Loks. Diese Nr. 889 der Da-Klasse wurde in Kiruna fotografiert (September 2004).

Zur Dm-Klasse der SJ gehören dreiteilige Loks, die heute bei der LKAB/MTAB fahren. Sie ziehen schwere Eisenerzwaggons nach Narvik und zurück. Im Bild die Loks 1228, 1227 und 1243 in Narvik, Juli 2004.

Die Zwillingsloks Nr. 107 und 108 der LKAB/MTAB ziehen im Juli 2004 einen leeren Zug durch den Bahnhof von Narvik. Diese imposanten Lokomotiven wurden 2001 eingeführt und zählen zu den stärksten Dieselloks der Welt.

Die SJ-E-Lok Nr. 1052 der Klasse Rc3 wartet mit ihrem Personenzug im Sonnenschein vor der Ausfahrt aus Linköping (Juli 2002).

wurden. Die meisten Fahrzeuge hat man inzwischen ausrangiert, doch einige tun noch im Raum Stockholm Dienst, und andere stehen in Museen. – Die Klasse Da aus den 1950ern umfasste ursprünglich 90 Loks für Personen- und Güterzüge. Heute gibt es nur noch wenige, aber ein Exemplar blieb bei der in Nordschweden tätigen Eisenerzfirma LKAB/MTAB erhalten. – Zur Klasse Dm/DM3 gehören imposante dreigliedrige Fahrzeuge, die 1963 für den Transport der Eisenerzloren in Nordschweden bzw. ins norwegische Narvik eingeführt wurden. Es sind mächtige Lokomotiven, die maximal 75 km/h erreichen. Heute gehören sie zur Flotte von LKAB/MTAB. – Für den Einsatz auf der Erzbahn hat

Die SJ-E-Lok Nr. 1196 der Klasse Rc2 präsentiert in Hallsberg stolz ihren hübschen „Green Cargo"-Anstrich, bevor sie zu ihrem Güterzug fährt (Juli 2002).

die schwedische Privatbahn TKAB verkauft. – Die Klasse El 17 verdient Interesse, weil einige dieser Lokomotiven auf der berühmten Flam-Eisenbahn verkehrten und einen charakteristischen grünen Anstrich tragen. Die 1981 eingeführte Klasse erreicht 150 km/h. Obwohl sie noch im Einsatz ist, steht ein Exemplar bereits im Museum. – Zur Klasse El 18 gehören die modernsten E-Loks der NSB; sie ähneln äußerlich der Schweizer Klasse 460 und der VR-Klasse Sr 2. Die Höchstgeschwindigkeit der 1996 eingeführten 22 Loks beträgt 200 km/h. Sie wurden für den Personen- und Güterverkehr entworfen, kommen aber vor allem als Personen-Schnellzüge zum Einsatz.

Die SJ besitzt eine starke Flotte von E-Loks. Die Klassen Ud, Ue und Uf bestehen aus Rangierlokomotiven, deren früheste in den 1930ern eingeführt

SJ-Lokomotiven der Klasse Rc4 (Nr. 1298 und 1193) bei einem Halt in Borlanger (Juli 2002). Diese 1975 eingeführte Klasse kann man in den USA, Österreich und Norwegen antreffen.

LKAB/MTAB auch einige ähnlich eindrucksvolle neue Loks angeschafft. Es handelt sich um zweigliedrige Lokomotiven, die zu den stärksten der Welt gehören. Die neun 2001 eingeführten Doppelloks erreichen maximal 80 km/h.

Die SJ-Klassen Rc1 bis Rc6 sind das Ergebnis des Modernisierungsprozesses in den 1960ern. Sie hatten sehr großen Erfolg, und Loks dieses Typs wurden in verschiedene Länder exportiert, u.a. in die USA, nach Iran, Österreich, Norwegen, Bulgarien

Zu den größten Erfolgen der SJ zählt die Einführung von Neige-Schnellzügen. Hier verlässt ein Linx-Express im Juli 2004 Stockholm.

Die DSB besitzt mehrere Klassen kleiner Rangierloks. Die bei Frichs gebaute Rangierlok Nr. 269 hält hier zwischen zwei Einsätzen in Kopenhagen (August 1999).

und Rumänien. Zur Klasse Rc1 von 1967 gehörten ursprünglich 20 Lokomotiven. – Die Klasse Rc2 besteht aus 100 Loks, die man 1969 einführte, während die kleine Klasse Rc3 aus dem Jahre 1970 nur 11 Fahrzeuge umfasst. Die Klasse Rc4 zählt 130 Fahrzeuge, die in mehreren Chargen ab 1975 eingeführt wurden; die Einführung der Klasse Rc5 (später zur Rc6 umgebaut) erfolgte 1982. Die Rc-Klassen

Zwei moderne DSB-Rangierloks, die Nr. 604 und 611, bei einem Halt in Fredericia (Juli 2002). Zu dieser Klasse gehörten ursprünglich 25 Lokomotiven, doch einige wurden kürzlich von den DSB verkauft.

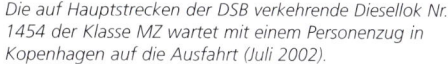

Die klassische Nohab-Diesellok Nr. 1135 der DSB in Kopenhagen, August 1999. Diesen Typ kann man auch in mehreren anderen Ländern finden.

Die auf Hauptstrecken der DSB verkehrende Diesellok Nr. 1454 der Klasse MZ wartet mit einem Personenzug in Kopenhagen auf die Ausfahrt (Juli 2002).

Die DSB-Diesellok Nr. 1507 der Klasse ME posiert im Sonnenschein in Kopenhagen (August 1999). Diese Klasse wird im Personenverkehr eingesetzt.

In Skandinavien wird eine große Anzahl von Dieselloktypen eingesetzt. Die kleine dänische Rangierlokklasse der Firma Frichs wurde in den 1960ern eingeführt und bringt es auf 45 km/h. – Zur Klasse MK gehören 25 Lokomotiven aus dem Jahre 1996. Diese neuen Loks kommen vorwiegend bei der Frachtabteilung der DSB zum Einsatz, aber einige wurden auch an Bahnen in Deutschland und Luxemburg verkauft.

Die DSB-Klassen MY und MX sind typische Nohab-Lokomotiven, die man u.a. auch in Norwegen, Ungarn, Belgien und Luxemburg antrifft. Sie wurden 1954 bzw. 1960 für den Personen- und Güterverkehr eingeführt. Bei der DSB hat man mitt-

Die kleine NSB-Rangierlok Nr. 220 212 pausiert vor ihrem nächsten Einsatz in Bergen (Juni 2004).

zogen ursprünglich vor allem Personenzüge, doch heute setzt man sie auch im Güterverkehr ein, und einige erhielten für die Arbeit als Rangierloks Fernsteuerungen. Die Höchstgeschwindigkeit der Klassen Rc1, 2 und 4 beträgt 135 km/h; die anderen Klassen erreichen 160 km/h. – Die Klasse Rm wurde 1977 für den Erztransport eingeführt; es sind Loks vom Rc-Typ, die mehr Kraft erzeugen, doch mit 100 km/h langsamer sind. – Die SJ-Klasse X2 ist für die X2000-Neigezüge gedacht. Diese 1990 und 1994 in zwei Schüben eingeführten Loks erreichen maximal 200 km/h.

Einer der großen, auf Hauptstrecken der VR verkehrenden Dieselloks der Klasse Dr13 (Nr. 2307) fährt mit einem Personenzug in den Bahnhof von Helsinki ein (Oktober 1994).

Die kleine batteriebetriebene NSB-Rangierlok Nr. 223 402 der XSka-Klasse bei einem Halt im sonnigen Oslo (September 2004).

Die Lokomotive Nr. 3 605 der früheren NSB-Nohab-Klasse Di 3a mit einem kleinen Güterzug im schwedischen Kristinehamn (September 2004). Dieser 1954 eingeführten Klasse kann man auch in einigen anderen Ländern begegnen.

lerweile alle ausrangiert, doch einige Fahrzeuge sind noch bei dänischen, schwedischen und deutschen Privatbahnen im Betrieb, während andere sich in Museen befinden. Ihre Höchstgeschwindigkeit betrug 130 km/h. – Die Klasse MZ wurde bei der DSB zwischen 1967 und 1978 als Lok für Personen- und Güterzüge eingeführt. Einige der ursprünglich

61 Lokomotiven wurden inzwischen ausgemustert, andere an Privatbahnen in Schweden und Spanien veräußert. Die erste Staffel dieser Loks brachte es auf maximal 140 km/h, während die späteren Modelle eine Höchstgeschwindigkeit von 160 km/h erreichten. – Die DSB-Klasse ME von 1981 wird im Doppeltraktions-Personenverkehr eingesetzt. Die

Die mächtige NSB-Diesellok Nr. 4654 der Klasse Di 4 wartet mit einem Personenzug in Trondheim auf die Ausfahrt nach Bodo (Juni 2004).

Die Cargonet-Lokomotive Nr. 66 406 der NSB bei einem Halt unweit von Bodo (Juni 2004). Dieser Typ von General Motors wird heute in ganz Europa viel verwendet.

Die SJ-Diesellok Nr. V5 158 steht in Borlanger zum nächsten Einsatz bereit (Juli 2002). Diese 1975 eingeführte Klasse wird in ganz Schweden verwendet.

Höchstgeschwindigkeit dieser 37 Loks beträgt 175 km/h.

Die VR besitzt mehrere Klassen kleiner Diesel-Rangierloks, während die Klassen Dr 12 bis Dr 16

Die SJ-Diesellok Nr. T43 231 in Kopenhagen (August 1999). Sie trägt den attraktiven Anstrich der schwedischen Bahnbaufirma Banverket.

für Hauptstrecken gedacht sind: Die Dr 12er sind mit fast 200 Lokomotiven die zahlenmäßig größte Klasse, die 1964 in drei unterschiedlichen Serien eingeführt wurde. Diese Personen- und Güterloks erreichen maximal 125 km/h. – Die Klasse Dr 16 wird seit 1987 im Personen- und Güterverkehr eingesetzt. Ihre 23 Lokomotiven bringen es auf 140 km/h und sind die stärksten finnischen Dieselloks.

Bei der NSB sind mehrere Klassen kleiner Diesel-

Die schwere SJ-Diesellok für Rangier- und leichte Fracht-fahrten Nr. T44 356 bei einem Halt in Stockholm (Juli 2004). Diese Klasse wurde 1968 eingeführt.

Die kleine Rangier-Diesellok Nr. Z70 724 der SJ Green Cargo hält zwischen zwei Einsätzen in Gällivare. Eingeführt wurde diese Klasse 1961.

Rangierloks im Einsatz; die kleinsten haben Batterieantrieb, und daneben gibt es einige Klassen für die Hauptstrecken. Nohab-Typen sind die Klassen Di 3a und 3b, von denen einige noch ihren Dienst tun. Vertreter dieser Klasse findet man in ganz Europa (s.o. zu DSB MY und MX). Die Höchstgeschwindigkeit der ursprünglich im Personen- und Güterverkehr eingesetzten Klasse beträgt 105 km/h. Einige fahren noch für schwedische Privatbahnen.

Die fünf Loks der NSB-Klasse Di 4 wurden 1980 für den Personenverkehr auf nicht elektrifizierten Strecken (v.a. Trondheim-Bodo) eingeführt. Diese mächtigen Lokomotiven bringen es maximal auf 140 km/h. – Die 20 Loks der Klasse Di 8 wurden 1995 für schwere Rangier- und Güterfahrten eingeführt; ihre Höchstgeschwindigkeit beträgt 120 km/h.

Die Lok Nr. 103 der dänischen Privatbahn OHJ/HTJ bei einem Halt in Kopenhagen (Foto vom Juli 2002). Früher hieß sie DSB MX 1010.

Die jüngste Erwerbung der NSB für Cargonet sind sechs Loks der Klasse 66, die dem gleichnamigen, in Europa viel eingesetzten Typ von General Motors entsprechen, aber der rauen Witterung angepasst wurden.

Zur Diesellokflotte der SJ gehören mehrere kleine Diesel-Rangierloks und eine Anzahl von Hauptstrecken-Lokomotiven: Die Klassen V4 und V5 bestehen aus Rangierloks aus den 1970er Jahren, deren Höchstgeschwindigkeit 70 km/h beträgt. – Zu den Klassen T43 und T44 gehören Güterzugloks aus den Jahren 1961 bzw. 1968, die maximal 100 km/h erreichen. – Die Klasse Z70 stammt aus den 1960ern, wurde jedoch in den 1990ern zu einer maximal 70 km/h schnellen Rangierlok umgebaut.

Eine Besonderheit Dänemarks und Schwedens sind die zahlreichen privaten Eisenbahnen, die unterschiedliche Diesel- und E-Loks verwenden; einige davon stammen aus DSB-, NSB- und SJ-Beständen. In Dänemark betrieb die OHJ/HTJ eine 100-km-

Die Lok Nr. 11 der dänischen Privatbahn SB (Skagensbanen) hält hier in Aalborg (Juli 2002). Es handelt sich um die einstige DSB MX 1009.

Strecke, die von Holbæk (westlich Kopenhagen) ausgeht; ferner benutzt sie einen kleinen Teil des DSB-Netzes. Man kennt sie unter dem Namen Vestsjællands Lokalbaner (VL). Die Bahn verwendet eine ehemalige DSB-Rangierlok der Klasse 323 und besitzt mehrere in den späten 1980ern erworbene Nohab-Dieselloks der DSB-Klasse MX. Diese Anfang der 1960er gebauten Lokomotiven erreichen maximal 130 km/h. Außerdem verfügt diese Bahn über eine 1952 bei Frichs gebaute Diesellok der Klasse 24, die jetzt eingemottet ist. Die ebenfalls dänische Skagensbanen (SB) betreibt 40 km Strecke zwischen Skagen und Frederikshavn, dem DSB-Terminal. Sie besitzt mehrere Loks, u.a. solche der DSB-Rangierklassen 323 und 332 sowie 1992 und 1994 erworbene Nohab-Loks der Klasse MX. Eine dieser MX-Lokomotiven kaufte sie der OHJ/HTJ ab. Die Bahn bietet in Norddänemark Personenfahrten an.

Die im schwedischen Kristinehamn ansässige TAGAB setzt verschiedene Loks ein, u.a. ehemalige DSB-MX- und -MZ-Dieselloks, mehrere Diesel der SJ-Klasse T43, 1043er-E-Loks der ÖBB und eine Anzahl kleiner Rangierlokomotiven. Sie betreibt für die SJ Güterzüge auf den Strecken Kristinehamn-Petersberg und Strotorp-Laxa.

TGOJ ist eine bedeutende schwedische Güterbahn, die Stahl, Mineralien und Container transportiert. Sie wurde 1931 gegründet und wurde 1989 komplett von der SJ übernommen. Als die SJ 2001 Geschäftssparten einrichtete, wurde aus ihr TGOJ Trafik – heute eine Tochterfirma von Green Cargo, welche das SJ-Frachtgeschäft übernahm. Sie betreibt auch einige Personenzüge.

TGOJ besitzt ein stattliche Flotte von E-Loks, die aus früheren SJ- und NSB-Lokomotiven sowie ehemaligen 1043ern der ÖBB besteht. Besonderes Interesse verdienen die 1954 eingeführten MA-Loks Nr. 401 bis 409 (Ex-SJ), die nach Umbauten von 1980 immer noch Dienst tun. Sie erreichen 105 km/h. In dieser Flotte gibt noch über 20 weitere Ma-Loks, die aus den 1950ern stammen und zu verschiedenen Nummerngruppen gehören. TGOJ setzt auch einige SJ-Dieselloks der Klasse T43 ein und erwarb zwei GM-Loks der Klasse 66, die der gleichen Familie wie die britischen 66er angehören und auch bei anderen Bahnen fahren. Ferner besitzt TGOJ mehrere Rangierloks der Klassen Z65, V10 und V11.

Die winzige TAGAB-Diesel-Rangierlok Nr. Z1 201 pausiert zwischen zwei Einsätzen in Kristinehamn (Juli 2002). Gebaut wurde diese Lok bei Deutz.

Die TAGAB-E-Lok Nr. 006 der Klasse Rc2 hält im Sonnenschein (Kristinehamn, Juli 2002). Diese Lokomotive war früher die ÖBB-Nr. 1043 006.

Die E-Lok Nr. 407, ein TGOJ-Veteran, präsentiert in Göteborg ihren tadellosen und attraktiven Anstrich (Juli 2002). Gebaut wurde diese Lokomotive 1954.

Diese frühere Nohab-Diesellok der DSB-Klasse MY präsentiert ihren eleganten „Great Northern"-Anstrich (Kristinehamn, Juli 2002).

Bulgarien

Die Bulgarische Eisenbahn (BDZ) verwendet mehrere Klassen von E- und Dieselloks. Ein neuer Dieselzug aus der Desiro-Familie befährt seit 2006 die Strecke zwischen dem Schwarzmeerhafen Varna und Dobrich im Nordosten des Landes. Er ist der vierzehnte Desiro-Dieselzug, der hier in Dienst gestellt wurde, und drei weitere erwartet das Land bis Ende Januar.

Bulgariens erste Eisenbahn ging 1866 in Betrieb. Sie führte vom Donauhafen Rustschuk nach Varna am Schwarzen Meer; es war eine 220 km lange Hauptstrecke. Anschließend wurde die wichtige Überlandstrecke von der jugoslawischen Grenze nach Sofia und Svilengrad eröffnet, die ein Teil der klassischen Route des Orient Express ist.

Die BDZ wurde 1888 gegründet und kontrolliert seither das Bahnnetz. Heute betreibt sie fast 4400 km, von denen mehr als die Hälfte mit 25 kV/WS elektrifiziert ist. Dazu gehören auch einige nicht elektrifizierte Schmalspurstrecken.

Zu den musealen Dampfloks der DZB gehört die Nr.

Eine klassische 2-8-2-Dampflok der BDZ zeigt ihre imposante Silhouette. Sie ist nur eine von vielen BDZ-Dampflokomotiven, die bis heute erhalten blieben.

148 – eine von vier in Großbritannien gebauten Loks, die auf der ersten Strecke fuhr. Diese 0-6-0-Lokomotive wurde 1865 hergestellt und 1873 von einer türkischen Bahn erworben, aber 1888 an Bulgarien zurückgegeben. – Zur Klasse 900 – später 19 – gehörten 70 2-10-0-Loks, die man 1913 für Personen- und Güterzüge einführte. Einige fuhren bis in die 1960er. – Die Klasse 46 aus den 1930ern umfasste ursprünglich 12 Lokomotiven; 8 weitere wurden in den 1940ern gebaut. Diese mächtigen 2-12-4-Tankloks zogen schwere Güterzüge. – Die 22 Loks der Klasse 11 entstanden in den 1940ern und waren für den Personen- und Güterverkehr vorgesehen. Es handelte sich um 4-10-0-Lokomotiven, die Steigungen gut bewältigten.

Die BDZ besitzt mehrere Klassen von E-Loks: Die Klasse 41 stammte aus den frühen 1960ern und umfasste ursprünglich 41 Loks, denen Ende der 1960er in mehreren Schüben 90 Lokomotiven der Klasse 42 folgten. Die Klasse 42 ist baugleich mit den tsche-

Die BDZ-E-Lok Nr. 41 102 fährt mit einem gemischten Güterzug durch den Bahnhof von Sofia (Oktober 1993. Eingeführt wurde diese Klasse 1963.

chischen CD-Klassen 23 und 240; sie erreicht 110 km/h. – Die Klassen 43, 44 und 45 stammten aus Tschechien und gingen aus den Klassen 41 und 42 hervor. Für den Personen- und Güterverkehr bestimmt, wurden sie in den 1970ern und frühen 1980ern eingeführt; heute stellen sie die wichtigsten E-Loks der BDZ. Man baute insgesamt über 200 Stück, die bis auf die Klasse 45 (110 km/h) eine Höchstgeschwindigkeit von 130 km/h haben. – Die Klasse 46 wurde Mitte der 1980er eingeführt und umfasste 45 in Rumänien gebaute Loks, die der

Die Plaketten an der Seite der BDZ-E-Lok Nr. 41 102 zeigen das eindrucksvolle Staatswappen und bezeugen – in kyrillischen Lettern – die BDZ als Eigentümer.

Die Loks der BDZ-Klasse 43 ziehen Personen- und Güterzüge. Hier hält die Lokomotive Nr. 43 191 mit einem Personenzug in Sofia (Oktober 1993).

CFR-Klasse 46 entsprechen. Ihre Höchstgeschwindigkeit beträgt 130 km/h.

Zur Anfang der 1960er eingeführten Dieselklasse 04 gehörten anfangs 50 Lokomotiven. Sie fährt bei der ÖBB als Klasse 2020 und war die erste Diesellok für Hauptstrecken. Die Fahrzeuge werden im Personen- und Güterverkehr verwendet und erreichen maximal 120 km/h. – Die Klasse 06 wurde Ende der 1960er in Dienst gestellt und umfasste ursprünglich 130 in Rumänien gebaute Loks, die der Klasse 060 der Rumänischen Eisenbahn (CFR) entsprechen. – Zur Klasse 07 gehören 91 russische Loks aus den 1970ern. Bei der deutschen DB ist sie Bestandteil der Klassenfamilie 230/231/232. – Die Klasse 51 bestand ursprünglich aus 71 für Rangierfahrten eingeführten Loks. Diese 1960er-Lokomotiven entsprechen der Klasse M44 der Ungarischen Eisenbahn (MAV). – Die Mitte der 1960er eingeführte Klasse 52 entspricht der DB-Klasse 346. 116 dieser Ran-

Die E-Loks der Klasse 44 zählen zu den wichtigsten Lokomotiven der BDZ. Hier verlässt die Nr. 44 213 auf der Fahrt zu ihrem nächsten Zug den Bahnhof von Sofia (Oktober 1993).

Die große BDZ-Diesellok Nr. 04 048 fährt am Bahnhof von Sofia vorbei (Oktober 1993). Diese Klasse wurde in den 1960ern eingeführt.

Die Klasse 06 gehört zu den Standard-Dieselklassen der BDZ und ist baugleich mit der CFR-Klasse 060. Hier sieht man die Lok Nr. 06 012 in Sofia (Oktober 1993).

Eine BDZ-Diesellok der Klasse 07 zieht einen Güterzug durch die Landschaft. Diese Klasse entspricht den 230ern der DB.

gierloks wurden gebaut. – Die Klasse 55 umfasste 160 Rangierloks von 1969. – Die vier Lokomotiven der Klasse 60 wurden 1960 eingeführt und dienten zu Rangierfahrten. – Zur Klasse 61 aus den mittleren 1990ern gehören Loks mit Mittelführrerstand für Rangier- und Güterfahrten. Die 20 in Tschechien gebauten Fahrzeuge erreichen maximal 80 km/h. Die BDZ besitzt auch mehrere Klassen von Lokomotiven für ihre Schmalspurlinien. Die Klassen 75, 76, 77, 80 und 81 wurden von Mitte der 1960er bis in die 1980er eingeführt und umfassten anfangs etwa 40 Exemplare.

Zur Modernisierung ihres Personenzug-Fuhrparks hat die BDZ neue Einheitszüge angeschafft. Dieses Bild zeigt zwei davon, die sich durch modernes Design und große Fenster auszeichnen.

Schweiz

Die häufig als leistungsfähigstes Bahnnetz der Welt beschriebenen schweizerischen Bundesbahnen bilden eine Mischung aus dem staatseigenen Hauptstreckennetz und zahlreichen Privatbahnen, die unterschiedliche Systeme verwenden und in sehr heterogenem Terrain verkehren. Typisch für dieses Land sind die imposanten Ingenieurleistungen, v.a. die langen Tunnel und wagemutigen Strecken. Sowohl die Staatsbahn als auch die Privaten verwenden unterschiedliche Diesel- und E-Loks; auf einigen

Einer der neuen Diesel-Einheitstriebwagen verschafft seinen Fahrgästen eine herrliche Aussicht, während er einen typischen Schweizer Viadukt überfährt. Triebwagen und Einheitszüge sind typisch für die Schweizer Privatbahnen.

Strecken setzt man auch noch Dampflokomotiven ein. Das Namenskürzel SBB CFF FFS zeugt davon, dass in der Schweiz Deutsch, Französisch und Italienisch Amtssprachen sind, doch in diesem Buch wird die Staatsbahn nur als SBB bezeichnet.
Die erste Eisenbahn der Schweiz verkehrte ab 1847 zwischen Zürich und Basel. 1848 bat der Bundesrat

den britischen Ingenieur Robert Stephenson, die Grundstruktur des künftigen Bahnnetzes auszuarbeiten. Er schlug eine Strecke vor, die von Zürich über Lausanne nach Genf führte und heute noch das Herzstück bildet.
Angesichts ihrer Lage verwundert es nicht, dass die Schweiz ihr Bahnnetz an das der Nachbarländer

Ein Doppeldeckerzug der SBB schlängelt sich durch ein Netz von Schienensträngen. Diese Züge sind geräumig und können eine große Anzahl von Fahrgästen befördern.

Hier wartet einer der neuen Doppeldeckerzüge auf das Abfahrtssignal.

anbinden wollte, wozu man jedoch die Alpenketten überwinden musste. Den ersten Schritt bildete die Gotthard-Linie nach Italien, deren Steigung allerdings für die Loks zu stark war. Um das Problem zu lösen, baute man ein System von Spiraltunneln, und 1882 wurde der Gotthard-Tunnel eröffnet. Er ist sogar aus heutiger Sicht eine imposante Ingenieursleistung. Auf der Strecke von Genf nach Italien weihte man 1906 den konventionelleren Simplon-Tunnel ein. Die genannte Linie stößt bei Brig auf die

Der Glacier-Express durchfährt einige der schönsten Landschaften der Schweiz. Hier überquert er eine der zahlreichen Brücken dieser Strecke.

private BLS Lötschberg AG, die an der Steigung ab Spiez den Lötschberg-Tunnel anlegen ließ.
Die Schweizer waren Pioniere der Elektrifizierung. Den Simplon-Tunnel stellte man gleich nach der Eröffnung 1906 um, die BLS-Strecke 1913. Nach

Die Dampflok „Breithorn" hat als einzige Lokomotive der früheren BVZ bis ins 21. Jahrhundert überlebt. 2001 wurde sie für den Betrieb mit Leichtöl umgebaut.

dem Ersten Weltkrieg kam die Gotthard-Linie an die Reihe. Die 1-m-Spur der Rhätischen Bahn (RhB), die von Chur in die Ferienorte der Alpen führt, ist einen malerische, kurvenreiche und schwierige Strecke, auf der Spezialloks scheinbar mühelos verkehren. Die RhB betreibt über 360 km Strecken; dazu gehört auch der berühmte, fotogene Land-

wasser-Viadukt, der die Gleise 81 m über der Talsohle in den Landwasser-Tunnel führt. Der berühmte Glacier-Express verbindet Zermatt mit St. Moritz und verwendet die 1-m-Spur der früheren BVZ (Brig-Visp-Zermatt-Bahn) und FO (Furka-Oberalp-Bahn). Dieser Zug bietet die klassische Möglichkeit, die schönsten Landschaften der Schweiz mit verschiedenen Lokomotiven kennen zu lernen. Die wichtigste Initiative der SBB in den letzten Jahren

Ein Eindecker-Doppeltraktionszug in voller Fahrt. Bei solchen Zügen setzt man gewöhnlich Loks der Klasse 460 ein.

war die Entscheidung für den Plan „Rail 2000", mit dem die Bedeutung der Eisenbahn anerkannt wurde. Er betraf die Erneuerung des Streckennetzes, die Einführung neuer Zugtakte und höherer Geschwindigkeiten (u.a. durch Neigezüge). Die Hauptziele

Ein Regionalzug der Mittelschweizer Bahnen befördert Fahrgäste auf der Strecke Meiringen-Interlaken – mitten durch eine herrliche Hochgebirgslandschaft.

Die 2-6-2-Tanklok Nr. 5819 der Klasse Eb3/5 bei einem Halt in Biel (Bielle) (das Foto entstand im Juni 1997). Gebaut wurde sie 1912.

Hier sieht man die 1910 gebaute 0-6-0-Schmalspur-Tanklok Nr. 1067 der Klasse HG3/3 vor der malerischen Bergkulisse von Meiringen (Juni 1999).

Die E-Lok Nr. 10013 der Klasse Re4/4 hält hier in Lausanne (Juni 1997). Die Lokomotiven wurden Mitte der 1940er gebaut.

Eine der Dampflokomotiven, die auf der ersten Schweizer Eisenbahn fuhren, war die in Deutschland gebaute 4-2-0-Lok „Limatt". 1947 entstand zum 100-jährigen Jubiläum der Schweizer Bahnen ein Nachbau, den man heute im Museum bewundern kann.

Die 4-6-0-Loks der Klasse A3/5 bewährten sich auf Steigungen vorzüglich. Von den über 110 im Jahre 1902 eingeführten Lokomotiven blieb eine erhalten. – 1904 stellte man die Klasse C4/5 in Dienst, die einen ähnlich großen Erfolg hatte. Die letzte dieser 2-8-0-Lokomotiven war bis 1957 im Einsatz. – Die Einführung der Klasse Eb3/5 erfolgte 1911. 34 dieser 2-6-2-Tankloks wurden für den Nah- und Fernverkehr gebaut, und einige davon sind erhalten geblieben.

1913 führte man für den Personen- und Frachtverkehr die Klasse C5/6 ein, zu der die stärksten Schweizer Dampfloks gehörten. Mehrere dieser 2-10-0-Lokomotiven haben die Zeiten überdauert. – Die Dampflok Nr. 1067 der Klasse HG3/3 entstand

Die Museums-E-Lok Nr. 10700 in Lausanne (Juni 1997). Diese Lokomotive der Klasse Ae3/6 wurde Mitte der 1920er gebaut.

von Phase 1 dieses Planes wurden bis 2005 weitgehend erreicht. Heute betreibt die SBB fast 3000 km Strecken, die durchweg mit 1,5 kV/WS elektrifiziert sind. Hinzu kommen jene im Besitz von Privatbahnen, deren Länge über 2000 km beträgt. Bis auf die 1-m-Spur der Brunig-Strecke zwischen Interlaken und Luzern haben alle die Standardspurweite. Organisatorisch ist die SBB seit 1999 eine für den Langstrecken-Personen- und -Güterverkehr verantwortliche GmbH, die sich in selbstständige, für Infrastruktur, Personen- und Güterverkehr zuständige Sparten gliedert. SBB Cargo hat Tochterfirmen in Deutschland und Italien.

Hier sieht man die perfekt erhaltene E-Lok Nr. 10976 der Klasse Ae4/7 in Basel (Juni 1997). Diese Lok stammt aus den späten 1920ern, und die letzten Vertreter ihrer Klasse waren bis 1996 normal im Einsatz.

1910 für die 1-m-Spur. Sie ist eine von mehreren erhaltenen dieser 0-6-0-Zahnrad-Tanklokomotiven. Die SBB besitzt auch zahlreiche E-Loks. – Die Klasse Re4/4.1 leitet sich von einer Klasse von Gütertriebwagen ab und wurde ab 1946 im Personenverkehr eingesetzt. Die 50 gebauten Exemplare sind inzwischen großteils außer Dienst. Einige sind Museumsstücke, während andere leere Personenwaggons ziehen. Ihrer Höchstgeschwindigkeit beträgt 125 km/h. – Die Klassen Ae3/6.1, 11 und 111 wurden in den 1920ern im Personen- und Güterverkehr eingeführt; sie erreichten 175, 160 bzw. 145

km/h. Von jeder blieben einige Fahrzeuge erhalten. – Die 1927 eingeführte Klasse Ae4/7 bestand aus mehr als 120 Loks, die im Personen- und Güterverkehr eingesetzt wurden; viele von ihnen taten noch ihren Dienst, als man die Klasse 1996 ausrangierte. Mehrere Fahrzeuge blieben erhalten. Ihre Höchstge-

Vor einer atemberaubenden Berglandschaft warten einige Loks der Klasse Re4/4 in Bellinzona auf ihren nächsten Einsatz (Juni 1999).

Die E-Lok Nr. 10964 der Klasse Ae4/7 in Basel, Juni 1994 – zwei Jahre, bevor diese Klasse außer Dienst gestellt wurde.

Die E-Lok Nr. 11349 der Klasse Re4/4 bei einem Halt in Olten (Foto vom Juni 1995). Sie trägt noch den grünen Original-anstrich.

Lok Nr. 11667 der Klasse Re6/6 in Bellinzona (Juni 1998). Diese leistungsstarke Klasse wurde für Bergbahnen konstruiert.

Hier sieht man die Lok Nr. 11184 der Klasse Re4/4 in Genf (Juni 1994). Sie trägt den jüngeren roten Anstrich.

Die E-Lok Nr. 14270 der Klasse Ce6/8, ein Oldtimer von 1922, vor der Bergkulisse von Erstfeld (Februar 1996).

Die Güterzug-E-Lok Nr. 11424 der Klasse Ae6/6 wartet im Sonnenschein bei Bellinzona auf den nächsten Einsatz (Juni 1999).

Die E-Lok Nr. 14305 der Klasse Ce6/8, ein Veteran von 1926, bei der Ausfahrt mit einem Sonderzug aus Yverdon.

Die Lok Nr. 450 001 der Zürcher S-Bahn wartet in Zürich auf ihren nächsten Einsatz. Diese Klasse zieht im Raum Zürich Doppeldeckerzüge.

Klassen ausrangiert. – In den 1970ern wurde die Klasse Re6/6 in Dienst gestellt. Die im Personen- und Güterverkehr verwendeten Loks erreichen maximal 140 km/h. Sie eignen sich besonders gut für gebirgige Strecken, befahren aber auch das übrige Netz. – Zur in den 1920ern eingeführten Klasse Ce6/8 gehörten zwei Unterklassen; wegen ihrer Farbe nennt man diese Lokomotiven liebevoll „Krokodile". Ihre Höchstgeschwindigkeit beträgt 65 km/h. Einige sind erhalten geblieben. – Die Lokomotiven der Zürcher S-Bahn-Klasse 450 sind moderne Fahrzeuge von 1989. Sie ziehen im Großraum Zürich mit Doppeltraktion Doppeldeckwaggons. Die Klasse besteht aus 114 Loks und erreicht maximal 130 km/h. – 118 Loks umfasst die für den Personen- und Güterverkehr gedachte Klasse 460, deren Einführung 1991 erfolgte. Die Höchstgeschwindigkeit dieser Fahrzeuge beträgt 230 km/h; sie gleichen der

Die Klasse 460 wurde 1991 als Schnellzuglok für Personen- und Güterzüge eingeführt. Hier fährt die Lok Nr. 460 038 in Bellinzona ein (Juni 1998). Ähnliche Lokomotiven findet man auch in Norwegen und Finnland.

schwindigkeit betrug 100 km/h. – Zur Klasse Re4/4 gehörten über 270 Lokomotiven, und es gab einige konstruktive Unterschiede. Die ab 1964 über 20 Jahre lang gebauten Loks erreichen eine Höchstgeschwindigkeit von 140 km/h. Man setzt sie im Personen- und Güterverkehr ein. – Die in den 1950ern eingeführte Klasse Ae6/6 war für die Simplon- und Gotthard-Strecken gedacht, befährt aber heute das gesamte Netz. Die maximal 125 km/h schnellen Lokomotiven ziehen überwiegend Güterzüge. Einige hat man nach der Einführung neuer

norwegischen Klasse El 18 und der finnischen Sr2. Viele tragen Anstriche, die für Produkte, Dienstleistungen und allgemeinpolitische Botschaften werben. – Die SBB und ihre Cargo-Sparte haben kräftig in neue Güterzugloks investiert, um den Gütertransport innerhalb der Schweiz sowie nach Deutschland und Italien zu fördern. Zur Klasse 482 gehören 50 Lokomotiven, die im Wesentlichen der DB-Klasse 185 entsprechen (Näheres dazu finden Sie im Kapitel über Deutschland). Eingeführt wurden sie 2002.

Die 2004 in Dienst gestellte Klasse 484 besteht aus 18 Lokomotiven; die 18 Loks der Klasse 474 sind erst seit kurzem im Einsatz. Beide bestehen aus Fahrzeugen für zwei Spannungen (1,5 kV/WS und 3 kV/GS), die auch nach Italien fahren können. – Die SBB besitzen auch mehrere Klassen von E-Rangierloks: Die kleinen E-Loks der Klassen Te1, Te2 und Te3 wurden in mehreren Schüben 1972 (Te2), 1937 (Te1) und 1941 (Te3) eingeführt; in den 1960ern folgten weitere vom Typ Te2 und Te3. Diese drei Klassen verdienen Beachtung, weil die in den

Einige Lokomotiven der Klasse 460 tragen einen „Werbeanstrich". Die Lok Nr. 460 034 – hier in Lausanne, Juni 1997 – wirbt bspw. für eine Eisenbahnwerkstätte.

Die Rangier-E-Lok Nr. 154 der Klasse Te3 in Olten, Juni 1999; neben ihr hält die Rangier-Diesel-E-Lok Nr. 924 der Klasse Tm3.

Die Rangier-E-Lok Nr. 16425 der Klasse Ee3/3 bei einem Halt in Bern (Foto vom Juni 1994). Eingeführt wurde diese Klasse 1951.

Die große Rangier-E-Lok Nr. 17003 der Klasse Eem6/6 in Biel (Bielle) (Juni 1999). Ihre Einführung erfolgte 1970.

Die SBB-Klasse Am4/4 besteht aus früheren DB-Dieselloks der Klasse V220. Hier sieht man eine Reihe dieses Typs, an der Spitze die Nr. 18465 (Biel, Juni 1997).

1950ern und 1960ern eingeführten Rangierloks E- und Dieselantrieb haben. – Zur Klasse Te4 gehören nur drei Lokomotiven aus dem Jahre 1980. – Die Klasse Ee3/3 besteht aus größeren Rangierloks mit Mittelführerstand, die man 1928 in Dienst stellte; weitere folgten in den 1930ern, 1950ern und frühen 1960ern. Hinsichtlich der Konstruktion gibt es einige Unterschiede: Einige Lokomotiven sind auf eine, andere auf zwei und die letzte Charge sogar für zwei Spannungen ausgelegt. – Zur Klasse Ee6/6 1 und 2 gehören schwere Rangierloks, deren Einführung

Zur 1966 eingeführten Klasse Am 841 gehören Rangier- und leichte Güterzugloks. Hier sieht man die Lokomotive Nr. 841 020 in Olten (Juli 1999).

Rangierlokomotiven der Klasse Bm4/4 dienen auch als leichte Güterzugloks. Nr. 18429 hält hier in Basel (Foto vom Januar 2000).

Die Rangierloks der Klasse Em3/3 werden im gesamten SBB-Netz vielfach eingesetzt. Das Bild zeigt die Lok Nr. 18807 in Basel (Juni 1995).

1952 bzw. 1980 erfolgte. Sie werden vor allem auf Güterbahnhöfen eingesetzt und erreichen maximal 45 (6/6 1) bzw. 85 km/h (6/6 2). – Die Klasse Eem6/6 besteht aus sechs schweren, 1970 eingeführten Loks mit E- und Dieselantrieb, deren Höchstgeschwindigkeit 65 km/h beträgt. 1984 baute man sie zu Diesel-E-Loks um.

Die SBB besitzt mehrere Klassen von Hauptstrecken-Diesel- und Diesel-Rangierloks. Die Lokomotiven der Klasse Am4/4 wurden in Deutschland erworben, wo sie zuvor die DB-Klasse V200 bildeten (Näheres hierzu im Kapitel über die deutschen Eisenbahnen). Die SBB haben sie inzwischen ausrangiert, doch einige wurden an deutsche Privat-

Die Rangierlok Nr. 918 der Klasse Tm3 bei einem Halt in Lausanne (Juni 1994). Diese Diesel-E-Loks wurden 1958 eingeführt.

Die winzige Lok Nr. Ta 969 wird von Batterien angetrieben. Unser Bild zeigt das 1911 eingeführte Modell in Yverdon (Juni 1997).

Die 1970 eingeführte Klasse Tm4 besteht aus Diesellokomotiven. Hier die Lok Nr. 8757 bei einem Halt in Olten (Juni 1995).

Die Klasse Tm235 wurde 1991 für Streckenwartungsarbeiten eingeführt. Hier sieht man die Lok Nr. 235 001 im verschneiten Erstfeld (Februar 1996).

Die Klasse Bm4/4 wurde 1960 für Rangier- und leichte Güterfahrten eingeführt. Diese 46 Lokomotiven erreichen maximal 75 km/h. – Die Klassen Bm6/6 und Am6/6 bestehen aus Rangierlokomotiven von 1954 bzw. 1976. – 41 Loks für Rangier- und leichte Güterfahrten bilden die Klasse Em3/3 von 1959, deren Höchstgeschwindigkeit 65 km/h beträgt. – Die SBB besitzt auch diverse kleine Rangierloks. Die in den 1950ern eingeführten Klassen Tm 1, 2 und 3 unterscheiden sich in Konstruktion und Aussehen erheblich; eingesetzt werden sie in Depots, auf Güter- und anderen Bahnhöfen.

Die winzigen Rangierloks der Klasse Ta haben Batterieantrieb und werden in den Ausbesserungswer-

Die 1989 eingeführte Klasse HGe101 der Brünig-Linie besteht aus traditionellen Zahnradbahnloks. Hier die Nr. 101 964 in Meiringen (Juni 1999).

Die Klasse De110 der Brünig-Linie wurde 1941 eingeführt. Hier verlässt die Lok Nr. 110 004 mit ihrem Zug den Bahnhof Meiringen (Juni 1999).

bahnen verkauft. – Die Klasse Am 841 von 1996 besteht aus 39 Lokomotiven; sie werden im Rangier- und leichten Güterverkehr eingesetzt und erreichen maximal 80 km/h. – Die beiden Loks der Klasse Am 842 (19923) erwarb 1994 eine private Bahnbaufirma. Sie sind baugleich mit der niederländischen Klasse 6400 und erreichen eine Höchstgeschwindigkeit von 80 km/h. – Zur Klasse Am 842.1 gehören zwei Loks vom Vossloth-Typ G1000, erbaut 2003. – SBB Cargo erwarb 2003 für den Güterverkehr sechs Vossloth-Lokomotiven des Typs G2000; die Klasse heißt hier Am 840.

Die 73 Loks der Klasse Am 843 wurden 2003 für Rangierfahrten eingeführt und lösten damit einige der alten, größeren Fahrzeuge ab. – Zur Klasse Em 831 gehören drei Loks, die man 1992 als Prototypen einer neuen Diesel-Rangierlok in Dienst stellte. –

ken der SBB verwendet. Die älteste der konstruktiv und äußerlich heterogenen Loks entstand 1911. – Die über 80 Lokomotiven der Klasse Tm 4 wurden im Laufe der 1970er in zwei Schüben eingeführt; sie

Vor einer atemberaubenden Bergkulisse fährt die E-Lok Nr. 203 der Brunig-Klasse Te3 in Meiringen zu ihrem nächsten Rangiereinsatz (Juli 1999).

verrichten Rangierdienste auf Bahnhöfen und bei Bauzügen. Ihre Höchstgeschwindigkeit beträgt 30 bzw. 60 km/h (2. Charge). – Die Einführung der Klasse Tm 3 erfolgte ebenfalls in zwei Chargen Ende der 1970er und Anfang der 1980er; sie besitzt eine hydraulische Bühne für den Oberleitungs-

Hier hält die E-Lok Nr. 161 der BLS-Klasse Re4/4 in Lausanne (Juni 1997). Eingeführt wurde diese Klasse 1964.

betrieb, die Charge 2 zusätzlich einen hydraulischen Kran. Höchstgeschwindigkeit: 60 km/h. – Die Klasse Tm 235 wurde 1991 für Streckenarbeiten eingeführt. Sie erreicht 80 km/h und hat eine Plattform für Zusatzausrüstung. – Zur Klasse Tm 234 gehören 37 Rangierloks aus dem Jahre 2000, die verschiedene ältere Klassen abgelöst haben.

Die Schweizer Privatbahnen verfügen über ein faszinierendes Spektrum von Lokomotiven, die auf ver-

Die modernen BLS-E-Loks der Klasse 485 fahren regelmäßig nach Deutschland. Das Bild zeigt die Lok Nr. 485 007 in Mannheim (April 2004).

schiedenen Spurweiten verkehren und unterschiedliche Systeme nutzen. Bis vor kurzem gab es über 60, und obwohl es zu einigen Fusionen und anderen Rationalisierungsmaßnahmen kam, hat eine stattliche Anzahl überlebt. – Obwohl sie tatsächlich von den SBB betrieben wird, muss man in diesem Zusammenhang die Brunig-Linie zwischen Luzern und Interlaken erwähnen, da sie eine Spurweite von 1 m hat und teilweise als Zahnradbahn angelegt ist. – Zur Klasse HGe 101 gehören E-Loks von 1989, die neben normalen Strecken auch den Zahnradabschnitt befahren können. – Die 1941 eingeführten Gepäck-Triebwagen der Klasse De 110 erreichen maximal 65 km/h und waren zeitweilig mit Zahnradausrüstung versehen. Diese wurde später durch solche für Doppeltraktion ersetzt, sodass sie jetzt nur noch Normalstrecken befahren können. – Die Brunig-Linie verwendet auch kleine Rangierloks der Klassen Tc1, Te 3 und Tm 2 als 1-m-Versionen der entsprechenden SBB-Loks. Zwei Lokomotiven des Typs Tm2 wurden für den Zahnradbetrieb umgerüstet. Für die BLS fahren verschiedene E-Loks, darunter auch einige Oldtimer. Die Standardloks stellt die Klasse Re4/4, von der es 34 Stück gibt. Diese 1964 eingeführten Lokomotiven erreichen maximal 140 km/h. – Die Klasse Re465 von 1994 entspricht im Wesentlichen der SBB-Klasse 460. Die Höchst-

Die E-Lok Nr. 614 der RhB-Klasse Ge4/4 (Baujahr 1973) mit einem Personenzug bei der Ausfahrt aus Chur (Foto vom Juni 1999).

geschwindigkeit ihrer 18 Lokomotiven beträgt 230 km/h. Zur BLS-Klasse 485 gehören die modernsten E-Loks; sie verkehren in der gesamten Schweiz und fahren auch nach Deutschland. Diese 2002 eingeführten Lokomotiven entsprechen der SBB-Klasse 482 und der für Fahrten in die Schweiz ausgerüsteten DB-Klasse 185.

Die RhB-E-Loks der Klasse Ge6/6 wurden 1993 eingeführt. Hier fährt die Lok Nr. 644 mit Personenwagen langsam auf einen wartenden Zug zu (bei Chur, Juni 1998).

Auch die Rhätische Bahn verwendet zahlreiche Loktypen: Zur Klasse Ge4/4 gehören drei 1947, 1973 und 1993 eingeführte Unterklassen. Die ersten zehn sind Personen- und Güterzugloks mit Fähigkeit zur Doppeltraktion. – Die Klasse Ge6/6 von 1925 besteht aus als „Krokodilbabys" konfigurierten Loks, die heute als einsatzbereite Museumsstücke eingestuft werden. – Die Klassen Abe4/4 und Be4/4 umfassen E-Triebwagen, die 1939 bzw. 1971 in Dienst gestellt wurden. Auf den Güter- und anderen Bahnhöfen der RhB sind auch diverse Rangierloks im Einsatz. – Die übrigen Privatbahnen sind unterschiedlich groß und verwenden verschiedene

Die RhB-Lok Nr. 513 der Klasse Be4/4 wartet mit ihrem Personenzug in Landquart (Juni 1998). Eingeführt wurde diese Klasse 1971.

Die Klasse Te2/2 ist einer der Rangierloktypen der RhB. Nr. 72 wurde 1946 gebaut und hält hier in Davos (Foto vom Juni 1998).

Eine E-Lok der BVZ-Klasse Deh4/4 verlässt mit einem Personenzug den Bahnhof Brig (Juni 1998). Diese Klasse wurde 1975 eingeführt.

Die RhB-Rangierlok Nr. 86 der Klasse Tm2/2 wartet in Davos auf ihren nächsten Einsatz (Juni 1998).

Die in Montreux ansässige MOB besitzt verschiedene Typen von Lokomotiven, u.a. diese Nr. 2 der Klasse Tm2/2 (Chernex, Juni 1999).

Dampf-, Diesel- und E-Loks: Die BVZ ist ein 1-m-Netz, auf dem mehrere E-Lok-Typen verkehren. Die Klasse HGe4/4 wurde 1929 eingeführt und erreicht maximal 45 km/h. – Zur Klasse HGe4/4.2 zählen fünf 1990 gebaute Loks, deren Höchstgeschwindigkeit 90 km/h beträgt. – Die Klasse Deh4/4 wurde Mitte der 1970er hergestellt und bringt es auf 65 km/h. Alle haben Zahnradausrüstung.

Die FO-Bahn gehört heute zur BVZ und ist eine 1-m-Strecke. Sie verwendet ähnliche Loks wie die BVZ, die in ihrer Mehrzahl zahnradbahntauglich sind. Die Montreux-Oberland-Bernois-Bahn (MOB) verwendet verschiedene E- und Diesel-Rangierloks, darunter auch solche der Klassen Gm4/4 (1976), GDe4/4 (1983) und Ge4/4 (Baujahr 1995). Ferner besitzt sie drei Rangierloks vom Typ Tm2/2 aus den Jahren 1938, 1953 und 1954. Der Regionalverkehr Mittelland (RM) entstand durch die Fusion von drei Bahnen, zu denen auch die Emmenthal-Burgdorf-Thun-Bahn (EBT) gehörte. Diese Eisenbahn besitzt eine Anzahl von Lokomotiven, u.a. E-Oldtimer der Klasse Be4/4 aus den 1930ern, deren Höchstgeschwindigkeit 80 km/h beträgt.

Zu den kleineren Gesellschaften, deren Loks einen kleinen Teil des SBB-Netzes befahren, gehört die RVT aus der Westschweiz. Sie besitzt zwei Lokomotiven: Eine Tm-Rangierlok von 1983 und eine E-Lok der Klasse Be4/4 aus dem Jahre 1951.

Die RVT-E-Lok Nr. 1 der Klasse Be4/4 in Neuchâtel (Neuenburg) (Juni 1997). Erbaut wurde diese Lokomotive 1951.

Spanien und Portugal

In Spanien und Portugal gibt es hauptsächlich Breitspurlinien, aber auch einige Schmalspurbahnen. Spanien besitzt zusätzlich mehrere Strecken der Standardspur. Beide Länder verfügen über eine Vielfalt von E- und Dieselloks, darunter auch einige relativ moderne Klassen.

Spaniens erste Eisenbahn war die 1848 eröffnete Strecke Barcelona-Mataro. Es handelte sich anscheinend um eine Breitspurstrecke, denn so legte es das Königliche Dekret fest, das auch die maßgebliche Beteiligung des Staates regelte. Die Entscheidung

Die AVE-Züge werden unter Verwendung einiger spanischer Komponenten in Frankreich gebaut. Sie leiten sich direkt vom französischen TGV ab.

für die Breitspur könnte die künftige Entwicklung gehemmt haben, da sie nicht mit der Entwicklung in den meisten europäischen Staaten harmonierte. Zum Bau neuer Linien wurden Bahngesellschaften gegründet, deren Erfolge sich allerdings wegen zu knapper Geldmittel in Grenzen hielten. Erst 1924 beschloss die Regierung, Geldmittel für den Umbau des Streckennetzes bereitzustellen, aber die Gewinne der Bahngesellschaften reichten in den folgenden Jahren weder für einen leistungsfähigen Bahnbetrieb noch für den Ausbau der Infrastruktur aus. Der Bürgerkrieg führte ab 1936 zu großen Zerstörungen; schließlich übernahm der Staat 1943 die Kontrolle über die Bahn und gründete als Betreiber die RENFE.

Die erste Eisenbahn Portugals verband ab 1856 Lissabon und Carregado. Anschließend wurde das nationale Streckennetz mit privaten Geldern als Breitspurbahn ausgebaut; die fertigen Trassen wurden paritätisch Staats- und Privateigentum. 1926 vermietete der Staat seine Linien an die Privatbahn, doch 1947 kam das gesamte System unter die Kontrolle der CP, wobei die private Gesellschaft weiterhin die zuvor gemieteten Strecken betrieb.

Heute gibt es in Spanien über mehr als 15 000 km

Eisenbahnen. Die meisten Breitspurstrecken wurden mit 3 kV/GS elektrifiziert. Die RENFE hat auch kräftig in Hochgeschwindigkeitslinien mit Standardspur (25 kV/WS) investiert. Portugal besitzt fast 3000 km Strecken, von denen ein bedeutender Prozentsatz mit 25 kV/WS elektrifiziert ist. Auch hier investierte man in Hochgeschwindigkeitslinien. Die letzten Dampfloks setzten Spanien und Portugal in den 1970ern ein, und jedes Land besaß eine Reihe interessanter Typen: Spanien führte 1857 die Klasse

Die RENFE-Klasse 276 ist eine Breitspurversion der SNCF-Klasse CC7100. Das Bild zeigt die Lok Nr. 7652 in Barcelona (Oktober 1998).

030 ein; viele dieser in England und Frankreich gebauten Loks taten bis in die 1950er ihre Dienste. Ein Exemplar blieb erhalten.

Die Garratt-Klasse der RENFE wurde in den 1930ern eingeführt; sie bestand aus sechs 4-6-2 und 2-6-4-Loks, die sich im Personenverkehr auf steilen Strecken bewährten. Man setzte sie bis in die 1970er ein; eine steht im Museum von Barcelona. – Zur

Hier hält die RENFE-E-Lok Nr. 269 402 mit einem TALGO-Zug in Málaga (April 1996). Die Lok dient speziell diesem Zweck.

Die E-Lok Nr. 279 002 bei einem Halt in Irún (August 1995). Eingeführt wurde diese Klasse 1967.

Diese moderne RENFE-E-Lok (Nr. 252 060) koppelt an ihren Zug an (Malaga, April 1996). Die Klasse zieht Personen- und Güterzüge.

Die E-Lok Nr. 2514, ein Veteran der CP, hält zwischen zwei Einsätzen in Lissabon. Die Einführung dieser Klasse erfolgte 1956.

Die E-Lok Nr. 2609 der CP bei einem Halt in Lissabon (April 1995). Das Styling dieser Loks entspricht exakt dem der SNCF-Klasse BB15000.

Die RENFE-Dieselklasse 316/1600 wurde 1955 eingeführt. Hier hält die Lok Nr. 1616 mit dem attraktiven Anstrich der Eisenbahnfabrik COMSA in Barcelona.

RENFE-Klasse 141F gehörten mehr als 240 2-8-2-Lokomotiven aus den 1950ern, die im Personen- und Güterverkehr Dienst taten.

Die portugiesische Klasse E bestand aus 2-4-6-0-Tankloks, die ab 1911 auf den 1-m-Strecken im Douro-Tal verkehrten. Sie wurden bis in die 1970er eingesetzt. – Die riesigen 2-8-4-Tankloks der Klasse 020 fuhren ab 1925 als Nahverkehrszüge im Raum von Lissabon und Oporto. Sie arbeiteten bis in die 1960er.

Die E-Lok-Klasse 276 der RENFE wurde 1956 eingeführt und 1993 gab es einige Umbauten. Zu ihr

Lok Nr. 1801 der RENFE-Klasse 318/1800 hält hier in Barcelona (Oktober 1998). Diese Klasse wurde 1958 einge-führt.

gehörten ursprünglich insgesamt 136 Lokomotiven, Breitspurversionen der SNCF-Klasse CC7100. Mittlerweile sind fast alle ausrangiert. – Zahlenmäßig ist die Klasse 269 die bedeutendste E-Lok-Klasse; sie wurde in mehreren Chargen ab 1973 eingeführt. Diese Loks ziehen Personen- und Güterzüge; je nach Einsatzart sind sie unterschiedlich ausgerüstet. Einige Exemplare hat man besonderen Typen von Personenzügen zugewiesen. Die Höchstgeschwindigkeit (130 km/h) wird allerdings von den einfachsten Modellen nicht erreicht. – Die 1967 eingeführte

Klasse 279 besteht aus Lokomotiven für zwei Spannungen (1,5 und 3 kV/GS) für Fahrten im spanisch-französischen Grenzgebiet. Sie ziehen heute vorwiegend Güterzüge. – Die Klassen 250, 251 und 252 führte man in den 1980ern und frühen 1990ern ein; einige 252er sind für die Standardspur konstruiert, andere für die Breitspur. Etwa 50% der Klasse 252 bestehen aus Doppelspannungs-Loks (3 kV/GS und 25 kV/WS). Die Fahrzeuge ziehen Personen- und Güterzüge.

Die CP besitzt verschiedene Typen von E-Loks. Die Lokomotiven der Klasse 25 (für eine Spannung) wurden in zwei Gruppen 1956 bzw. 1963 eingeführt. Sie verrichten Personen- und Frachtfahrten und erreichen 130 km/h. – Die Klasse 26 besteht aus zwei Gruppen, die man 1974 und 1986 vornehmlich für Personenzüge einführte. Diese Lokomotiven gleichen äußerlich der SNCF-Klasse BB15000 und wurden in Frankreich und Portugal gebaut. Im Personenverkehr beträgt ihre Höchstgeschwindigkeit 160 km/h. – Zur Klasse 56 gehören modernere Lokomotiven aus dem Jahre 1993. Sie arbeiten als Personen- und Güterloks und erreichen 200 km/h.

Die RENFE-Dieselklasse 1600 (später 316) wurde 1955 eingeführt und in den 1970ern umgebaut. Sie zog Personenzüge und erreichte eine Höchstgeschwindigkeit von 130 km/h. Mittlerweile hat man die meisten ausrangiert, aber einige fahren noch für private Bahnbaufirmen und eine steht im Museum. – Die Klasse 1800 (318) aus dem Jahre 1958 umfasste 24 Lokomotiven (vorwiegend für den Perso-

Die mächtige RENFE-Diesellok Nr. 319 247 pausiert zwischen zwei Einsätzen in Algeciras (August 2004). Diese Klasse wird bei Personen- und Güterzügen eingesetzt.

Die Diesel-Rangierlok Nr. 308 025, ein RENFE-Veteran aus den 1960ern, wartet in Barcelona auf den nächsten Zug (Oktober 1998).

Die relativ moderne RENFE-Rangierlok Nr. 309 011 verlässt zu ihrem nächsten Einsatz Hendaye (das Foto entstand im August 1995).

Die RENFE-Rangier- und leichte Güterzuglok Nr. 310 021 der Klasse 310 fährt in Malaga zu ihrem nächsten Einsatz (April 1996).

Die Diesellokomotiven der CP-Klasse 1200 wurden 1961 eingeführt. Hier wartet die Lok Nr. 1209 mit einem Nahverkehrszug in Lagos auf das Ausfahrtssignal (April 1995).

nenverkehr). Sie erreichten maximal 120 km/h. Bis auf ein Museumsexemplar wurden inzwischen alle ausrangiert. – Die 1965 in Dienst gestellte Klasse 319 erreichte maximal 120 km/h. Sie wurde im Personen- und Güterverkehr eingesetzt; einige Fahr-

zeuge hatten bei ihrer Einführung die Standardspur. – Die Klassen 352, 353 und 354 führte man in den 1960ern bzw. 1980ern (Kl. 354) für die Fahrgastzüge der TALGO ein. Seit Eröffnung der Hochgeschwindigkeitslinien wurden sie seltener verwendet und großteils ausgemustert.

Die Diesellokomotiven der CP-Klasse 1300 wurden von der RENFE übernommen (dort hieß die Klasse 313). Hier sieht man zwei Exemplare in Barreiro (April 1995).

Die CP-Diesellok Nr. 1446 wartet mit einem Nahverkehrszug in Barreiro auf die Ausfahrt. Diese Klasse wird auch als Güterzuglok eingesetzt.

Die RENFE besitzt mehrere Klassen von Rangierloks, u.a. die Klasse 308 aus den 1960ern und die in den 1980ern eingeführten Klassen 309 und 310. – Die CP-Klasse 1200 war ab 1961 im Personenverkehr im Einsatz; sie basierte auf der SNCF-Klasse BB634000 und erreichte 80 km/h. – Die 1965 als Klasse 313 gebaute Klasse 1300 wurde 1989 von der RENFE erworben. Ihre Höchstgeschwindigkeit beträgt 120 km/h. – Die Klassen 1400 und 1500 stellte man 1967 bzw. 1948/55 in Dienst; es handelt sich um Personen- und Güterzugloks, die es auf 105 bzw. 120 km/h bringen. – Die in Großbritannien gebaute Klasse 1800 trat ihren Dienst in den 1960ern an und basierte auf der Klasse 50 von British Rail.

Sie wurde im Personen- und Güterverkehr eingesetzt; ihre Höchstgeschwindigkeit betrug 140 km/h. Einige blieben nach der Ausrangierung erhalten. – Die Klassen 1900, 1930 und 1960 führte man 1973 (Kl. 1962) und in den 1980ern ein. Die 1900er sind Güterzuglokomotiven, die beiden anderen für Personenzüge vorgesehen. Die Frachtklasse erreicht eine Höchstgeschwindigkeit von 100 km/h, die anderen 120 km/h. – Zur 1966 eingeführten Klasse 1150 gehören die jüngsten Rangierloks, die es auf 60 km/h bringen. – Aus kleinen Rangierloks bestehen auch die 1948, 1955 bzw. 1949 eingeführten Klassen 1001, 1051 und 1101.

Sowohl in Spanien als auch in Portugal gibt es Privatbahnen, die in Spanien auf Schmalspur-, in Portugal hingegen auf Breitspurgleisen verkehren. Sie setzen vorwiegend Dieselloks ein, doch die portugiesische Estoril-Linie besitzt eine Reihe von E-Veteranen aus den 1920ern und 1940ern, die mit 1,5 kV/GS betrieben werden.

Die CP-Diesellok Nr. 1505 macht sich am Haltepunkt Barreiro zur Abfahrt bereit (April 1995). Diese Klasse dient als Personen- und Güterzuglok.

Die Personen- und Güterzuglok Nr. 1552 der CP hält hier im sonnigen Barreiro (April 1995).

Die mittlerweile ausgemusterte CP-Klasse 1800 (hier Lok Nr. 1807) bei einem Halt in Barreiro (April 1995). Sie wurde in den 1960ern eingeführt.

Die CP-Diesellok Nr. 1940 – hier bei der Ausfahrt mit einem Personenzug aus Albufeira – zeigt unverkennbar französisches Styling.

Die Diesel-Rangierlok Nr. 1172 pausiert zwischen zwei Einsätzen in Lissabon (April 1995). Diese bemerkenswerte Lokomotive wurde in den 1960ern eingeführt.

Slowenien

Slowenien gehörte früher zu Jugoslawien; es wurde 1991 unabhängig, und sein Bahnsystem ähnelt dem mehrerer anderer ex-jugoslawischer Republiken. Die Slowenische Eisenbahn (SZ) besitzt neben einer Reihe musealer Dampflokomotiven eine Flotte von aktiven E- und Dieselloks.

Die erste Bahnlinie im heutigen Slowenien ging 1846 in Betrieb und verband Sentilj mit Celje; heute ist sie ein Abschnitt der Strecke Graz-Triest. Erbauer war die k.u.k. Südbahn, die 1857 von der k.u.k. privilegierten Südbahngesellschaft übernommen wurde. Letztere bestand noch bis ins Jahr 1924; damals gehörten ihr die wichtigsten Bahnstrecken Sloweniens.

In der zweiten Hälfte des 19. Jahrhunderts wurden viele weitere Bahnlinien gebaut, und dieser Prozess setzte sich bis zum Ersten Weltkrieg fort. 1918 übernahm das Königreich der Serben, Kroaten und Slowenen das Bahnnetz, und 1929 wurde die Staatliche Jugoslawische Eisenbahn (JDZ) gegründet, die mit Hilfe von Regionalverwaltungen arbeitete, von denen eine in der heutigen Hauptstadt Ljubljana ansässig war.

Der Zweite Weltkrieg verursachte schwere Schäden, die man in den folgenden Jahren beseitigte. Ab 1952 trug die Eisenbahn den Namen JZ, und in den

Die 2-8-2-Tankloks der Klasse 118 wurden in den 1920ern als Personenzugloks eingeführt. Nr. 118 005 blieb in Nova Gorica Görz) erhalten und steht hier in der Morgensonne (September 2005). In Italien fuhr sie als Nr. 940 015.

1960ern wurden über 12% der heute slowenischen Strecken stillgelegt. Nach der Ausrufung der Republik Slowenien im Jahre 1991 betrieb die Slovenske Zeleznice (SZ) das Bahnnetz. Dieses umfasst heute über 2000 km, von denen mehr als 500 mit 3 kV/GS (wie im Nachbarland Italien) elektrifiziert sind. Es gibt Pläne für den Anschluss Sloweniens an das Hochgeschwindigkeitsnetz, wobei Italien als Verbindungsstelle dienen soll. Die SZ hat bereits Neige- und neue Einheitszüge angeschafft. Slowenien ist Mitglied der EU, und es wird interessant sein zu beobachten, wie sich die „Offene Tür" auf das Land auswirkt.

Die SZ besitzt eine Reihe historischer Dampfloks, von denen die meisten im hervorragenden Eisenbahnmuseum von Ljubljana stehen. Andere sind auf

Die 0-6-0-Lokomotiven der Klasse 125 waren Gützerzugloks aus den 1890ern. Erhalten blieb die abgebildete Nr. 125 037 (hier in Pragersko, September 2005).

Sockeln an Bahnhöfen und Lokdepots ausgestellt. Den Sonderzug des früheren Präsidenten Tito zog eine der drei im Museum präsentierten Loks der Klasse 11. Diese prächtige 4-8-0-Lokomotive wurde 1947 in Ungarn gebaut. – Zur Klasse 118 gehörten 2-8-2-Tankloks, die man in den 1920ern für

Personenzüge fertigte. Erhalten blieb die Lok Nr. 118.005, die als FS 940.015 auch in Italien eingesetzt wurde.

Die in mehreren Exemplaren erhaltene Klasse 33 bestand aus ehemals deutschen „Kriegsloks" (2-10-0) aus den 1940ern, die als vielseitige Personen- und Güterzuglokomotiven dienten. – Die Klasse 125 umfasste 0-6-0-Güterzugloks aus den 1890ern. Erhalten blieb ein Exemplar, das als MAV-Klasse 326 auch in Ungarn Dienst tat. – Die Klasse 06 bestand aus 2-8-2-Lokomotiven der 1930er, die man im Personenverkehr einsetzte; erhalten blieben drei Fahrzeuge. – Zur Klasse 25 gehörten in den 1920ern eingeführte 2-8-0-Loks für Güterzüge, die auch in Italien Verwendung fanden. Mehrere Exemplare überlebten.

Die SZ verwendete vier Klassen von E-Loks: Zur Klasse 361 gehörten ehemals italienische FS-Loks

Die SZ-E-Loks der Klasse 342 dienen als Güter- und Personenzuglokomotiven. Die Nr. 342 039 zieht hier in Ljubljana einen einsamen Speisewagen (Oktober 2002).

Mehrere Lokomotiven der Klasse 342 wurden an italienische Privatbahnen verkauft. Die FNM-Lok Nr. 640 03 hält hier in Mailand (September 2005).

Die SZ-E-Lok Nr. 362 038 aus den 1960ern wurde in Ljubljana (Laibach) fotografiert (Oktober 2002). Diese Klasse wird als Güter- und Personenzuglok eingesetzt.

der Klasse 626 aus den späten 1920ern, die man nach dem Zweiten Weltkrieg erwarb. Ausrangiert wurden sie Ende der 1970er. – Die Klasse 342 besteht aus 40 Loks für Personen- und Güterzüge von 1968. Einige von ihnen befinden sich heute in Italien, da man sie an dortige Privatbahnen verkauft hat. – Die Klasse 362 umfasst 17 Loks aus den

Hier halten die SZ-E-Loks 363 023 und 029 in Jesenice (Aßling; Oktober 2002). Der Wasserkran für Dampfloks ist eine nostalgische Erinnerung an alte Zeiten.

frühen 1960ern, die im Personen- und Güterverkehr eingesetzt waren.

Die 39 Lokomotiven der Klasse 363 basieren auf der SNCF-Klasse CC 6500 und zeigen folglich französisches Styling. Sie dienen als Personen- und Güterzugloks. Derzeit testet die SZ Lokomotiven der deutschen DB-Klasse 189, von denen sie möglicherweise einige erwerben wird.

Die SZ besitzt auch mehrere Klassen von Dieselloks. Zur Klasse 642 gehören 18 in Jugoslawien gebaute Rangierlokomotiven aus dem Jahr 1961, die

mit den SNCF-Loks der Klasse 63400 baugleich sind. Diese Loks erreichen 90 km/h. – Die ähnlichen, aber stärkeren 643er wurden 1967 eingeführt und in Frankreich gebaut.

Die Klasse 644 besteht aus 20 in Spanien gebauten Loks, die Mitte der 1970er eingeführt wurden und auf Lokalbahnen Güter befördern. Ihre Höchstgeschwindigkeit beträgt 90 km/h. – Zur Klasse 664.1 aus dem Jahre 1984 gehören Sloweniens stärkste Dieselloks. Sie umfasst 20 in Jugoslawien montierte Fahrzeuge von General Motors. Diese werden im Personen- und Güterverkehr eingesetzt und erreichen 105 km/h. – Zur Klasse 661 gehörten ursprünglich drei Loks der Klasse 661.0, zwei der Klasse

Die SZ-Diesel-Rangierlok Nr. 642 200 bei einem Halt in Maribor (Marburg/Drau; September 2005). Diese Klasse wurde 1961 eingeführt.

Die SZ-Diesel-Rangierlok Nr. 643 014 bei der Fahrt durch Ljubljana (Laibach; Oktober 2002). Eingeführt wurde diese Klasse 1967.

661.1 und zwei der Klasse 661.4. Ihre Einführung erfolgte in den 1960ern und frühen 1970ern. Heute werden nur noch die 661.4er mit Güterzügen eingesetzt. Ihre Höchstgeschwindigkeit beträgt 120 km/h. – Die Klassen 731 und 732.1 sind Rangierlokomotiven aus den Jahren 1960 bzw. 1970. Die SZ besitzt fünf 731er und 23 Lokomotiven der Klasse 732, von denen einige allerdings an Bosnien-Herzegowina übergeben wurden, um den Wiederaufbau der dortigen Eisenbahn zu unterstützen.

Die in Spanien gebaute SZ-Diesellok Nr. 644 015 bei einem Halt in Ljubljana (Laibach; September 2005); die Einführung der Klasse erfolgte in den 1970ern.

Die SZ-Diesellok Nr. 661 415 der Klasse 661 hält hier in Maribor (Marburg/Drau; September 2005). Diese kleine Lokomotivenklasse kommt bei Güterzügen zum Einsatz.

Die Diesellok Nr. 664 118, eine der stärksten SZ-Lokomotiven für Personen- und Güterzüge, während eines Halts in Nova Gorica (Görz; September 2005).

Die Rangierlok Nr. 732 178 wartet in Maribor (Marburg/Drau) auf ihren nächsten Einsatz (September 2005). Von dieser 1970 eingeführten Klasse wurden einige an Bosnien-Herzegowina verschenkt, um den Wiederaufbau der dortigen Bahnen zu unterstützen.

Polen

Polen ist flächenmäßig ein großes Land, das eine stattliche Flotte von Dampf-, Diesel- und E-Loks besitzt, die eine Mischung aus Breit-, Standard- und Schmalspurbahnen befahren.

Die erste Eisenbahn ging 1842 in Betrieb, als das Land zwischen Preußen, Österreich und Russland aufgeteilt war. Dieser Zustand hielt noch bis 1919 an, konnte aber den weiteren Ausbau des Netzes nicht behindern, obgleich man im russischen Teil die Breit- und im preußisch-deutschen die Schmalspur verwendete. Im Ersten Weltkrieg besetzten Deutschland und Österreich Russisch-Polen; einige der dor-

Eine polnische 2-10-0-Lok zeichnet sich gegen den Horizont ab, während sie mit Volldampf ihren Personenzug durch die Landschaft zieht.

tigen Linien wurden nach dem Krieg auf die Standardspur umgestellt.

Nach der Wiederbegründung Polens im Jahre 1921 schuf man 1926 die PKP. Die Zeit bis zum Zweiten Weltkrieg bot Gelegenheit zu Verbesserungen am Eisenbahnsystem. Obwohl schon früher einige Linien elektrifiziert worden waren, weihte man 1936 die erste offiziell elektrifizierte Strecke ein, der schon bald andere folgten. Gebaut wurden sie von Briten, und auch die Lokomotiven kamen als Bestandteil der Vereinbarung aus Großbritannien. Der Zweite Weltkrieg traf die Infrastruktur schwer; er vernichtete zahlreiche Lokomotiven und viele der Waggons. In der Nachkriegszeit baute man neue Strecken (auch solche mit Schmalspur) und setzte die Elektrifizierung verstärkt fort. Heute betreibt die PKP über 24 000 km Linien, von denen die Mehrheit mit 3 kV/GS elektrifiziert ist. Sie hat auch eine Anzahl von Geschäftssparten eingerichtet, u.a. PKP Cargo für den Güterverkehr. In Polen gibt es auch zahlreiche Privatbahnen.

In den letzten Jahren hatte die PKP leider große finanzielle Probleme. Polen ist jedoch mittlerweile Mitglied der EU, und so besteht die Möglichkeit, dass auch EU-Gelder in die wichtigsten Ausbau- und Erneuerungsmaßnahmen fließen.

Polen unterhält immer noch zahlreiche Dampflokomotiven und besitzt einige Museumsbahnhöfe. Noch

im Dienst stehen die Klassen 01.49 – in den 1950ern für den Personenverkehr eingeführt – sowie Ty2 und Ty42 – 2-10-0-Güterloks aus den 1940ern. Es gibt auch mehrere Klassen von Schmalspur-Dampflokomotiven. Eine davon steht heute als Museumsstück auf den Cook-Inseln im Pazifischen Ozean!

Die PKP besitzt eine stattliche Anzahl von E-Lok-Klassen; die gesamte Flotte umfasst einige Hundert Lokomotiven. Zu den wichtigsten Klassen gehört

Nr. EU07 117, ein frühes Beispiel für die große E-Lok-Klasse PKP, beim Bewegen ihres Zuges in Chabowka (Foto vom Oktober 2005).

Hier verlässt die Nr. 448, ein jüngeres Exemplar der Klasse EU07, mit ihrem Personenzug Gdansk (Danzig) (Okt. 1996).

Die PKP-E-Lok Nr. EP09 013 zieht ihren Zug durch Krakau (Oktober 2005). Diese Klasse wurde in den 1980ern einge-führt.

Die imposante Doppel-E-Lok Nr. ET42 007 der PKP wartet in Gdansk (Danzig) auf den Signalwechsel (Foto vom Oktober 1996).

die zwischen 1963 und 1992 eingeführte EU07, die vorwiegend Personenzüge zieht. Sie leitet sich von der 1961 eingeführten britischen Klasse EU06 ab. – Die Klasse EP09 wurde ab Mitte der 1980er im Personen-Schnellverkehr eingesetzt. Ihre 47 Lokomotiven erreichen maximal 160 km/h. – Zur Klasse ET22 gehörten ursprünglich 120 Loks, deren Höchstgeschwindigkeit 125 km/h betrug. Sie wurden 1971 für den Güterverkehr eingeführt, ziehen aber auch Personenzüge. – Die Klassen ET40, 41 und 42 sind Doppelloks für den Frachtverkehr aus den 1970ern.

Außerdem verfügt die PKP über eine stattliche Flotte von Dieselloks: Die Klasse SM30 besteht aus Rangierloks von 1959. – Zu den Klassen SM42,

SP42 und SU42 zählen Loks für Rangier- und leichte Güterfahrten aus dem Jahre 1963; einige ziehen auch Personenzüge. – Die Loks der Klasse SU45 sind modernisierte SP45er, die man in den 1960ern im Güter- und Personenverkehr einführte. – Zahlenmäßig bedeutend sind die Klassen ST43 und ST44 aus den 1960ern. – Die 1974 v.a. für den Personenverkehr eingeführte Klasse SU46 umfasst die stärksten Dieselloks der PKP. – Die Klasse SM48 von

Die Doppel-E-Lok Nr. ET40 43 der PKP durchfährt im Oktober 1996 langsam den Danziger Bahnhof. Diese Klasse stammt aus den 1970ern.

Die kleine Diesel-Rangierlok Nr. SM30 250 der PKP zieht einen Werkstattzug durch den Bahnhof von Gdansk (Danzig; Oktober 1996). Die Klasse stammt aus dem Jahr 1959.

1976 wurde in Russland gebaut. – Auf den verschiedenen Schmalspuren setzt die PKP diverse Klassen von Loks ein, die aus den 1960ern und 1970ern stammen.

Einige wurden mittlerweile ausrangiert und von der britischen Welsh Highland Railway erworben.

Eine große PKP-Diesellok der Klasse SM42 für Rangier- und leichte Güterfahrten durchfährt im Oktober 1996 den Bahnhof von Gdansk (Danzig).

Die hübschen Klassen- und Nummernplaketten der PKP-Schmalspur-Diesellok Nr. LYd2 58. Diese Lok fährt heute für die Welsh Highland Railway.

Die Herstellerplakette der PKP-Schmalspur-Diesellok Nr. LYd2 58 verrät, dass sie 1979 in Rumänien gebaut wurde

Weitere europäische Eisenbahnen

Mehrere europäische Staaten, deren Bahnen stark an die Netze ihrer Nachbarländer angebunden sind, verwenden interessante Lokomotiven.

Die Diesellok Nr. 2063 014 der kroatischen HZ mit ihrem hübschen blauen Anstrich hält hier wartend an der Grenze zwischen Kroatien und Ungarn (September 2004).

Die Klasse 2063 der Kroatischen Eisenbahn (HZ) besteht aus 663ern der früheren jugoslawischen JZ. Diese imposanten, in den frühen 1970ern bei GM gebauten Lokomotiven ziehen Personen- und Güterzüge. Heute tragen sie einen hübschen blauen Anstrich.

Die Loks der Klasse 1141/1142 basieren auf der Rc-Familie der schwedischen Eisenbahn (SJ), die man u.a. auch in Österreich (als Kl. 1043), Bosnien und Mazedonien (Kl. 441) findet (näheres hierzu lesen Sie im Kapitel über Schweden).

Die moderne E-Lok Nr. 120 027 der griechischen OSE ist hier kurz nach der Auslieferung Ende 2005 zu sehen. Gebaut wird diese Klasse in Deutschland.

Loks der rumänischen CFR-Klasse 60 findet man auch in mehreren anderen Ländern Europas. Einige wurden an die deutsche Privatbahn KEG verkauft: Das Bild zeigt die Lok 2105 (CFR-Nr. 60 0905) in Rheine (Mai 2001).

Griechenland besitzt Lokomotiven der Klasse 120, die früher H-561 hieß. Es sind die ersten E-Loks der Griechischen Eisenbahn (OSE), von denen man 1998 sechs einführte. Anschließend wurden 24 weitere bestellt, die sich derzeit in der Auslieferung befinden. Sie werden mit 25 kV/WS betrieben und erreichen maximal 200 km/h.

Die 60er-Lokomotiven der Rumänischen Eisenbahn (CFR) sind eine erfolgreiche Dieselklasse, die außerdem u.a. in Polen (Kl. ST43); Bulgarien (Kl. 06) und China (Kl. ND2/3) eingesetzt wird. Ihre Einführung erfolgte im Jahre 1960; von den insgesamt fast 2500 gebauten Lokomotiven gingen mehr als 1400 an die CFR. Die Klasse wird im Personen- und Güterverkehr eingesetzt; ihre Höchstgeschwindigkeit beträgt 100 km/h. In den letzten Jahren hatte die CFR einen Überschuss dieser Loks, sodass einige nach Deutschland (Privatbahn KEG), Spanien und Italien verkauft wurden.

Die Ukrainische Eisenbahn (heute UZ) war früher ein Teil des Sowjetnetzes; ihre Dampfloks der Klasse TE waren ehemals deutsche „Kriegsloks" (2-10-0) aus den 1940ern, die nach dem Krieg an die UdSSR gingen. Ein Exemplar – die TE 3915 – steht heute im Museum von Speyer; es ist die frühere deutsche Lok 52.3915. Die UZ besitzt auch schwere

E-Güterloks. Die Unterklasse VL11 ist eine Doppel-lokomotive aus den 1980ern, die für das 3-kV/GS-Netz gebaut wurde. Die Loks bilden einen Teil der umfangreichen Klasse VL11, von der man in der Sowjetunion insgesamt über 1000 Stück herstellte. Diese Breitspurlokomotiven erreichen maximal 100 km/h und arbeiten mit den Breitspurloks der slowakischen Klasse 125 zusammen, die Güter von und zur ukrainischen Grenze befördern.

Viele deutsche „Kriegsloks" verblieben in der UdSSR. Die Lokomotive 52.3915 wurde so zur ukrainischen TE 3915, die man heute im Museum von Speyer bewundern kann (Mai 2002).

Die Staaten der früheren UdSSR „erbten" bei ihrer Unabhängigkeit Lokomotiven. Die Ukraine verwendet Doppel-Güter-E-Loks; unser Bild zeigt die Lokomotive VL11 m 106 mit einem Güterzug an der slowakisch-ukrainischen Grenze (April 2005).

Die Siemens AG wurde vom ukrainischen Lokomotivenbauer GP NK Elektrovozostroeniya beauftragt, ihm E-Loks zu liefern; die Entwicklung erfolgt gemeinsam bei Siemens und der ukrainischen Bahngesellschaft Ukrzaliznizija.

Die baltischen Staaten

Zu den baltischen Staaten gehören Estland, Lettland und Litauen. Vor ihrer erneuten Unabhängigkeit gehörten alle drei zur Sowjetunion bzw. deren Eisenbahn (RZD); ihre Bahnen verwenden noch immer typische RZD-Lokomotiven. Zu diesen Flotten gehören diverse Klassen von Loks, die in Estland durch den Ankauf gebrauchter US-Fahrzeuge vermehrt wurden.

Estland fiel im Jahre 1721 an Russland, erlangte jedoch 1920 seine Unabhängigkeit. Nacheinander von Sowjets und Deutschen besetzt, wurde das Land schließlich abermals Teil der UdSSR, bis es sich 1991 erneut für unabhängig erklärte. Die erste Eisenbahn im heutigen Estland war eine Breitspurlinie, die seit 1870 Narwa mit Paldiski (Baltischport) verband. Weitere wichtige Strecken entstanden bis zur Jahrhundertwende und in den ersten Jahrzehnten des 20. Jahrhunderts. Einige davon waren Schmal-

spurbahnen, die man jedoch später auf die Breitspur umstellte.

1963 wurden die drei baltischen Republiken Teil der Baltischen Eisenbahn, einer der 15 Zonen der RZD. Die Estnische Eisenbahn (EVR) wurde 1991 gegründet und 2001 privatisiert, wobei der Staat weiterhin 33 % der Anteile hält. Die EVR betreibt heute Güterzüge, während andere Geschäftssparten für den Personenverkehr zuständig sind. Ihr Netz besteht aus über 1000 km, von denen etwa 130 mit 3 kV/GS elektrifiziert sind.

Lettland hat, was die Erlangung der Unabhängigkeit und die frühere Zugehörigkeit zur Sowjetunion betrifft, das Schicksal Estlands geteilt. Die Lettische Eisenbahn (LDZ) betreibt etwa 2000 km Gleise, von denen über 240 km mit 3 kV/GS elektrifiziert sind. Was die Organisation der estnischen Bahnen angeht, ist die LDZ seit 2003 für den Frachtverkehr und eine andere Geschäftssparte für die Fahrgäste zuständig.

Litauen wurde gleichzeitig mit den beiden anderen Staaten unabhängig, aber das Bahnsystem der LG ist nicht in Geschäftssparten gegliedert, sodass sie das

In der Sowjetunion wurden über 4200 2-10-0-Lokomotiven der Klasse L gebaut. Hier wird die Lok 1646 in Tallinn (Reval) angeheizt, um Dampf für eine Wäscherei zu erzeugen.

Die Lokomotive M62 1286 der Klasse M62 hält hier im estnischen Tallinn (Reval) (Oktober 1994). Der Typ wird auch von mehreren anderen Ländern verwendet.

gesamte Angebot kontrolliert. Ihr Streckennetz umfasst über 1900 km, von denen 120 mit 25 kV/WS elektrifiziert sind. Zum Gesamtnetz gehört auch die Schmalspurbahn Panevezy-Rubikiai (ASG). Zur Modernisierung ihres Fuhrparks hat die LG kürzlich neue Dieselloks bestellt. – Alle drei Staaten gehören heute der EU an und suchen vielleicht bald Investoren für den Ausbau ihrer Netze.

Oktober 1998: die Lok Nr. M62 1597 der Klasse M62 mit einem Personenzug kurz vor der Ausfahrt aus dem Bahnhof von Vilnius (Litauen).

Von den verschiedenen Dampflokklassen haben einige bis heute überlebt – manche werden im normalen Dienst verwendet, andere als stationäre Dampfkessel für unterschiedliche Heizzwecke. Am zahlreichsten sind die 2-10-0-Lokomotiven der Klasse L aus den späten 1940ern und frühen 1950ern, das wichtigste Nachkriegs-Güterlokmodell. Diese zuverlässigen Fahrzeuge, von denen in der Sowjetunion über 4200 gebaut wurden, erreichten maximal 90 km/h. Daneben gibt es mehrere 2-6-2-Loks der Klasse Su, die 1925 für Personenzüge eingeführt wurde und es auf 110 km/h bringt. Außerdem findet sich noch mindestens ein Exemplar der 2-10-0-Klasse TE, die in Deutschland 1942 als „Kriegslok" eingeführt wurde. Die Höchstgeschwindigkeit dieser Lokomotiven betrug 80 km/h. Keine der drei Bahnen besitzt E-Loks, doch im Personen-

Die Lok Nr. M62 1700 hält mit einem Personenzug im litauischen Vilnius (Wilna). Hinter ihr erkennt man eine Lok der Klasse TEP 60 mit ihrem Personenzug.

Die lettische Doppel-Güterzuglok Nr. 2M62 0894 zieht im Oktober 1997 einen Güterzug durch den Bahnhof von Riga.

verkehr werden überall elektrische Einheitszüge eingesetzt.

Alle drei Staaten verwenden folgende Dieselloks sowjetischen Typs: Die Klasse M62 wurde ursprünglich für die Ungarische Eisenbahn entwickelt, doch später auch an viele andere europäische Länder

Eine Lok der Klasse 2M62 fährt mit einem Güterzug durch
Riga (Oktober 1997). Es handelt sich eigentlich um zwei
aneinander gekoppelte M62-Loks.

Die Lokomotive Nr. 2M62 0027 im litauischen Vinius (Wilna;
Oktober 1998). Deutlich erkennt man, dass hier zwei Loks
aneinander gekoppelt wurden.

geliefert (u.a. die DDR, Polen und die CSSR); weitere Exporte gingen nach Nordkorea, Kuba und in
die Mongolei. Die in den 1960ern entwickelten Loks
erreichen eine Höchstgeschwindigkeit von 100
km/h. Man setzt sie im Personen- und Güterverkehr
ein. – Die Klasse 2M62 besteht eigentlich aus zwei
als Doppellok gekoppelten M62ern. Ihre Produktion
lief 1976 an, und die Höchstgeschwindigkeit der
Einzelfahrzeuge beträgt 100 km/h. Sie dienen als

Die Lokomotive Nr. 0230 der Klasse 2M62 nutzt die Kraft von
zwei gekoppelten Loks, um mit ihrem Güterzug in Vilnius
(Litauen) in Fahrt zu kommen (Oktober 1998).

Von der 1965 eingeführten Dieselklasse ChME3 wurden über
7400 Stück gebaut. Hier sieht man die Lok Nr. 4512 im estnischen Tallin (Oktober 1994).

Hier steht die ChME3-Lok Nr. 7185 in der Nachmittagssonne,
während sie in Vilnius auf den nächsten Einsatz wartet
(Oktober 1998).

Güterzugloks. – Im Einsatz ist auch die Klasse
2M62U, eine verbesserte Version der früheren
Klassen von 1987. – Die Klasse ChME3 wurde 1965
eingeführt und hat mehrere Unterklassen. Bis in die
1990er hinein baute man insgesamt über 7400 dieser
Lokomotiven, die in mehreren Staaten (u.a. in
Tschechien und der Slowakei) Verwendung finden.
Sie dienen überwiegen als Rangier- und Güterloks;
ihre Höchstgeschwindigkeit beträgt 95 km/h. – 1958

Die Klasse TEM2 wurde 1967 für Rangierarbeiten eingeführt. Hier schickt sich die Lok Nr. TEM2 330 an, leere Personenwaggons aus dem Bahnhof von Vilnius (Litauen) zu ziehen (Oktober 1998).

Die Klasse TEP60 wurde 1961 für Personenzüge eingeführt. Hier hält die Lokomotive Nr. TEP60 0339 im estnischen Tallinn (Oktober 1994). Der rote Stern an der Nase verweist auf die sowjetischen Vorbesitzer.

Die starke Personenschnellzugklasse TEP70 wurde 1978 eingeführt. Hier hält die Lok Nr. TEP70 0320 mit einem weiteren Vertreter dieser Klasse im estnischen Tallinn (Reval; Oktober 1994).

führte man die Rangierloks der Klasse VME1 ein; sie erreichen maximal 80 km/h. Sie wurden zeitweilig auch im Personennahverkehr der Großräume Tallinn (Estland) und Riga (Lettland) eingesetzt.

Die Klasse TGM3 wurde 1959 als Rangier- und Personenzuglok eingeführt; ihre Höchstgeschwindigkeit beträgt 70 km/h. – Die Klasse TEM2 von 1967 besteht aus Rangierloks, die maximal 100 km/h erreichen.

Zur Klasse TEP60 aus dem Jahre 1961 gehören Personenzugloks, die es auf 160 km/h bringen. Einige von ihnen wurden inzwischen ausrangiert. – Die Klasse TEP70 besteht aus starken Personenzugloks, die man 1978 als Serienmodelle einführte. Sie erreichen eine Höchstgeschwindigkeit von 160 km/h. – Die Klasse 2TE116 umfasst Doppelloks für Güterzüge von 1972, die maximal 100 km/h schnell sind. Bis Mitte der 1990er wurden über 1600 dieser Lokomotiven gebaut. – Zur Klasse TV2 gehören 12 Schmalspur-Dieselloks, welche die ASG-Schmalspurbahn befahren.

Weil sie mit den hergebrachten Typen ihre Erfahrungen hatte und weniger Loks verfügbar waren, beschloss die EVR gleich nach der Privatisierung, eine neue, verlässlichere Lokomotivenflotte anzuschaffen. Man entschied sich für 77 gebrauchte US-Dieselloks der Klassen C36.7i und 7ai, die für den Güterverkehr vorgesehen waren. Gebaut wurden sie in den 1980ern bei General Motors. Nachdem ihr diese relativ modernen Loks zur Verfügung standen,

konnte die EVR Lokomotiven der Klassen TEP60, M62 und 2M62 ausrangieren.

Die LG hat 34 neue Siemens-Lokomotiven des Typs DE20 bestellt, die 2007 geliefert werden sollen. Sie sind baugleich mit der österreichischen ÖBB-Klasse 2016. Die Erfahrungen der LG mit diesen Loks könnten die beiden anderen Staaten zu ähnlichen Anschaffungen bewegen.

Die TEP60-Lok Nr. TEP60 0992 verlässt mit einem Personenzug den Bahnhof des litauischen Vilnius (Wilna; Oktober 1998).

Irland

Irland verfügt über 2300 km öffentlicher Bahnstrecken – alle mit der 1600-mm-Spur (5 Fuß, 3 Zoll): davon betreibt die Staatliche Eisenbahn der Irischen Republik (Iarnrod Eireann) 1940 km, während die restlichen 360 km den Northern Ireland Railways unterstehen. Befördert werden überwiegend Fahrgäste. Der Güterverkehr hat im internationalen Vergleich geringe Bedeutung; manche Linien – etwa die NIR – befördern gar keine Fracht.

Die Geschichte des Eisenbahntransports begann in

doch diese ungewöhnliche Spurweite fand auch auf einigen australischen Trassen und in Brasilien Verwendung. Anfang der 1920 erreichten der Ausbaustand des Bahnnetzes (etwa 1200 km) und das Fahrgastaufkommen ihren jeweiligen Höchststand, doch von da an führte die Konkurrenz des Straßenverkehrs zu immer stärkeren Einbrüchen. Während im Allgemeinen meist die 160-cm-Spur üblich war, benutzten viele ländliche Bahnlinien die 914-mm-Schmalspur. Die Grafschaft Donegal im Nordwesten wurde überwiegend durch zwei große, insgesamt 300 km lange Schmalspurnetze erschlossen.

Gut erkennt man die eleganten Linien der 4-4-0-Dampflok Nr. 171 der Great Northern Railway, die im August 1996 in Dublin pausiert. Sie wurde 1913 bei Beyer Peacock gebaut.

Irland nur ein Jahrzehnt später als in Großbritannien. Die erste irische Bahn war die knapp 19 km lange Strecke Dublin-Kingstown (heute Dún Laoghaire) (D&KK). Ihr Erbauer William Dargan sorgte auch maßgeblich für die Anlage vieler weiterer Bahnlinien. Am 13. Dezember 1834 befuhr die Lokomotive „Hibernia" erstmals die gesamte Strecke zwischen Westland Row (der heutigen Pearse Station) und Dunleary bei Kingstown (Dún Laoghaire). Diese Bahn mit der Spurweite von 4 Fuß und 8 1/2 Zoll (143 cm) ist heute ein Streckenabschnitt des modernen E-Pendelzugs „Dublin Area Rapid Transit". Die Spurweite der ersten drei Bahnen unterschied sich völlig von jener, die man für das irische Hauptstreckennetz wählte (5 Fuß, 3 Zoll = 160 cm),

In die Hauptstrecken Dublin-Cork, Dublin-Belfast und Dublin-Londonderry investierte man im Laufe der Jahre beträchtliche Mittel, sodass Loks, Waggons und Service hier europäischen Standards entsprachen. Linien im ländlichen Raum und in Westirland hingegen wurden besonders in den 1920ern und 1930ern vernachlässigt. 1923 schloss man die Strecke Keady-Castleblayney (County Armagh) nach nur zehn Jahren, und viele andere teilten bis Anfang der 1930er dieses Los, vor allem solche im Süden und Westen des Landes.

Auf der Insel entstanden auch viele 3-Fuß-Schmalspurbahnen (1050 mm), die aber heute zumeist stillgelegt sind (darunter auch die einst längste in Irland und im Vereinigten Königreich). Bis zum Beginn

Die IE-Diesellok Nr. B113 hält hier in Dublin (August 1996). Diese Klasse wurde 1950 eingeführt und 1977 ausgemustert. Ihre Höchstgeschwindigkeit betrug 80 km/h.

Die IE-Klasse 201C wurde 1956 eingeführt und etwa Mitte der 1980er ausgemustert. Das Bild zeigt die Lok Nr. C231 in Dublin (August 1996).

1962 führte man die kleinen Dieselloks der Klasse 421 ein. Hier die Lokomotive Nr. E428 in Dublin (August 1996).

des 20. Jahrhunderts nahmen mehrere Hauptstrecken den Betrieb auf; daneben gab es noch zahlreiche Privatbahnen.

Obwohl das Bahnsystem die Unabhängigkeit überlebte, nahm es im Irischen Bürgerkrieg (1922–1923) schweren Schaden; damals wurden Brücken und Gleise zerstört. 1925 fasste man alle Bahngesellschaften, deren Linien vollständig südlich der neuen Grenze zwischen Nordirland und der Republik verliefen, in den Great Southern Railways zusammen.

Ende der 1940er besaß Irland immer noch ein umfangreiches Streckennetz, das fast durchweg von Dampfloks befahren wurde; eine kurze Nebenbahn in der Grafschaft Tyrone setzte sogar bis zu ihrer Schließung 1957 noch Pferde ein!

Auch der Zweite Weltkrieg forderte der Irischen Eisenbahn seinen Tribut ab: Da das Land damals neutral blieb, sah sich Großbritannien nicht mehr zur

Die nordirische Klasse 111 besteht aus Lokomotiven von General Motors, die 1980 eingeführt wurden. Sie verkehrten anfangs auf der Personenstrecke Belfast-Dublin zum Bahnhof Connolly, wo auch die Nr. 113 im August 1997 fotografiert wurde.

Die IE-Klasse 071 wurde 1976 eingeführt. Ihre Loks wurden anfänglich bei Personenzügen, später aber auch bei Güterzügen eingesetzt. Hier verlässt Nr. 087 im August 1999 die Connolly Station in Dublin.

Lieferung von Kohle verpflichtet, sodass man minderwertige irische oder sogar Holz verfeuern musste. Wenn beides fehlte, mussten die Züge stillstehen. Nach der Verstaatlichung des Transportunternehmens CIE im Jahre 1950 wurden viele unrentable Bahnlinien stillgelegt, während andere nur noch Fracht beförderten. Zur gleichen Zeit schloss im Norden die Ulster Transport Authority – ein staatseigenes Bahn- und Transportunternehmen, das 1949 bis 1967 bestand – fast 80% der ihm unterstellten Strecken und führte auf den übrigen Diesel-Triebwagen ein. Wirtschaftliche Zwänge und politische Erwägungen hatten zur Folge, dass die Great Northern Railway 1957 größtenteils stillgelegt wurde. Den Rest teilte man unter den beiden Staatsbahnen auf: Die CIE übernahm die in der Republik noch existierenden Linien, die UTA jene im Norden, von denen sie bis 1965 mehr als 50% stilllegte. Als die CIE Ende 1962 zusätzliche Dieselloks in Dienst nahm und weitere Streckenstilllegungen drohten, stellte sie den Dampflokbetrieb endgültig ein.

In Norden erfolgte die Einführung von Dieselloks nach einem anderen Schema: Auf den Hauptstrecken gab es noch gar keine, und fast alle Personenzüge bestanden aus Triebwagengespannen. Den Gütertransport hatte die UTA bis auf den grenzüberschreitenden Verkehr zwischen Dublin und Derry (Londonderry) aufgegeben und nebenher weitere Strecken stillgelegt. 1967 gliederte man die UTA in eine Straßen- und eine Bahnsparte auf; aus der letzteren wurden die Northern Ireland Railways. Die Dampfkraft überlebte in Form einiger 2-6-4Ts der früheren NCC-Klasse W noch bis 1970; dann rangierte man die beiden letzten aus. Der letzte Hauptstrecken-Personenzug in Irland und dem Vereinigten Königreich fuhr am Ostermontag 1970. Danach begannen die NIR schrittweise mit ihrer Erneuerung.

Die Lok Nr. 085 der Klasse 071 an der Spitze eines kurzen Güterzugs (bei Dublin, August 1995). Eingeführt wurde diese Klasse 1976.

Wenn die Wartung zu wünschen lässt, besteht immer die Gefahr von Unfällen, und dazu kam es in Sligo: Am 1. August 1980 entgleiste zwischen Cork und Dublin ein Diesel-Schnellzug; dabei wurden 18 Personen getötet und weitere 62 verletzt. Wie immer musste erst ein Unfall passieren, damit man die Mängel des Systems erkannte. Nach der Katastrophe sahen sich die CIE und die irische Regierung unter öffentlichem Druck gezwungen, die veralteten Waggons durch moderne Mark 3s von British Rail zu ersetzen. Einschnitte waren auch bei der Streckenstilllegung zu verzeichnen; einige unbenutzte überließ man dem Verfall. 1984 nahm nach Elektrifizierung der Strecke der neue Nord-Süd-Pendlerzug, der Dublin Area Rapid Transit (DART), den Betrieb auf.

1994 führte die IE die für Personen- und Güterzüge bestimmte Klasse 201 ein. Das Bild zeigt die Lok Nr. 228 in Dublin (August 1995).

Weitere Expansion war nötig, erfolgte jedoch erst Mitte der 1990er, als die Republik einen Wirtschaftsboom erlebte. General Motors lieferte neue Loks, De Dietrich moderne Waggons, und erneuerte Signalanlagen veränderten das Antlitz der Bahnen vollständig. Die NI Railways erwarben im Rahmen einer Investition von über 80 Mio. £ (ctwa 117 Mio. Euro), der die Nordirische Landesversammlung im Dezember 2000 zustimmte, 23 neue Loks, und 14 dieser C3k-Züge befahren inzwischen das staatliche nordirische Bahnnetz. Die Einführung der neuen Züge bildet einen wichtigen Meilenstein für das Bahnsystem Nordirlands. Die Betreibergesellschaft Translink plant weitere Investitionen, um so ein modernes Qualitätseisenbahnnetz für die weitere Umgebung zu schaffen.

Die Loks der IE-Klasse 121 wurden bei General Motors gebaut. Sie werden bei Doppeltraktions-Loks bei Personen- und Güterzügen verwendet. Hier sieht man die Nr. 127 in Dublin (August 1995).

Die bei General Motors gebaute IE-Klasse 181 wurde 1966 eingeführt, und die Loks werden bei Personen- und Güterzügen eingesetzt. Die abgebildete Nr. 187 hält in Dublin (August 1997).

Neuseeland

Das Staatliche Eisenbahnnetz Neuseelands wird gegenwärtig von der staatlichen Gesellschaft ONTRACK (New Zealand Railway Corporation) betrieben. Früher unterstanden die Bahnen dem Eisenbahndepartement der Regierung, für das ein Eisenbahn-Kabinettsminister verantwortlich war. Das änderte sich 1981, als man die New Zealand Railways Corporation schuf. Das Kerngeschäft wurde 1990 der New Zealand Rail Ltd. übertragen, während die übrigen Bereiche bei der New Zealand Railways Corporation verblieben. 1993 privatisierte man die New Zealand Rail, der ihre neuen Eigentümer 1995 den Namen Tranz Rail gaben. Das Geschäftsgebaren von Tranz Rail sorgte für einige Unruhe, und als das Vertrauen in die Gesellschaft und der Kurs ihrer Aktien zu sinken begannen, musste die Regierung einschreiten.

Schließlich machte die Toll Holdings of Australia erfolgreich ein Übernahmeangebot, das man akzeptierte.

Heute werden alle Eisenbahnen Neuseelands von Privatfirmen betrieben, deren wichtigste die in aus-

Zur Klasse D16 gehörten 2-4-0-Tankloks aus dem Jahre 1878. Ein Exemplar blieb bei der Pleasant Point Railway erhalten, wo es im Februar 2002 an der Spitze eines Personenzuges fotografiert wurde.

tralischem Besitz befindliche Toll Rail ist, während Connex die Pendlerzüge um Auckland stellt. Als größte Bahngesellschaft Neuseelands bietet die Toll Rail Containertransporte, Sammelfrachten und die Beförderung von Holz, Kohle, Milch, Stahl, Beton-Fertigteilen und Düngemitteln an. Dazu stellt sie Sonderzüge, die neben Containern auch normale Fracht übernehmen können. Außerdem finden die Kunden dort eine Anlage zum Ankoppeln firmeneigener Waggons. Connex wiederum ist der Markenname der internationalen Warentransportsparte der in Frankreich ansässigen multinationalen Firma Veolia Environnement. Sie ist weltweit in vielen Ländern präsent und beschäftigt alles in allem etwa 55 000 Mitarbeiter.

Die erste Eisenbahn Neuseelands wurde 1862 auf der Südinsel gebaut; damals zogen keine Dampfloks, sondern Pferde auf einer 3-Fuß-Spur (1050 mm) zwei Waggons. Der erste Dampfzug verkehrte ein Jahr später auf einer Strecke mit der Spurweite von 5 Fuß und 3 Zoll (1700 mm) ab Christchurch. Nach längerem Experimentieren entschied man sich für die Spurweite von 4 Fuß und 6 Zoll (1470 mm) als Standard. Ab Dezember 1872 wurden in Dunedin Doppelloks vom Typ Fairlie eingesetzt. Neuseeland benutzt aber nicht nur eine ungewöhnliche Spurweite, sondern verwendet auch unterschiedliche

Loktypen, doch da die meisten Linien kurz waren und von den Häfen ins Binnenland führten, wurden die 0-6-0T-Satteltankloks der Klasse F am beliebtesten. Daneben gab es eine stattliche Zahl von US-Lokomotiven: Die Firma Rogers lieferte ab 1878 ihre K-Klasse, die Baldwin Locomotive Works ab 1901 ihre Pacific-Loks. Populär waren auf den Inseln auch Tenderloks, und neben den schweren Modellen verkehrten einige 4-6-4TW-Fahrzeuge. Im Zweiten Weltkrieg erhielten die New Zealand Railways für ihre weniger befahrenen Strecken etwa 40 Loks der Klasse J. Zu ihrer Blütezeit in den 1950ern und 1960ern betrieb die neuseeländische Eisenbahn landesweit circa 100 verschiedene Linien, doch gegen Ende der 1960ern und in den 1970ern wurden in großem Umfang Nebenstrecken stillgelegt.

Bis in die 1950er hinein vertrauten die meisten staatlichen Strecken auf die Dampfkraft, doch es gab (und gibt) auch einige mit 1,5 kV/GS betriebene Abschnitte. In den 1940ern verrichteten einige Dieselloks Rangierfahrten, doch die ersten Hauptstreckenlokomotiven wurden erst 1954 mit der Klasse DF in Dienst gestellt. Wie in vielen anderen Ländern standen Mitte der 1950er zahlreiche Dampfloks kurz vor der Ausmusterung (oder waren bereits außer Dienst). Die Südinsel blieb bis in die 1970er der Dampfkraft treu. Heute fahren noch mehrere private

Dieses Bild zeigt die prächtige 2-4-2-Dampflok Nr. 92 im Februar 2002 bei Kingston. Dieser Veteran wurde 1878 bei Rogers gebaut und vertritt den klassischen amerikanischen Stil jener Zeit.

Bei näherem Hinsehen erkannt man am Bug der von Rogers konstruierten Lok Nr. 92 die Herstellerplakette, die bestätigt, dass sie bei Firma Paterson in New Jersey entstand.

Hier sieht man die Lok Nr. 1211 der Klasse J mit einem Sonderzug in Auckland (Februar 2002). Diese 4-8-2-Lokomotive ist vom Baujahr 1939.

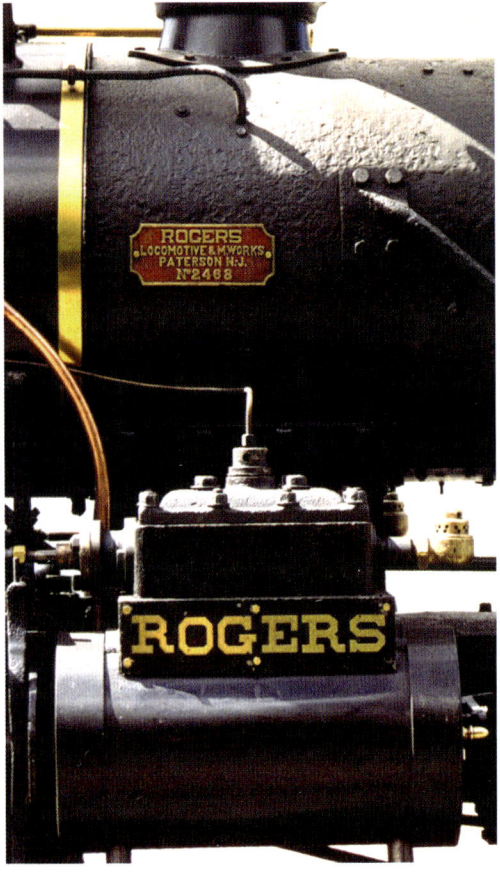

Detailansicht des Vorderteils der 4-8-2-Lok Nr. 1211 der Klasse J. Die Herstellerplakette verrät, dass sie 1939 gebaut wurde.

Die 4-6-2 Lok Nr. 778 der Klasse Ab verlässt mit dem „Kingston Flyer" den Bahnhof von Kingston (Februar 2002). Gebaut wurde sie 1925.

Dampf- und Dieselzüge, jedoch hauptsächlich als Touristenattraktionen. Langstrecken-Personenfahrten bietet TransScenic an, ein Tochterunternehmen von Toll Rail.

Während es in den 1950ern und 1960ern noch zahlreiche Bahnlinien gab, existieren heute nur vier Hauptstrecken: die „Overlander" zwischen Auckland und Wellington, die „Capital" zwischen Wellington und Palmerston North, die TranzCoastal zwischen Picton und Christchurch sowie die TranzAl-

pine, die Christchurch mit Weymouth verbindet. Einige weniger beliebte Züge wie der von Christchurch nach Dunedin und Invercargill verkehrende „Southerner" und der Nachtzug „Northerner" wurden aus dem Fahrplan gestrichen. Was die Vorortbahnen angeht, bietet TranzMetro – ebenfalls eine Tochter der Toll Rail – Fahrten im Raum Wellington an. Dort gibt es vier Bahnlinien, von denen 90% elektrifiziert sind. Hier verkehren neben einigen Dieselloks vornehmlich EMU-Züge. Wellington

Die Diesellok Nr. 1429 wurde 1952 bei der Firma English Electric gebaut. Erhalten blieb sie in Ferrymore, wo im Februar 2002 dieses Foto entstand.

Die Diesellok Nr. 5500 der Klasse DX bei einem Halt in Christchurch (Februar 2002). Sie vertritt die stärkste Dieselklasse Neuseelands.

Die Diesel-Rangierlok Nr. 2680 wartet in Christchurch auf ihren nächsten Einsatz (Februar 2002). Dieser 1962 eingeführte Mittelführerstand-Typ wurde in England gebaut.

Hier halten die Loks Nr. 3211 und 3286 mit ihren Zügen in Dunedin (Februar 2002). Diese früheren NZ wurden 1967 gebaut und sind jetzt bei der Taieri Gorge Railway im Einsatz.

Die Lok Nr. 7199 der Klasse DFT wartet in Auckland auf ihren nächsten Zug (Februar 2002). Dieser 1979 eingeführten Klasse kann man auf beiden Hauptinseln Neuseelands begegnen.

Die Diesellok Nr. 4276 der Klasse DC in Christchurch, Februar 2002. Diese 1961 eingeführte Klasse wurde in den 1970ern einem Umbau unterzogen.

setzt heute nur noch rein elektrische Züge ein – die es als erste Stadt Neuseelands in den 1930ern einführte – und ist berühmt für die besten Personenzüge des Landes. 2004 büßte die TranzMetro ihre Konzession für die Linien in Auckland ein, die heute von der Lokalbahngesellschaft betrieben werden. Jene verwendet Fahrzeug mit Dieselantrieb (DMUs und von Loks gezogene Züge), und es gibt Pläne, das System durch seine Elektrifizierung zu verbessern.

Rund 60 Gruppen unterhalten in Neuseeland Museumsbahnen und/oder Eisenbahnmuseen. Mit der Rettung historischer Loks begann man in den 1960ern, als die Dampfloks ausrangiert und Strecken stillgelegt wurden. Das Spektrum reicht dabei von ¹/₂ Meile langen Gleisen, neben denen Züge in Hallen ausgestellt sind, bis zu wesentlich längeren Strecken, die sich mehr mit dem Betrieb der Gleise und Lokomotiven befassen.

Museumszüge verkehren zur Zeit für die Bay of Islands Vintage Railway, die Glenbrook Vintage Railway, den Bush Tramway Club, die Waitara Railway Preservation Society, die Weka Pass Railway und die Taieri Gorge Railway. Letztere wird vom Rat der Stadt Dunedin als kommunales Verkehrsunternehmen betrieben; sie ist 60 km lang und das bislang ehrgeizigste Projekt ihrer Art. Alle anderen Strecken fallen unter die Zuständigkeit von Freiwilligen. Die Weka Pass Railway ist mit 13 km die längste von allen, während sich die 11 km lange Bay of Islands Vintage Railway in erbärmlichem Zustand befindet und seit 2002 gesperrt ist.

Hier hält die kleine Diesel-Rangierlok Nr. 943 in Dunedin (das Foto entstand im Februar 2002). Eingeführt wurde diese Klasse 1973.

Die früher zur NZ gehörende Diesel-Rangierlok Nr. 350 der Klasse TR ist heute bei der Kingston Railway im Einsatz, wo sie im Februar 2002 fotografiert wurde.

Australien

Man kann sich nur schwer vorstellen, wie stark Gesellschaft und Industrie von den ersten Dampfloks verändert wurden, nachdem es zuvor als Transportmittel nur Tiere, Lastkarren, Postkutschen u.ä. gab. Plötzlich erschienen riesige, dampfende, laute Metallungetüme, mit denen man in unglaublich kurzer Zeit von einem Ende das Landes zum anderen reisen konnte. Bei manchen Menschen müssen sie Albträume ausgelöst haben!

Dieses historische Foto zeigt eine ungewöhnliche Kombination: Die Hinterräder werden durch die Zylinder angetrieben und wirken über eine Pleuelstange auf die vorderen ein. Das Personal wirkt nicht besonders zufrieden!

Australien ist ein weites Land, und auch mit modernen Transportmitteln dauert es recht lange, von einer Küste des Kontinents zur anderen zu fahren. Wie in vielen anderen Ländern wurde die erste Eisenbahn von Pferden gezogen: das geschah 1854 auf einer 11 km langen Strecke zwischen Gondwana und Port Elliott in Südaustralien. Noch im gleichen Jahr verband eine Bahnlinie von 3 km Melbourne mit Port Melbourne, und weitere 20 km nahm man zwischen Sydney und Parramatta in Betrieb. Zwei Jahre später wurde die 17-km-Strecke nach Adelaide eröffnet, 1860 eine nach den Kupferminen von Capunda. Bahnlinien erschlossen weite Teile des Landes, und der Eisenbahnbau kam in Fahrt – 1861 gab es in Australien 390 km; 1871 waren es schon 1650 km und 1881 in allen sechs Kolonien 6400 km.

Die Anbindung entlegener Städte und Küsten spielte keine große Rolle, die Trassen verliefen eher von den Häfen ins jeweilige Hinterland als zwischen den Städten. Jede Kolonie baute ehrgeizig eigene Wirtschaftssysteme und Bahnnetze unterschiedlicher Spurweiten auf, ohne ans Ganze zu denken. Die Lösung dieses Problem fiel den künftigen Planern zu: So mussten bspw. 100 Jahre vergehen, bis die Spurweiten des staatlichen Bahnnetzes vereinheitlicht wurden. Als sich die Siedler trauten, weiter im

Die 0-4-0-Dampflok „Kimberley" der Klasse A wurde 1922 gebaut und verkehrte ab Anfang der 1950er im australischen Carnarvon. 1958 wurde sie durch Dieselloks ersetzt.

Landesinneren Farmen zu gründen und Prospektoren nach Goldlagerstätten zu suchen begannen, brauchten beide Verkehrsverbindungen zu den Städten und Häfen. Diese frühen Bahnlinien im Binnenland legten den Grundstein für das heutige transkontinentale Bahnnetz Australiens.

Das Projekt einer transkontinentalen Nord-Süd-Verbindung wurde schon sehr früh diskutiert – und bereits 1858 von der Regierung Südaustraliens abgelehnt (man erinnere sich, dass Australien damals noch aus mehreren Kolonien bestand). Schließlich gestattete ein Gesetz den Bau einer Bahn von Port Augusta nach Government Gums, dem späteren Farina. Den Auftrag dazu erhielten Barry, Brooks & Fraser; 1891 erreichte die Bahn Oodnadatta, das Endstation blieb, bis man die Strecke 1929 nach Alice Springs verlängerte. Anschließend blieb diese Strecke aus Mangel an Geld und Initiative (und weil ein Taifun Darwin verwüstete) ein Torso.

Obwohl es einige Fortschritte gab, wurden ohne nennenswerte Resultate riesige Summen in das Projekt investiert. Erst 1997 gründeten die Regierungen Südaustraliens und des Nordterritoriums 1997 die AustralAsia Railway Corporation. Sie forderte Angebote für den Bahnbau an und im Juni 1999 verkündete man, dass das Asia Pacific Transport Consortium den Zuschlag erhalten habe und

künftig die Bahn betreiben solle. Premierminister John Howard, Südaustraliens Premier John Olsen und der Chief Minister des Nordterritoriums, Denis Burke, nahmen im Juli 2001 während einer Zeremonie in Alice Springs den ersten Spatenstich vor.

Hier sieht man eine Lok der Government Railway von 1880 in Queensland. Diese bei Dobs gebaute 2-4-2-Tanklok fuhr auf Rädern mit einem Durchmesser von 3 Fuß und 6 Zoll (120 cm).

Im Juni 2004 war die Bahn zwischen Alice Springs und Darwin endlich fertig.

In den 1950ern umfasste das Streckennetz etwa 45 000 km, die bis auf einen sehr kleinen Prozentsatz Eigentum des Staates waren. 1917 vollendete man eine transkontinentale Ost-West-Verbindung zwischen Augusta und Perth, die auch die Goldfelder

Die Engine E18, eine klassische 0-6-0-Lok vom Stephensonschen Langkessel-Typ. Sie befindet sich derzeit im Thirlmere Rail Heritage Centre am New South Wales Rail Transport Museum.

Diese K1 ist eine 0-4-0+0-4-0-Gelenklokomotive von Garratt. Zwei Loks dieses Typs wurden 1909 bei Beyer Peacock für die tasmanische North-East Dundas Tramway gebaut.

Die Herstellerplakette – der Name „Garratt" leitet sich von Ing. Herbert William Garratt ab, der diesen Typ zusammen mit der Firma Beyer Peacock aus Manchester entwarf und entwickelte.

von Kalgoorlie erschloss und in Alice Springs auf die Nord-Süd-Bahn traf.

In den 1950ern wurden die Dampfloks allmählich ausrangiert, und neue, sauberere Diesel- und E-Loks betraten die Szene. Dieselloks sind im Güterverkehr und auf einigen Nebenstrecken noch im Einsatz, doch sonst verwendet man überwiegend E-Loks. Die meisten importierten Fahrzeuge leiteten sich von europäischen und amerikanischen Typen ab, die man an die Trasse, das Klima und natürlich die Spurweiten anpasste (von denen es Ende der 1950er noch mehrere gab). Als die Strecken immer länger wurden und andere Territorien erreichen, gab es Probleme mit den Spurweiten. Da sich jeder Bundesstaat für eine andere entschieden hatte, die von jener des Nachbarn abwich, waren sie nicht kompatibel. Güter und Fahrgäste mussten daher je nach der Reiseroute oft umgeladen werden bzw. umsteigen. Wer etwa 1917 auf einer Ost-West-Route von Perth nach Brisbane reisen wollte, war aufgrund der unterschiedlichen Spurweiten gezwungen, sechsmal den Zug zu wechseln! Heute herrscht mehr Einheitlichkeit, aber es gibt immer noch kleine Linien – und natürlich Fan-Strecken – die an der schmalen Spurweite festhalten.

2005 belieferten die meisten wichtigen Hersteller von E- und Dieselloks – English Electric, Alco und GM – Australien mit ihren Fabrikaten. Heute kann man bequem und schnell Traumreisen durch verschiedene Teile des Kontinents unternehmen. Der „Ghan" – eine Kurzform des Wortes „Afghan", das

Stolz präsentiert diese Diesellok CLP 16 mit Co-Co-Radschema ihren gelb-grünen Anstrich. Gebaut wurde sie 1971 bei der Firma Clyde Engineering in Granville (New South Wales).

Ein Nahverkehrs-Gelenk-Pendelzug bei Bedford (Südaustralien): Zug Nr. NP23 (Modell EA2501) durchfährt die ländliche Szenerie.

an die früher hier eingesetzten Dromedare und ihre Treiber erinnern soll – bringt Sie vom südlichen Adelaide über Alice Springs in das weit im Norden gelegene Darwin. Die Fahrt führt durch Regionen, deren Klimaspektrum vom gemäßigten Adelaide über das trockene „Rote Zentrum" und die einzig-

„The Ghan" ist ein seltsamer Name für eine Lok, aber eine lebende Legende der australischen Geschichte. Man kann den „Ghan" in Adelaide oder Darwin besteigen.

Ein weiterer Haltepunkt dieser Pendlerlok mit der Nr. 3913 auf ihrer langen Fahrt ins nordaustralische Cairns.

artige Katherine-Region bis zum tropischen Darwin reicht. – Der „Indian Pacific" entführt Sie von Sydney, das im Osten am Pazifik liegt, über Adelaide und Perth an die Westküste am Indischen Ozean. Diese Bahnlinie ist mit mehr als 4500 km die längste der Welt. Drei Tage und Nächte lang fährt man durch die atemberaubenden Blue Mountains, die Nullarbor-Ebene und die historischen Städte Broken Hill und Kalgoorlie.

Südamerika

Argentinien

1857 wurde eine Strecke zwischen Parque und Floresta eröffnet, deren Lok „La Portena" hieß. Sie war ein Vierradfahrzeug, das man bereits im Krimkrieg eingesetzt hatte. Argentinien besitzt ein landesweit ausgebautes Bahnnetz mit zahlreichen Loktypen und Spurweiten.

Die meisten Bahnen wurden von Briten betrieben und setzten daher auch viele britische Fabrikate ein. Diese Lokomotiven ermöglichten den wirtschaftlichen Aufschwung des Landes, indem sie riesige Mengen Fleisch, Getreide und Obst zu den Häfen beförderten. Wie in vielen Ländern Südamerikas dominieren heute Dieselloks aus britischer und italienischer Produktion.

Argentinien besaß den größten Dampflokpark Südamerikas, z.B. diese „Sentinel". Die meisten wurden aus England importiert und häufig mit walisischer Kohle befeuert.

Brasilien

Die erste kurze Strecke wurde 1854 in Rio de Janeiro eröffnet. Brasiliens erste Lokomotive war die 2-2-2-Lok „Baroneza". Die meisten Bahnlinien verwendeten die 1-m-Spur, und die frühesten Loks stammten in ihrer Mehrzahl aus Nordamerika, z.B. die 2-8-0 von Baldwin.

Im Gegensatz zu Argentinien verwendeten die brasilianischen Eisenbahnen überwiegend US-Loks, die sich beim Gütertransport im Landesinneren und über die Grenzen ebenso gut bewährten. Für die 1-m-Spur importierte man einige britische Lokomotiven.

Auch Brasilien verfügt über einen reichen Bestand von Dampflokomotiven, u.a. diese seltsam anmutende Plantagenlok. Viele wurden je nach den anfallenden Aufgaben umgebaut.

Mexiko

1873 ging eine Linie zwischen der Hauptstadt Mexico City (Ciudad Mexico) und Veracruz in Betrieb. Mexiko erhielt diverse Loktypen, z.B. die 0-6-6-0 von Fairlie und die Johnston-Gelenklokomotive – letztere war so groß, dass man sie für den Transport in ihre Einzelteile zerlegen musste.

Paraguay

Die Hauptstrecken, welche die Kapitale Asunción mit Encarnación an der Grenze zu Argentinien verbinden, haben meist die Standardspur. Auch hier verwendet man zumeist britische Loks, vor allem Moghuls aus den North British Works in Glasgow.

Eine Mogul-Lok der Glasgower Firma North British aus der Zeit Edwards VII. dampft von Asunción zur argentinischen Grenzstadt Encarnación.

Bolivien

Bolivien wird von mehreren Nachbarländern umschlossen – Brasilien im Nordosten, Paraguay und Argentinien im Süden sowie Peru und Chile im Westen. Die Zugverbindungen in diese Staaten führen durch einige der dichtesten Urwälder und höchsten Gebirge unseres Planeten. Hier blieben Lokomotiven zahlreicher europäischer, amerikanischer und britischer Firmen erhalten. Kürzlich versuchte die Regierung das Bahnnetz zu kapitalisieren: Im Dezember 1995 beschloss sie, 50% der Aktien der staatlichen bolivianischen Eisenbahn ENFE auf den Markt zu bringen, die vorher aus zwei Gesellschaften bestand (eine betrieb die Linien in den Anden, die andere jene im Osten des Landes). Den Zuschlag für beide Netze bekam die chilenische Firma Cruz Blanca.

Chile

Das unmittelbar an der langgestreckten Südwestküste des Kontinents gelegene Chile besitzt seit 1851 Eisenbahnen. Heute gibt es dort insgesamt 6600 km Strecken, die sich wie folgt gliedern: 2800 km Breitspur und 3800 km 1-m-Spur; elektrifiziert sind heute etwa 1300 km der Breitspur. Den früher von Dampfloks betriebenen Güter- und Personenverkehr verrichten mittlerweile E- und Diesellokomotiven. Eingesetzt wird eine reiche Auswahl von Loks aus verschiedenen Ländern, u.a. aus Russland, Italien und natürlich den USA.

Die letzte erhaltene 0-6-6-0-Lok vom Typ Kitson-Meyer beförderte einst an der Pazifikküste Gold und Phosphate; heute ist sie in der chilenischen Atacama-Wüste im Einsatz.

Eine moderne E-Lok auf einer Nahverkehrs-Pendlerstrecke im Raum Santiago. Die Webseite empfiehlt, Plätze möglichst schon eine Woche vorher zu buchen!

Kolumbien, Ecuador, Peru und Uruguay

All diese Länder setzten auf britische und/oder US-amerikanische Lokomotiven, da keines eine eigene Maschinenbauindustrie besaß. Peru hat seine Dampfloks inzwischen durch Diesel-E-Loks von GM ersetzt. Sie ziehen lange Kolonnen aus Erzloren durch die Höhenlagen der Anden.

Diese 2-8-0-Lok der Klasse T fährt zum Fleischkonservenhafen am Rio Uruguay. Sie ist die letzte Überlebende ihrer Klasse im Eisenbahnnetz von Uruguay.

Südafrika

1845 kündigte Mr. Harry Watson, Bankier, Kauf- mann und Vorsitzender der Cape of Good Hope Western Railway an, dass seine Firma den Bau einer Bahnlinie plane. Leider reagierte seine Umgebung auf dieses Projekt weniger enthusiastisch, und so verlief alles im Sande. Die erste Eisenbahn Süd- afrikas ging daher nicht in Kapstadt, sondern an einem anderen Ort in Betrieb: 1859 wurde die Natal Railway Company gegründet, die am 26. Juni 1860 kehrten auf dem Streckenabschnitt Kapstadt-Eerste- rivier die ersten Züge. Die beim Bau verwendete, von Hawthorn & Co. im schottischen Leith herge- stellte 0-4-2-Lok galt als erste, die in Südafrika auf Schienen fuhr.

Die 1861 gegründete Wynberg Railway Company plante den Bau einer Bahn von Kapstadt nach Wyn- berg, die 1864 fertiggestellt war. Als erste einsatzbe- reite Bahn von Transvaal gilt eine Strecke mit Namen „Rand Tram", die von Johannesburg zu den Kohlenzechen von Boksburg führte. Sie war 1890

Hier sieht man die erste Dampflok Südafrikas; sie verkehrte 1859 in der Kapprovinz. Die 0-4-2-Lokomotive wurde in der Fabrik von Hawthorn & Co. im schottischen Leith gebaut.

eine nur 3,2 km lange Strecke eröffnete. Sie führte am Bluff in Natals Hauptstadt Durban entlang, und die Wagen wurden von Ochsen gezogen, bis die Lok „Natal" eintraf"; sie war aber anscheinend nicht ein- mal die erste in Südafrika.

Schon 1857, nach langem Behördengerangel und Störmanövern seitens der Konkurrenz, erhielt die Cape Town Railway and Dock Company die Konzession zum Bau der ersten Bahnlinie am Kap der Guten Hoffnung(Bauauftrag: 6. August 1858). Als Trasse schlug man zuerst die Linie Kapstadt- Wellington vor – eine kurze, aber wichtige Bahn von 70 km Länge, welche die Weinbaugebiete der Westlichen Kapprovinz erschlossen hätte. Die Arbeit begann am 31. Mai 1859, und im Februar 1862 ver-

Viele Loks des abgebildeten Typs sind bei den Bergbau- gesellschaften Südafrikas im Einsatz, vor allem bei der East Daggafontein Mines Ltd.

Diese Dampflokomotive befördert ihre Last zur Fabrik; sie gehört der Kohlenzeche von Albion.

Gewaltige Dampfwolken ausstoßend, versuchen diese beiden 4-8-2+2-8-4-Loks der Garratt-Klasse GMA mit ihrer Anhängelast in Fahrt zu kommen. Gebaut wurden sie Mitte der 1950er.

Die Eisenbahnen Südafrikas wurden zu den weltweit größten Abnehmern von Garratt-Loks, kauften aber auch Modelle anderer Hersteller. Hier eine weitere Lok der GMA-Klasse.

vollendet und wurde dann bis Krügersdorp und noch im gleichen Jahr bis Springs verlängert.

Bis 1892 wurden mehrere Linien verbunden: Die Cape Government Railway führte von Port Elizabeth über East London nach Bloemfontein im Oranje-Freistaat, während die Linien von Kapstadt und Bloemfontein beide Transvaal erreichten und so drei Zugänge zu den Goldfeldern am Witwatersrand eröffneten. Am 2. November 1894 ging die Transvaal-Bahn zwischen Pretoria und Delagoa Bay (später Lourenço Marques, heute Maputo) in Moçambique in Betrieb. Am 16. Dezember 1898 wurde die Natal Government Line ins Netz aufgenommen. 1900 gründete man die Imperial Military Railway, deren Bau nach dem Zweiten Burenkrieg und der Niederlage der Afrikaander erfolgte. Sie unterstand

Die meisten in Kohlenzechen und anderen Bergwerken eingesetzten Loks lieferte die Glasgower Firma North British; sie zeigten gewöhnlich das Radschema 4-8-2.

der Kontrolle von Oberstleutnant Sir Percy Girouard und nahm bald alle Eisenbahnen des jetzigen Transvaal und der Oranje-Kolonie unter ihre Fittiche, aus denen die Central South African Railway (CSAR) hervorging.

1916 kam es zur Gründung der Südafrikanischen Unon, die aus den vier früheren Kolonien Kapland, Natal, Oranje und Transvaal bestand. Ebenfalls 1916 verschmolzen durch eine Entscheidung des Parlaments alle Bahnen Südafrikas – CSAR, CGR und NGR – zur einer einzigen staatlichen Gesellschaft, der South African Railways & Harbours (SAR&H). Die große Spaltung kam 1961, als die Südafrikanische Union aus dem Britischen Empire austrat und zur Republik Südafrika wurde. Man traf verschiedene Maßnahmen, die den Umbau und schließlich die Privatisierung der SAR&H vorbereiten sollten; zur Gruppe gehörten inzwischen nicht nur die Eisenbahnen, sondern auch Häfen, Lkw-Speditionen, Fluglinien und Pipelines. 1981 erhielt dieser Komplex von Verkehrsbetrieben den Namen South Afri-

Eine 2-8-4-Lok aus der Berkshire-Klasse 24 der SAR auf der malerischen Strecke George-Knysna, die direkt am Indischen Ozean verläuft. Diese Lokomotiven wurden 1948 eingeführt.

can Transport Services (SATS) und wurde in Einheiten aufgeteilt, die stärker vor Ort verwaltet wurden. Schließlich verwandelte sich SATS 1989 aus einem Staatsbetrieb in eine Aktiengesellschaft, die knapp ein Jahr später als TRANSNET AG-Status erhielt.

Die Transnet Ltd. ist eine AG, deren Anteile ausnahmslos der Staat hält; sie bildet das größte Transportunternehmen des Landes und besteht aus acht Hauptabteilungen. Zwei davon sind Metrorail und Spoornet: Metrorail betreibt die städtischen Pendelzüge in den Ballungsräumen Südafrikas, vor allem rund um Johannesburg, Kapstadt, Durban, Tshwane, East London und Port Elizabeth. Spoornet ist eine südafrikanische Firma, die All-inclusive-Transport- und Logistiklösungen anbietet, welche zur wirtschaftlichen Wiedergeburt des Landes beitragen.

Die Diesellok Nr. 33.056 bei einem planmäßigen Halt. Diese modernen Lokomotiven eignen sich hervorragend zum Ziehen von Pendler-Fernzügen.

Hier sieht man eine Lok der Klasse E61 auf der Trans-Karoo-Schnellzugstrecke bei Worcester in der Kapprovinz. Dieser Zug verkehrt zwischen Kapstadt und Pretoria; dafür benötigt er bis zu 26 Stunden.

Dieses Bild zeigt einen Spoornet-Langstreckenzug. Diese Züge bilden die wichtigste Abteilung der Gesellschaft Transnet, die derzeit Güter- und Langstrecken-Personenzüge betreibt.

Nordafrika

Afrika wäre sicher viel besser dran, wenn man sein Eisenbahnnetz von Anfang an mit mehr Überlegung ausgebaut hätte. Die Bahnen spielten beim Transport von Waren über die weiten Landstrecken stets eine wichtige Rolle, und eine „panafrikanische" Einstellung anstelle der üblichen Kirchturmpolitik hätte viel Segensreiches bewirken können. Trotzdem hatten und haben die Eisenbahnen beim Transport von Fahrgästen und Gütern große Bedeutung.

Algerien liegt an der Nordküste Afrikas und ist das zweitgrößte Land des Kontinents. Seine Fläche beträgt über 2 381 000 km² – davon gehören mehr als ⁴/₅ zur Sahara. Seit seiner Besetzung durch die Franzosen im Jahre 1830 war es ein integraler Bestandteil des Mutterlandes Frankreich.

Die erste algerische Eisenbahn war im Juli 1862 fertig; es handelte sich um eine 50 km lange Strecke mit Standardspurweite, die von Algier nach Südwesten führte. Kurz nach ihrer Fertigstellung wurde sie von der Gesellschaft Paris-Lyon-Méditerranée übernommen, welche die Strecke 1871 bis Oran ausbaute.

1870 legte die Algerische Ostbahn eine Linie von Algiers nach Constantine an, die 1904 an den Staat

Algerien will in den nächsten Jahren 50 Mrd. US-$ in seine Infrastruktur investieren, und ein großer Teil davon wird auf das Eisenbahnnetz und sein rollendes Material entfallen.

Die Schweiz und Algerien unterhalten sehr intensive Handelsbeziehungen, und die Schweiz spielt wohl eine führende Rolle bei der Modernisierung der algerischen Staatsbahnen.

fiel und von der PLM betrieben wurde. 1910 baute man eine Schmalspurbahn (42 Zoll = 1055 mm), welche die Kohlenreviere des Landes mit der Wüstenstadt Colomb-Béchar verbinden sollte. Die Fertigstellung der Algerischen Westbahn zwischen Oran und der Grenze zu Marokko erfolgte 1922, und anschließend wurden weitere Linien zwischen der Sahara und den Küstenregionen eröffnet.

Vor dem Zweiten Weltkrieg nahm man den algerischen Streckenabschnitt der Trans-Sahara-Bahn an seinem Vereinigungspunkt mit dem marokkanischen (bei Bou Arfa) in Angriff. Die Trasse führte dann weiter durch Algerien, um in Colomb-Béchar auf die Schmalspurstrecke zu stoßen. Der Krieg ließ die Arbeit ruhen, die erst im Frieden wieder aufgenommen wurde. 1933 schuf man zur Kontrolle und Vereinheitlichung des Systems eine einheitliche Eisenbahnverwaltung, die Chemins de Fer Algériens,

Eine imposante Hauptstrecken-Diesellok der Klasse 91 der Tunesischen Eisenbahnen hält den Verkehr auf, während sie langsam in den Bahnhof von Sousse einfährt (August 2001).

Eine Diesellok der Klasse 91 (Nr. 553) der Tunesischen Eisenbahnen fährt mit einem Personenzug in den Bahnhof von Sousse ein. Sie stammt von General Motors (Kanada) und wurde in den 1990ern eingeführt.

deren Hauptanteilseigner die SNCF war. Später wurde sie verstaatlicht und 1939 als Société Nationale des Chemins de Fer Algériens (SNCFA) vom französischen Bahnsystem abgetrennt. Seit 1976 hieß sie dann Société Nationale des Transports Ferroviaires (SNTF).

Algerien besitzt etwa 4160 km Eisenbahnen, von denen 2400 die Standard- und der Rest die Schmalspur haben. Ein kleiner Teil wurde elektrifiziert und dient dem Gütertransport zwischen Tebessa und dem Stahlwerk El-Hadjar bei Annaba (Bône). Der Bau dieses Werkes und der Bahnanschluss halfen Algerien dabei, von Stahlimporten unabhängig zu werden. Außerdem legte man weitere Bahnlinien an, die vordem entlegene Regionen mit den Kernländern verbanden. So wurden die Eisenbahnen zu den Lebensadern des Staates, die seine Entwicklung und seinen Wohlstand kräftig förderten.

Tunesien rückte schon im 12. Jh. v. Chr. mit den Phöniziern ins Blickfeld der Geschichte, und Karthago war bereits um 814 v. Chr. ein wichtiger Handelsplatz im westlichen Mittelmeerraum. Schließlich wurden die Karthager von den Römern besiegt, die ihrerseits 693 n. Chr. den Arabern weichen mussten. 1854 nahm Tunesien zusammen mit den Briten und Franzosen am Krimkrieg teil, und 1877 setzten die Franzosen ein Marionettenregime ein. 1956 erhielt

Die große Diesellok Nr. 60 312 der Tunesischen Eisenbahnen zieht früh am Morgen einen Güterzug durch den Bahnhof von Sousse (August 2001).

das bis dahin von Frankreich beherrschte Land seine Unabhängigkeit.

Tunesiens erste Eisenbahnen wurden 1874, also in den letzten Jahren der Türkenherrschaft erbaut. Diese Standardspurlinien erschlossen die Hauptstadt Tunis. 1877 entstand eine Standardspurstrecke zur algerischen Grenze, während die Linien südlich von Tunis die 1-m-Spur verwendeten. Die erste, 1897 fertiggestellte gehörte der „Compagnie de Phosphate et de Chemin de Fer de Gafsa"; sie verkehrte zwi-

Hier manövriert die Lok Nr. 262 der Klasse 040 DM der Tunesischen Eisenbahnen im August 2001 auf dem Bahnhof von Sousse.

Dieser Zug auf dem Weg nach Tissra befährt in den Bergen Marokkos die kurvenreiche Strecke Casablanca-Fes. Bis 1908 gab es in Marokko noch keine Eisenbahnen.

schen den Phosphatminen bei Gafsa und der Hafenstadt Sfax. Im gleichen Jahr erhielt die Kapitale Anschluss an die Küstenstadt Sousse, und 1912 wurde diese Linie bis Sfax verlängert. Weitere Strecken führten zu diversen Industriegebieten. 1965 kam es zur Verstaatlichung, und fast alle Linien gelangten unter die Kontrolle der Tunesischen Staatsbahn, der Société Nationale des Chemins de Fer Tunisiens (SNCFT). Diese erbte 2000 km Strecke, die überwiegend die 1-m-Spur verwendeten. Der im Norden des Landes gelegene Rest des Netzes hat die Standardspurweite, und man plant Verbindungslinien, die den zwischenstaatlichen Bahnverkehr ermöglichen sollen. Die Phosphatminen machten sich diese Lage zunutze, und das ganze Land hat von ihren Abbauprodukten ebenso wie von deren Bahn-

Man spürt die Hitze fast körperlich: Dieser Zug stoppt gerade auf dem Bahnhof Rabat-Ville. Genau wie er sind die meisten marokkanischen Züge heute elektrifiziert.

transport profitiert. Rund um die Hauptstadt Tunis wurden auch die Pendlerzüge vermehrt.

Marokko verlor 1912 seine Unabhängigkeit und wurde französisches Protektorat, was auch den Eisenbahnbau beeinflusste. Etwa damals begann die französische Armee mit dem Bau einer 600-mm-Strecke, die alle wichtigen Städte verband und 1915 in Betrieb ging. Sie begann in Oujda und führte über Fes, Rabat und Casablanca nach Marrakesch; ihre Länge betrug etwa 930 km.

Anfangs setzte man dort umgebaute Autos ein, die maximal 25 km/h erreichten, was – vorsichtig formuliert – mühselig gewesen sein muss. 1923 wurden die Militärbahnen auf die Standardspur umgestellt und weitere Strecken gebaut, an die man in den folgenden Jahren nach und nach die größeren Städte und Industriegebiete anschloss. 1935 waren diese Linien soweit miteinander verbunden, dass man von Marrakesch quer durch Marokko und Algerien bis zur tunesischen Hauptstadt Tunis fahren konnte. Sie verwendeten durchweg die Standardspur und maßen ca. 2400 km.

Während das Bahnnetz expandierte, baute Tunesien seine Industrie weiter aus; so ging es bis in die 1970er, als das Land mit der Elektrifizierung begann. 1963 wurden die Eisenbahnen verstaatlicht und fortan vom neuen Office National des Chemins

Ägypten war viele Jahre lang ein wichtiger Teil des „Überlandweges" nach Indien und in die Fernen Osten, der 1842 eingerichtet wurde. 1851 begann der ägyptische Khedive Abbas I., der den Verkehr auf dieser wichtigen Überlandstrecke fördern wollte, mit Robert Stephenson über den Bau einer Bahn von Alexandria nach Kairo zu verhandeln. Sie war die erste Eisenbahn auf dem Kontinent, und ihr erster, 1852 begonnener Abschnitt bis Kafr-el-Zayat ging 1854 in Betrieb. Zwei Jahre später hatte sie Kairo erreicht. Zu ihrer 200 km langen Trasse gehörten auch zwei Brücken über den Nil, eine bei Kafr-el-Zayat und eine bei Benha. Bis zur Eröffnung des Suezkanals im Jahre 1869 war sie für das ägyptische Finanzministerium eine wichtige Geldquelle.

Unterdessen baute man weitere Linien, und alte Militärbahnen wurden umgestellt. Da sich der britische Einfluss immer weiter verstärkte, kamen auch zahlreiche britische Loks zum Einsatz. Viele Personenschnellzüge wurden von 4-4-2-Atlantics gezogen, Güter- und gemischte Züge hingegen von Moguls.

Im Zweiten Weltkrieg waren die Züge vor allem während des Afrikafeldzugs für das Militär lebenswichtig. Obwohl das Netz damals schwere Schäden davontrug und einigermaßen in Unordnung geriet, bestellte man anschließend britische 2-8-0-Loks

1852 wurden in Ägypten die ersten Gleise verlegt; die zugehörigen Lokomotiven kamen aus England. Besonders häufig setzte man 0-6-0-Loks ein, bei denen die Rahmen außen und die Kessel innen montiert waren.

de Fer du Maroc (ONCFM) betrieben. Das Verkehrsvolumen nahm in den Folgejahren zu, und weitere Modernisierungen waren nötig, um veraltetes Material zu ersetzen und die Überlastung zu verringern.

Seit den 1980ern setzte man im Personen- und Güterverkehr zahlreiche E- und Dieselloks ein. Heute sind über 50% des Netzes mit modernen 3-kV-Oberleitungen elektrifiziert, und die übrigen Strecken werden von Dieselloks befahren.

vom Typ Steiner 8F, und bald war wieder alles im Lot. Im Laufe der Jahre wurden Strecken elektrifiziert und neue Dieselloks in Dienst gestellt. Heute sind neue Linien im Bau, und alte werden wiedereröffnet; die Staatliche Ägyptische Eisenbahn verwendet nur noch modernere Diesellokomotiven.

China

Chinas Eintritt ins Eisenbahnzeitalter erfolgte nur zögerlich. Man begegnete den seltsamen Dampfmaschinen mit Reserve, ja offener Ablehnung. Die erste Eisenbahn verkehrte nur kurze Zeit in der Provinz Kiangsu. Sie war etwa 8 km lang, verwendete eine Spurweite von 2 Fuß und 6 Zoll (790 mm) und verband Shanghai mit Wusung. Als Lok diente die bei Ransome & Rapier in Ipswich gebaute „Pioneer". Offenbar kam es kurz nach ihrer Eröffnung zu einem tödlichen Unfall, worauf Unruhen ausbrachen und die Strecke stillgelegt wurde. Einen zweiten Versuch unternahm man auf der gleichen Trasse mit den 9 t schweren 0-4-0ST-Loks „Himmlisches Reich" und „Blühendes Land". Auch sie nahmen ein unrühmliches Ende, als die chinesischen Behörden ihre Verschrottung anordneten.

Den nächsten Anlauf zum Bau einer Bahn gab es in der nördlichen Provinz Hopeh, wo eine Bergbaufirma zwischen dem Kohlenrevier Kaiping bei Tangshan und dem zum Pehtang-Fluss führenden Kanal eine Strecke anlegte. Nachdem man anfangs Maul-

„Die Rocket of China" gilt gewöhnlich als erste in China gebaute Lokomotive. Dieses Foto zeigt den britischen Ingenieur Claude Kinder neben einer umgebauten „Rocket".

Die ersten beiden aus England nach China exportierten Lokomotiven wurden 1886 bei Dubs & Co. in Queen's Park gebaut. Sie hießen „Speedy Peace" (im Bild) und „Flying Victory".

Titelseite des „China Express" vom 13. Januar 1888: Am Fuß der Seite sieht man eine große Anzeige, in der die Firma Black, Hawthorn & Co. aus Gateshead-on-Tyne für ihre Loks wirbt.

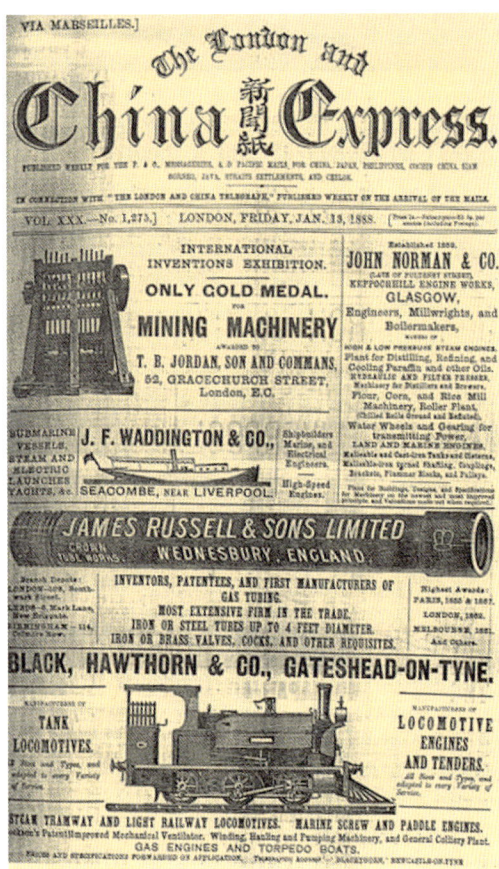

tiere einsetzte, konstruierte der örtliche Ingenieur C.W. Kinder, eine Lokomotive, für die er Teile überzähliger Loks u.ä. verwenden musste. Schon bald sickerten Gerüchte über das Projekt durch, und Kinder war gezwungen, das Fahrzeug mehrere Wochen vor den Behörden zu verstecken, bis ihm der Vizekönig Li Hung Chang zusicherte, dass er es in Ruhe fertig bauen dürfe. Das Ergebnis von Kinders Bemühungen war am 9. Juni 1881 zu bewundern, als die 0-6-0-Eigenbau-Tanklok „Rocket of China" ihren Dienst antrat. Nach der erfolgreichen Präsentation der „Rocket" bestellte man bei Robert Stephenson & Co. im englischen Newcastle zwei weitere 0-6-0-Tankloks. 1886 wurden zwei Lokomotiven von Dubs & Co. in Queen's Park aus England nach China exportiert; sie hießen „Speedy Peace" und „Flying Victory". Die 1863 gegründete Firma Dubs & Co. lieferte in viele Länder der Erde Loks. Wegen der Zuverlässigkeit ihrer Fabrikate erfreute sie sich eines guten Rufes, doch den ersten Lokomotiven, die Dubs 1886 nach China sandte,

Diese frühe chinesische Dampflokomotive wurde wohl nur bei schönem Wetter und an Festtagen eingesetzt. Viele dieser Loks importierte man aus den USA.

Noch in den 1930ern war das chinesische Streckennetz kaum 16 000 km lang, doch dann begannen sich die US-Importe auszuwirken, was an ähnlichen Terrains und Entfernungen lag.

Britisches Design spielte bei den chinesischen Eisenbahnen keine große Rolle; obwohl die britischen Tycoons weiterhin mitmischten, wurden v.a. US-Loks importiert.

würden, worauf sich sogar Leute vor die Züge warfen. Nachdem etwa 20 dabei verunglückt waren, wurde die Gleise stillgelegt und die Lokomotiven verschrottet.

Die ersten Anfänge waren also wenig ermutigend, doch Ende der 1890er hatte man mehr Erfolg. Diesmal kamen die Lokomotiven aus den Baldwin-Werken in den USA. Es waren viel größere Fahrzeuge als die früheren: Sie besaßen Antriebsräder mit 84 Zoll (213 cm) Durchmesser und 19 x 24 Zoll (480 x 610 mm) große Zylinder. In den ersten Jahren des 20. Jahrhunderts baute China selbst Lokomotiven, die auf US-Typen basierten. Schon bald darauf produzierte das Land auch Waggons, doch zahlreiche chinesische Eisenbahnen wurden während dieser Periode voller Kriege, Unruhen und Kämpfe um einzelne Landesteile vielfach unterbrochen und zerstört.

Selbst in den 1930ern besaß China erst etwa 16 000 km Eisenbahnen; die wichtigste unter ihnen war wohl die auch als Ostchinesische Bahn (Chinese Eastern Railway/CER) bekannte Mandschurische Bahn, welche China mit den russischen Fernostgebieten verband. Ihr südlicher Abschnitt trug den Namen Südmandschurische Eisenbahn und stand im Mittelpunkt mehrerer Konflikte – des Russisch-Japanischen und des Zweiten Chinesisch-Japanischen Krieges.

Die Hauptverwaltung dieser riesigen Strecke, die 1897 in Angriff genommen wurde und 1916 voll befahrbar war, lag in Harbin (Mukden). Teile der Bahnlinie waren schwer umkämpft und wechselten mehrfach ihren Besitzer. Die hier eingesetzten Lokomotiven kamen unter dem Einfluss Japans, das nun Eigentümer der Bahn war, vorwiegend aus den USA. Eine der wichtigsten Lokklassen in der Geschichte der chinesischen Eisenbahn war die JF „Mikado": Eingeführt wurde sie 1918 von den

war kein besonders langes Leben beschieden. Obwohl diese 0-4-0ST-Loks nicht die ersten auf chinesischem Boden waren, verbreiteten sie Schrecken unter der Bevölkerung, die sie für feuerspeiende Ungeheuer hielt. Ihre Gleise führten nah an einem Friedhof vorbei, und die Einheimischen behaupteten, dass dadurch die Gräber ihrer Ahnen entweiht

Die riesige 2-10-2-Lok Nr. 2655 aus der Klasse QJ der Chinesischen Eisenbahn blieb im Eisenbahnmuseum Speyer erhalten (Foto vom Mai 2002). Diese Klasse wurde 1956 eingeführt.

Die Herstellerplakette der QJ-Dampflok Nr. 2655 der Chinesischen Eisenbahn verrät, dass sie 1978 gebaut wurde – mehr als 20 Jahre nach Einführung dieser Klasse!

Japanern, als diese ihre Herrschaft über die Mandschurei festigten. Die JF entwickelte sich zur Standardlok des Nordostens, und die mandschurischen Bahnen spielten bei der rasanten Industrialisierung Japans im Vorfeld des Zweiten Weltkriegs eine Schlüsselrolle. Als die Japaner immer größere Teile Chinas besetzten, vertrauten sie zur Versorgung ihrer Truppen vor allem auf die Bahn; damals wurden viele neue JF-Loks gebaut. Nach der Befreiung von 1949 stellte China die erste Lokomotive ohne ausländische Beteiligung her; das galt als wichtiger

Schritt auf dem Weg zum „Neuen China". Diese Lok war eine JF, und nachdem man die Klasse zur Standard-Güterlok der Volksrepublik erkoren hatte, wurden mehr als 400 weitere gebaut; ihre Produktion lief Ende der 1950er aus, doch selbst 2004 waren noch einige im Einsatz.

In den meisten Ländern gibt es heute – bis auf Museumsexemplare – keine Dampflokomotiven mehr, doch China unterhielt für seine Hauptstrecken noch bis 1996 eine stattliche Flotte. Wegen der zentral gelenkten Planung gab es 5 Klassen: die Hauptstrecken befuhren v.a. 2-10-2-Loks der Klasse QJ, gefolgt von der SJ (2-8-2), der JF (2-8-2), dem Industrietyp SY und den 0-8-0-Standardloks für die 762-mm-Spur.

Ab 2005 führte das rasante Wachstum der chinesischen Wirtschaft zum Ausbau und zur Modernisierung des Bahnnetzes. Viele ältere Dampfzüge werden nun ausrangiert, und moderne Technologie hält mit neuen Zügen und Zugsystemen ihren Einzug. Der Ausbauplan sieht u.a. vor, dass bis 2020 die Gesamtlänge der Strecken von 73 000 km (2003) auf 105 000 km anwachsen soll. Personen- und Güterverkehr sollen auf viel befahrenen Hauptstrecken getrennt werden, wobei ein Netz von Hochgeschwindigkeits-Personenzügen und Korridoren für Schwergutfracht Chinas Großstädte verbinden wird.

Obwohl Dampflokomotiven seit den 1950ern mehr und mehr überholt waren und bis zu den 1970ern überwiegend ausgemustert wurden, bauten die Chinesen immer noch neue.

Da das Umweltbewusstein wächst, werden die meisten dieser hübschen Dampfloks verschrottet oder ins Museum gestellt – sogar in China, wo es immer noch eine große Anzahl gibt.

Eine Riesenlok der Klasse QJ fährt unter mächtiger Dampf- und Rauchentwicklung aus dem Bahnhof von Sangkong. Zur Freude vieler Fans setzt China diese Lokomotiven noch ein.

Im Jahre 2000 beschloss die chinesische Regierung den Bau einer Transrapid-Strecke zwischen Shanghai und dem Internationalen Flughafen Pudong. Sie wurde 2002 eingeweiht, leidet aber unter zu geringer Akzeptanz.

Japan

1868 wurde das Regime der Tokugawa-Shogune, die Japan 260 Jahre in Isolation gehalten hatten, im Zuge der Meiji-Restauration gestürzt. Dieses Ereignis markiert den Anfang der Modernisierung Japans, denn die neue Regierung beseitigte das Feudalsystem und orientierte sich nach Westen.

Schon vorher hatten Ausländer und sogar Japaner mehrfach vorgeschlagen, Eisenbahnen zu bauen (vor allem zwischen Tokio und Yokohama bzw. Osaka und Kobe). 1869 sprach sich der britische Gesandte Harry Parkes für Eisenbahnen als Mittel zur Modernisierung des Landes aus und bestand darauf, dass Japan schnellstens welche bauen solle. Die Meiji-Regierung stimmte aus politischen Gründen zu, um den Feudalismus zu überwinden und die Zentralgewalt zu stärken. Am 7. Dezember 1869 traf sich Harry Parkes mit den führenden Politikern, um die Präliminarien für die Einführung von Eisenbahnen und Telegrafen zu erörtern. Zwei der Anwesenden, Vizefinanzminister Shigenobu Okuma und sein Adjutant Hirobumi Ito, kümmerten sich später um den Bahnbau. Man beschloss, die erste Bahnlinie auf der 29 km langen Trasse zwischen der Hauptstadt Tokio und Yokohama (einem der wenigen damals für den internationalen Handel geöffneten Häfen) anzulegen. Die vorbereitenden Erkundungen begannen am 25. April 1870. Tokios Hauptbahnhof entstand in Shimbashi, der Yokohamas in Noge Kaigan. Diese Orte wählte man aus, weil sie nah bei den Stadtgrenzen und den Ausländervierteln lagen. Die Züge fuhren auf Gleisen mit der Spurweite (3 Fuß, 6 Zoll), die damals in vielen britischen Kolonien verwendet wurde.

Die ersten 10 Tankloks und 58 zweiachsigen Fahrgastwaggons trafen im September 1871 aus England kommend in Yokohama ein. Vom 12. Juni 1872 an verkehrten täglich zwei Züge zwischen Shinagawa und Yokohama; so begann der fahrplanmäßige Personenzugbetrieb. Der Meiji-Kaiser wohnte am 14. Oktober 1872 den Eröffnungszeremonien an den Bahnhöfen Shimbashi und Yokohama bei und machte anschließend eine Rundfahrt. Es gab vier Haltepunkte: Shinagawa, Kawasaki, Tsurumi und Kanagawa. Die Fahrt von einer Endstation zur anderen dauerte 35 Minuten. Der Frachtverkehr begann am 15. September 1873. Seit dem 25. August 1870 bereitete man den Bau der Strecke Osaka-Kobe vor, die am 11. Mai 1874 in Betrieb ging. Man errichtete die erste schmiedeeiserne Brücke und den ersten Tunnel, der das Bett eines Dammflusses unterquerte.

Dieser dreiteilige Farbholzschnitt zeigt die Strecke Ueno-Nakasendo vom Tokioter Bahnhof Ueno aus: Züge halten an den Bahnhöfen oder fahren durch die Landschaft.

Später wurde die Bahn bis Kyoto (1876) und Otsu (1880) verlängert. In diesem Abschnitt lag der 650 m lange Osakayama-Tunnel – der erste von japanischen Ingenieuren geplante und gebaute Bergtunnel. 1881 erhielt die Nippon Railway die Konzession für den Bahnbetrieb Tokio-Tohoku, und seit 1883 verkehrte die erste Privatbahn zwischen Ueno (am Nordrand von Tokio) und der Kumagaya-Bucht. Bis 1891 stellte jene ihre Strecke zwischen Ueno und Aomori fertig, die Nordost-Honshu erschloss. In den folgenden Jahren gab es ständig neue Linien; die Verbindung zwischen den beiden größten Städten Tokio und Kioto/Osaka, die Tokaido Railway war der erste wichtige Schritt in der Entwicklung der japanischen Eisenbahnen.

In der Anfangsphase des Bahnbau beschäftigte die japanische Regierung zahlreiche britische Ingenieure, und in diesen Jahren vermittelten ausländische Fachkräfte ihren einheimischen Kollegen das erforderliche Know-how. Im Mai 1877 wurde am Bahnhof von Osaka eine Ingenieurschule eröffnet, und schon 1880 konnten qualifizierte Japaner die Ausländer auf den meisten Posten ablösen – bis auf den Bau von Dampflokomotiven und Brücken, wo man noch bis in die 1890er Fremde beschäftigte. Dazu gehörten auch Richard Francis Trevithick und sein Bruder Francis Henry, zwei Enkel von Richard Trevithick, dem Erfinder der Dampfmaschine.

Dieser Teil eines Holzschnitt-Triptychons zeigt einen Dampfzug bei der Fahrt durch den Tokioter Bahnhof Shiodama (Shimbashi) mit japanischen und ausländischen Passanten.

Die leistungsfähige Wirtschaft, die in Japan durch die geglückte Finanzreform von Masayoshi Matsukata heranwuchs, und der Erfolg der ersten Privatbahn Nippon Railways führten ab 1885 zur Gründung weiterer privater Gesellschaften – bis zur Rezession von 1890. Japan wurde förmlich vom Eisenbahnfieber erfasst, und im Juli 1889 gab es schon 875 km staatliche und 835 km private Strecken.

Im Mai 1890 verlegte die Tokyo Electric Light Company – Japans älteste, 1884 gegründete Elektrofirma – auf der III. Inlands-Industrieausstellung im Ueno-Park (Tokio) ein 500 m langes Gleis, auf dem zwei elektrische Spragne-Triebwagen fuhren, die man von Brill & Co. (USA) importiert hatte. Sie waren die ersten elektrischen Straßenbahnen Japans. In vielen Städten plante man daraufhin solche Bahnen, doch die meisten Projekte blieben mangels technischer Erfahrung und Geldes auf dem Papier. Die erste kommerzielle Linie betrieben seit dem 1. Februar 1895 die Kyoto Electric Railways auf einer etwa 7 km langen Trasse, die vom Bahnhof Kyoto am Yodo-Fluss entlang nach Fushimi fuhr. Sie wurde später bis in die Innenstadt verlängert und hatte rasch viele Nachfolger.

Auf diesem dreiteiligen Holzschnitt beobachten Ausländer einen Personenzug, der an westlichen Kriegsschiffen vorbeifährt. Der Hafen von Yokohama wimmelt von japanischen Segelbooten.

Die Lokomotiven, Personen- und Güterwaggons, die ab 1872 auf Japans erster Eisenbahn zwischen Tokio und Yokohama verkehrten, stammten durchweg aus britischer Produktion. Die Konstruktion der 10 damals importierten Tankloks vertraute man britischen Ingenieuren an, die nur die einfachsten Spezifikationen und Leistungsanforderungen erhielten. Alle Lokomotiven hatte das 2-4-0-Radschema der 1B. Nach 1874 importierte man für den Einsatz auf der Bahnlinie Kobe-Osaka-Kyoto neben Tankloks auch Tenderlokomotiven und stärkere Modelle, die sogar starke Steigungen bewältigen konnten. 1876 wurden zwei C 0-6-0-Tenderloks, deren Treibräder zum Gütertransport einen Durchmesser von 3 Fuß und 7 Zoll (1065 mm) hatten, zu 2B 4-4-0-Tenderloks für den Personenverkehr umgebaut, deren Triebraddurchmesser 4 Fuß und $^4/_5$ Zoll (1320 mm) betrug.

Die erste Eisenbahn auf Hokkaido wurde für den Transport von Kohle zwischen Temiya (Otaru) und der Zeche Horonai gebaut. Der Betrieb auf dem Abschnitt Temiya-Sapporo begann 1880, und 1882 verlängerte man die Strecke bis zur Zeche. Da sie unter der Leitung des US-Ingenieurs J. U. Crawford wie amerikanische Pionierbahnen geplant und gebaut worden war, setzte man dort auch 2-6-0-Tenderloks des Typs 1C ein, die von der Porter Inc. (H. K. Vertec) in Pittsburgh stammten. Diese Loks erlangten Berühmtheit, weil sie nach den mittelalterlichen Helden Yoshitsune und Benkei benannt waren. Die Iyo-Bahn, die ab 1888 zwischen dem Außenhafen und der Innenstadt von Matsuyama auf Shikoku verkehrte, war Japans erste Schmalspurbahn (2 Fuß, 6 Zoll). Sie verwendete 7,8 t schwere B

0-4-0-Tankloks der Münchner Lokomotivenfabrik Kraus.

Zu Beginn des 20. Jahrhunderts setzte man Tenderloks mit dem Radschema 2B 4-4-0 ein, die vorwiegend Personenzüge zogen; für Kurzstrecken-Allzweckzüge wurden Tankloks vom Schema 1B1 2-4-2 oder 1C1 2-6-2 benutzt, während bei Güterzügen und starken Steigungen Tender- (1C 2-6-0 oder 1D 2-8-0) und Tankloks (C1 0-6-2) Verwendung fanden.

Während man noch mit Verbundlokomotiven und Gelenkloks vom Typ Mallet experimentierte, führte die Sanyo-Eisenbahn eine große Anzahl (insgesamt 24) von Vauclair-Verbundloks ein; 12 entstanden im Eisenbahnwerk Hyogo. Die erste in Japan gebaute Lokomotive war eine Worsdell-Verbundtenderlok mit 1B1-Radschema. Ihre Fertigung erfolgte 1893 testweise in den Regierungswerkstätten von Kobe unter der Leitung ihres Konstrukteurs R. F. Trevithick, der damals Inspekteur war. 1895 stellte man in den Temiya-Werken der Hokkaido Tanko Railway eine Tenderlok (1C 2-6-0) her, die dem Modell Yoshitune glich. Sie erhielt zur Feier des japanischen Sieges im Krieg gegen China den Namen „Taisho-go" (Großer Sieg). Obwohl sie die einzige Lok blieb, die in dieser Fabrik gebaut wurde, fertigten einheimische Werkstätten in der Folge Kopien importierter Fahrzeuge an. Die Produktion einheimischer Lokomotiven setzte in großem Maßstab ein, nachdem man zwischen 1906 und 1907 siebzehn große Privatfirmen verstaatlicht hatte. Als Standardmodelle erkor man die deutschen Überhitzungs-Loks vom Typ Schmidt, die ursprünglich in Japan entwickelt worden waren.

Diese Illustration gehört zu einer Serie über den Russisch-Japanischen Krieg. Bild Nr. 6 zeigt die Heldentaten der Noshido-Infanteriekompanie, die nach Umgehung des Gegners eine Bahnlinie zerstört.

THE ILLUSTRATION OF THE SIBERIAN WAR. *NR 6. The Brilliant Exploit of The Noshido Infantry Company Destroyed Rail Road, Going Corround The Back of The Enemy.*

1906 wurde dem Abgeordnetenhaus das Gesetz über die Verstaatlichung der Eisenbahnen vorgelegt. Es wurde ohne Änderungen angenommen, aber im Oberhaus abgeändert und erneut an die Zweite Kammer verwiesen. Als das überarbeitete Gesetz am Ende einer Sitzungsperiode abermals den Abgeordneten vorlegt wurde, war es so fehlerhaft, dass man auf eine Aussprache verzichtete und die Opposition den Saal verließ. Während das Gesetz die Privatisierung von 17 Privatbahnen binnen 10 Jahren vorsah, plante die Regierung, sie möglichst rasch zu erwerben, und so geschah es auch 1906–1907.

Es ist unklar, warum japanische Eisenbahnen die Schmalspur (1067 mm) verwenden. Erwägt man jedoch, dass britische Ingenieure gleichzeitig in Neuseeland ebenfalls Schmalspurbahnen bauten, könnte das durchaus politische Motive haben. Der Wunsch zur Übernahme der internationalen Standardspurweite (1435 mm) wurde 1887 vom Militär geäußert, das auf diese Weise die Truppentransporte effektiver gestalten wollte. Eine Initiative zum künftigen Bau von Standardspur-Bahnen passierte das Parlament, und das Verkehrsministerium setzte zur weiteren Untersuchung der Materie eine Forschungskommission ein. 1898 gaben die Militärs

jedoch der Verstaatlichung gegenüber der Spurfrage Priorität, und das Thema lag eine Zeitlang auf Eis. Die Verstaatlichung hatte für ganz Japan einheitliche Verwaltungs- und Betriebsstrukturen zur Folge, die natürlich auch zu einem gemeinsamen Schmalspurnetz führten. Damit war der Streit noch nicht zu Ende, doch 1919 wurde der Standardspur-Plan nach langen Diskussionen vom neuen Kabinett Seyukai unter Premierminister Hara auch formell abgewiesen. Die 1067-mm-Spur blieb in Japan Standard, bis die JNR 1964 die Tokaido-Shinkansen-Strecke mit ihrer internationalen Spurweite in Betrieb nahm.

Zwischen August 1910 (als der Light Railway Act durchgesetzt wurde) und März 1911 (dem Ende des Haushaltsjahres 1910) erhielten 23 neue Gesellschaften Konzessionen für leichte Eisenbahnen. Unter dem Private Railway Act wurden weitere 17 eröffnet, und bis zum Ende des Haushaltsjahres änderten neun andere geplante oder in Gründung befindliche ihre Rechtsform in Leichte Eisenbahnen um. Viele dieser Bahnen verwendeten neben der staatlichen Spurweite von 3 Fuß und 6 Zoll (1200 mm) noch eine zweite (2 Fuß, 6 Zoll = 860 mm).

In den 1920ern begann auch für Japan das Autozeitalter. Die japanischen Straßen waren damals in erbärmlichem Zustand, aber schon bald überzog ein Netz von Buslinien das ganze Land. Die ersten Busse waren bescheidene Fahrzeuge, die nur 20 Personen befördern konnten; dennoch gerieten zahlreiche kurze Lokalbahnen gegenüber dieser Konkurrenz ins Hintertreffen, und viele mussten schließen.

Als der Erste Weltkrieg ausbrach, konnte Japan nur schwer Lokomotiven importieren, und so wurden die aus der Tokioter Dainihon Tramway hervorgegangenen Amenomiya-Werke und die Nippon Sharyo aus Nagoya zu Hauptlieferanten.

Die Chikugo Tramway im Norden von Kyushu setzte 1905 als erste für kommerzielle Züge eine Lok mit Verbrennungsmotor ein. Der Einzylinder-Brennkammermotor dieser Lokomotive erzeugte ca. 10 PS und war an sich für ein Fischerboot gedacht. Seine Produktion erfolgte in den Fukuoka-Eisenwerken von Osaka, die große Stückzahlen dieses Typs an Bahnen im Norden der Insel Kyushu lieferten.

Die Yoshima-Eisenbahn in der Präfektur Fukushima stellte 1921 erstmals benzinbetriebene Triebwagen in Dienst. Bei den staatlichen Eisenbahnen wurden die ersten 1929 eingesetzt, doch sie waren wegen zu geringer Leistung und hoher Störanfälligkeit ein Flop. Ab 1933 stellte man jedoch im Lande sehr zuverlässige Benzintriebwagen mit 100 bis 150 PS her, die in großer Zahl auf Lokalbahnen und kurzen Hauptstrecken im gesamten staatlichen Bahnnetz ihren Dienst verrichteten. Nach der Verstaatlichung erwarb die Regierung in Großbritannien, den USA

und Deutschland einige größere 2C1-Tenderlokomotiven; auf der Grundlage dieser Importfahrzeuge ließ sie einheimische Modelle entwickeln. Nachdem man Standards und Produktionsmethoden festgelegt hatte, wurden eine 1C-Lok für Personenschnellzüge – die Klasse 8620 – und eine 1D-Lok für Güterzüge – die Klasse 9600 – gebaut.

Nach dem Ersten Weltkrieg entwickelte man zur Bewältigung des rasch anwachsenden Verkehrsvolumens auf den Hauptstrecken zwei neue Modelle, die 18900 – später in C51 umbenannt – für den Personen- und die 9900 (später D50) für den Frachtverkehr. Die C51 zog ab 1930 auf der Tokaido-Strecke (Tokio-Osaka) den Tsubame-Schnellzug; dazu benötigte sie 8 Stunden und 20 Minuten. 1934 verkürzte die Erbauung des Tanna-Tunnels die Fahrzeit auf 8 Stunden. Im Güterverkehr brachten die ab 1923 gebauten 9900er einen Durchbruch: sie konnten 950 t ziehen (die 9600er nur ganze 600 t).

Die wichtigsten Innovationen im Rahmen der Verbesserungsmaßnahmen waren Druckluftbremsen und automatische Kupplungen. 1919 beschloss die Regierung, anstelle der traditionellen Vakuum- nun Druckluftbremsen einzuführen und begann mit der Entwicklung eines Modells, das auf der Westinghouse-Technologie basierte. Bis 1930 wurden alle Güterwagen damit ausgerüstet; die Personenwaggons folgten 1931. 1919 entschied man sich auch für automatische Kupplungen amerikanischen Typs. Die staatlichen Eisenbahnen begannen elektrische Ein-

Das Umekoji-Dampflokmuseum in der Nähe des Hauptbahnhofs von Tokio wurde 1972 eröffnet. Der Ringlokschuppen beherbergt zahlreiche Dampfloks, u.a. den kaiserlichen Hofzug C581. Die goldene Scheibe ist die kaiserliche Chrysanthemenblüte.

Zur Serie D51 gehörten riesige Güterzuglokomotiven, von denen zwischen 1936 und 1945 über 1115 Stück gebaut wurden. Die längliche Kuppel über dem Kessel trug ihr den Spitznamen „Namekuji" (Schnecke) ein.

Hier sieht man die Plakette der Lokomotive C581 – des kaiserlichen Hofzuges – im Umekoji-Dampflok-Museum von Kyoto.

heitszüge mit mehreren Waggons (EMUs) einzusetzen, als sie die Tokioer Privatbahn Kobu Tetsudo (heute Chuo-Linie) erwarben. Man erkannte sofort deren Vorzüge im Stadtverkehr und beschloss, ihren Einsatz auszuweiten. Ab 1915 verkehrten diese Züge zwischen Tokio und Yokohama. Diese Entwicklung bildete später den Ausgangspunkt für die EMU-Hochgeschwindigkeitszüge. Die räumliche Ausweitung der von EMU-Zügen befahrenen Strecken und das durch schnellere Takte verbesserte Angebot ließen die Staatsbahnen zum wichtigsten ÖNVP-Betrieb im Raum Tokio werden.

Trotz der politischen Instabilität erholte sich Japans Wirtschaft von der Depression der 1930er, und nun brauchte man verstärkt Transportmittel. Es gab wichtige technische Fortschritte, und die Eisenbahnen wurden ungeachtet der Beschränkungen des Schmalspursystems modernisiert.

1937 begann mit einem inszenierten „Zwischenfall" der Chinesisch-Japanische Krieg, der niemals formell erklärt wurde, aber große Teile Chinas erfasste. Als sich Japans Beziehungen zu anderen Staaten verschlechterten, suchte es Anschluss an die „Achsenmächte" Deutschland und Italien. Das wiederum vergiftete das Verhältnis zu den USA und Großbritannien, denen Japan 1041 den Krieg erklärte, womit auch im Pazifik der Zweite Weltkrieg begann.

Die japanische Wirtschaft wurde ab 1938 durch das

Die Lokomotive C571 in voller Fahrt. 1937 von der Kawasaki Locomotive Company gebaut, erlebte sie eine wechselvolle Geschichte. Obwohl sie 1961 entgleiste, konnte man sie originalgetreu wiederherstellen.

Der Lokomotiventyp B20 wurde im Zweiten Weltkrieg entwickelt, und 1946 baute man bei der Teteyama Heavy Industries Company die Lok B2010.

„Gesetz zur Nationalen Mobilisierung" auf Kriegsproduktion umgestellt. Nun benötigte das Militär verstärkt Transportkapazitäten, und die staatlichen und privaten Bahnen mussten die ihrigen ausbauen, obwohl es beiden an Material fehlte. Besonders wichtig wurde damals der Ausbau der Verkehrsverbindungen zum Kontinent, und so beschloss man 1939, eine neue Bahnlinie mit Standardspur anzulegen, die als „Neue Hauptstrecke" (Skinkansen) von Tokio nach Shimonoseki an der Westspitze von Honshu führte. Ihr Bau hatte gerade erst begonnen, als der Kriegsausbruch das Projekt stoppte. Erst 1964, mehr als 25 Jahre später, nahm die JNR den Betrieb der Shinkansen wieder auf; dafür verwendete sie Land, das man viel früher für das Kugelzug-Projekt erworben hatte.

Die Eisenbahnen, die den Krieg überstanden hatten, waren schwer mitgenommen und mangels Material und Personal fast ohne Wartung. Alle Anlagen befanden sich, da im Krieg überbeansprucht, in erbärmlichem Zustand. Unfälle wie Zusammenstöße oder Entgleisungen waren 1943–45 an der Tagesordnung.

Am 1. Juni 1949 wurden die staatlichen Eisenbahnen als Körperschaft des öffentlichen Rechts unter dem Namen Japanese National Railways

(JNR) reorganisiert. Das war eine ebenso wichtige Zäsur wie die Privatisierung im Jahre 1897 oder die Verstaatlichung von 1906/07.

Nach der Kapitulation wurde das Land durch das General Headquarters (GHQ) der alliierten Besatzungsmächte verwaltet. Ein Brief von General MacArthur wies die Regierung am 22. Juli 1948 an, die Staatsbahnen und andere staatliche Monopole in Körperschaften des öffentlichen Rechts umzuwandeln; so entstand die JNR. Der Bahnbetrieb sah sich angesichts des wachsenden Bedürfnisses nach Transportmitteln, dem eine gegenüber der Vorkriegszeit auf weniger als 30% geschrumpfte Kapazität gegenüberstand, vor einem schweren Dilemma. Der Bedarf stieg noch an, als zahllose Leute die Züge benutzten: Soldaten strömten aus der Mandschurei, Korea etc. heimwärts; Schulkinder kehrten aus der Evakuierung auf dem Land zurück; dazu kamen GIs, Ausländer und Hamsterfahrer auf der Suche nach Nahrung. Diese Bürde lastete umso schwerer, als der Kraft- und Schiffsverkehr noch darniederlag. Überalterte Anlagen und fehlende Geldmittel zu ihrer Wartung verursachten eine Serie schwerer Unfälle. Dennoch tat die Bahnverwaltung alles, um den Verkehr moderner wieder in Gang zu setzen. Sie setzten geschwindigkeitsbegrenzte Schnellzug- sowie neue Diesel- und E-Loks ein. 1957 führte der erste Fünfjahresplan dem Bahnsystem erhebliche Investitionen zu.

Durch den Ausbruch des Koreakrieges wurde Japan 1950 zur Militärbasis der UNO. Deren Streitkräfte brauchten urplötzlich riesige Transportkapazitäten, was die Wirtschaft ankurbelte. Als der Aufschwung richtig in Gang kam, stieß die Tokaido-Linie bald an ihre Grenzen. Diese Strecke war seit ihrer Fertigstellung im Jahre 1889 die wichtigste Verkehrsader des Landes und ist es bis heute geblieben. 1950 machte sie nur 3% des gesamten Netzes aus, bewältigte jedoch 24% des Verkehrsvolumens. Die lang erhoffte, 1956 vollendete Elektrifizierung der Strecke Tokio-Osaka konnte die Probleme nicht lösen, und so kamen die japanische Regierung und die JNR überein, die Tokaido Shinkansen mit der internationalen Standardspur (1435 mm) zu bauen. Das Projekt startete mit finanzieller Unterstützung durch die Weltbank und war nach sechs Jahren 1964 abgeschlossen. Ins Auge gefasst hatte man es schon vor Kriegsausbruch (1938); damals hieß es das „Kugelzug-Projekt". Ende der 1950er, also gut 10 Jahre nach dem Zweiten Weltkrieg, hatte Japans Wirtschaft das Vorkriegsniveau erreicht und begann erstaunlich zu expandieren. Der Anteil der Bahnen am Inlandsverkehr war immer noch so bedeutend, dass das Wachstum weitere Fahrgast- und Frachtkapazitäten erforderte. In den 1960ern beschleunigten kräftige Investitionen die Modernisierung der Hauptstrecken.

Bis zum Kriegsende hatten die staatlichen Japanischen Eisenbahnen (nach 1949 JNR) auf die Dampfkraft vertraut, während die privaten Stadtbahnen bereits elektrifiziert wurden. Nach dem Krieg erfasste die Elektrifizierung vornehmlich die Hauptstrecken. Die Tokaido-Linie zwischen Tokio und Osaka war 1956 komplett umgestellt, die Sanyo-Linie folgte 1964, die Tohoku-Linie 1968 und die Kagoshima-Linie 1970. Die Gesamtlänge der

Der typische Vorortbahnhof Tanakura liegt an der erst 1984 elektrifizierten Strecke nach Nara. Hier fährt gerade ein EMU-Zug ein.

Der 1966 gebaute Zug EF-66 ist elektrifiziert: In Sachen Elektrizität ist Japan zweigeteilt; um überall zurechtzukommen, gibt es daher Loks für 1,5 kV/GS, 2 kV/WS und mehrere Spannungen.

Während japanische Eisenbahner Reparaturen vornehmen, schleicht der Zug 11655 der Tobu Railway langsam vorbei, um ja keinen Unfall zu verursachen.

Der Nakamozu-Zug nähert sich auf der Midosuoi-Strecke dem Bahnhof Momoyamadai in Suita (Präfektur Osaka), der von der Kita Osaka Kyoko Railway betrieben wird.

Die Yamamoto-Strecke entstand 1885. Heute zählt sie zu den verkehrsreichsten in und um Tokio; auf ihr verkehren die Züge der 1985 eingeführten Serie 205 und jene der ganz neuen Serie E231.

Als erste ständige Hauptstadt wurde das heute als Nara bekannte Heijo auserwählt. Die Strecke wird heute von der Kintetsu Railways betreut. Hier sieht man den Zug Mo 30200 mit dem Nara-Namba-Express.

Nagoya hat 2,1 Mio. Einwohner und braucht für die zahlreichen Pendler eine leistungsfähige Eisenbahn. Hier sieht man den Zug 1235 auf der Vorortstrecke Kinetsu-Kinki der Nippon Railway.

Ein Güterzug vom Typ EF 200 bei Yamazaki zwischen Osaka und Kioto. Zur Serie 200 gehört eine Speziallok mit 6000 kW und B-B-B-Radschema, die Anfang der 1990er für JR Freight gebaut wurde.

Die Serie EF66 mit B-B-B-Radschema wurde 1966 für den Mischverkehr eingeführt. 1988 kam die Serie EF66-100 hinzu, weil die damals neue JR Freight noch das B-B-B-Schema verwendete.

Die Loks der Serie ED79 wurden 1985 eingeführt. Sie entstanden durch den Umbau der Serie ED75 und werden im Seikan-Tunnel eingesetzt. Sie verwenden das B-B-Radschema, doch die Katzenmaske ist keine Pflicht!

Ein völlig anderes Design als die örtlichen Pendlerzüge zeigt dieser Langstrecken-EMU (hier bei der Ausfahrt aus Osaka), der seine Fahrgäste in die fernsten Winkel Japans befördert.

„Romance Car" nennt die Odakyu-Linie ihren Eilzug. „Romance Seats" sind Doppelsitze ohne trennende Armlehnen aus der Zeit, als Einzelsitze die Norm waren. Die Linie Odaky-Odawara ist bekannt für ihren „Romance Car".

Hier sieht man einen JR-Pendlerzug auf der Geibi-Strecke, der Pendler zwischen der Stadt und ihrem Umland befördert. Der abgebildete Zug fährt unmittelbar nördlich von Hiroshima stadtauswärts.

In der Nordpräfektur von Osaka gibt es eine Einschienenbahn. Sie führt auf einer Hochbahnstrecke vom internationalen Flughafen Osaka nach Kadoma. Derzeit misst sie insgesamt 24 km, aber 2007 soll eine Ausbaustrecke eröffnet werden.

Ein EMU-Pendlerzug fährt auf der von JR East betriebenen Musashino-Strecke in Richtung Minami. Durchgehende Züge verkehren über Nishi-Funabashi an der Keiyo-Strecke nach Tokio, wobei einige bis Minami-Funabashi weiterfahren.

elektrifizierten Strecken wuchs von 2800 km (1960) auf 6000 km (1970), um 1980 sogar 8400 km zu erreichen. Neben dem GS-System (1,5 kV), übernahm man in Japan ab Ende der 1950er auch das WS-System (3 kV), das sich nach dem Krieg in Europa durchsetzte.

Japan betreibt zwei Spannungsnetze: Die Tohoku-Linie im Osten verwendet zumeist 50 Hz/20 kV, die Kagoshima-Linie im Westen dagegen 60 Hz/20 kV. Neben von Lokomotiven gezogenen Zügen begannen auf den elektrifizierten Strecken auch EMUs zu verkehren, als erster Langstrecken-EMU der JNR ging 1950 die Tokaido-Linie zwischen Tokio und Numazu in Betrieb. Ab 1958 setzte die JNR zwischen Tokio und Osaka Schnellzüge ein, die maximal 110 km/h erreichten. Während die wichtigsten Hauptstecken elektrifiziert wurden, fuhren auf den nachgeordneten und den Nebenstrecken DMUs mit Unterboden-Dieselmotoren. Nach dem Debüt des ersten DMU der JNR wurden landesweit DMU- und EMU-Schnellzüge eingesetzt. Im Güterverkehr und auf nicht elektrifizierten Strecken spielten Dampfloks bis in die 1960er eine wichtige Rolle; aus dem täglichen Zugdienst verschwanden sie erst 1976.

Der Bau der Tokaido Shinkansen begann 1959; eröffnet wurde die Strecke am 1. Oktober 1964 – rechtzeitig zum Beginn der Olympischen Spiele von Tokio. Als erster Zug der Welt fuhr der Tokaido-Shinkansen-Express regelmäßig schneller als 200 km/h und demonstrierte so die Sicherheit der Eisenbahn. Er wurde schließlich zum Vorbild für Hoch-

geschwindigkeitszüge in aller Welt, z.B. für den französischen TGV.

Privatautos wurden in den 1970ern immer zahlreicher, wofür auch der japanisierte Slogan „mai kaa" (my car) stand. Diese Pkws übernahmen bald 28% des inländischen Personenverkehrs – ein schwerer Schlag für die ländlichen Bahnen. An die Stelle privater Eisenbahnen traten nun Buslinien, doch die JNR konnte keine Strecken stilllegen, da sich vor Ort Widerstand regte (obwohl sie offensichtlich unrentabel waren). 1980 war der Anteil der Bahn am Güterverkehr auf 8% gesunken, der am Fahrgastverkehr auf 40%. 1980 beförderten private Pkws 39% aller Reisenden. Obwohl das japanische Verkehrswesen damals gravierende Strukturveränderungen durchmachte, erwirtschaftete die JNR weiterhin bis in die 1950er und frühen 1960er Gewinne, doch das lag darin, dass die Zeit der Privatautos in Japan 10 Jahre später begonnen hatte.

1964 überraschte Japan alle Welt mit der Eröffnung der Tokaido Shinkansen – damals galt die Eisenbahn allgemein als sterbende Industrie. In diesem Jahr schrieb die JNR erstmals rote Zahlen, und die Lage verschlimmerte sich noch, als die Regierung nichts mehr investierte. 1987 betrug das Defizit 25 Billionen Yen, was den Staatsschulden mehrerer Entwicklungsländer entsprach. Ein Vorschlag empfahl die Privatisierung der JNR und ihre Aufteilung in sechs Regionalbahnen (die JRs), eine Frachtfirma (JR Freight) und eine Anzahl kleinerer Unternehmen in den Sektoren Information, Telekommunikation

Hier sieht man den Haruks-Zug der Serie 281, der den internationalen Flughafen Kansai mit Kyoto verbindet. Die Serie 281 führt ein VVF-Steuersystem mit je einem Motor und Umrichter. Standardkonfiguration ist der 1M2T.

und R&D. Man erkannte jedoch, dass jene dabei wegen ihres schmalen Kundenstammes nur schwer in die Gewinnzone kommen würden, während JR East, JR Central und JR West dank der zahlreichen Pendler- und anderen Kunden, die den Shinkansen benutzten, rentabel blieben. Die neuen JRs entstanden am 1. April 1987, und ihre Einnahmen waren bald bedeutend höher als in den Zeiten der JNR. Der Wirtschaftsboom zum Zeitpunkt der Privatisierung begünstigte sie, doch in der folgenden schweren

Depressionsphase war es unmöglich, die Grundstücke der JNRSC zu verkaufen, was den Schuldenabbau verlangsamte. Dieses Problem besteht weiterhin: Der Schuldenstand von derzeit 28 Billionen Yen belastet jeden Japaner (vom Kind bis zum Greis) mit 200000 Yen und entspricht etwa 5% der Staatsverschuldung.

Der Tokaido Shinkansen, der erste Hochgeschwindigkeitszug der Welt, begann vor mehr als 30 Jahren, nämlich 1964, auf seiner Strecke zwischen Tokio und Osaka zu verkehren.

Der Flughafen Narita liegt in der Stadt Narita (Präfektur Chiba), etwa 54 km außerhalb von Tokio. Der Narita-Express (NEX) der JR bietet die schnellste Möglichkeit, den Hauptbahnhof von Tokio zu erreichen.

Indien

Obwohl eine Dampflokomotive namens „Thomason" schon 1851 zum Transport von Baumaterial bei der Errichtung des Solani-Viadukts diente, fuhr Indiens erster kommerzieller Personenzug erst am 16. April 1853 um 15:35 Uhr: Er verließ mit 14 Waggons und 400 Fahrgästen unter 21 Salutschüssen den Bombayer Bahnhof Bori Bunder in Richtung Thane. Gezogen wurde er von den drei Loks „Sindh", „Sultan" und „Sahib", und die Fahrt

Die „Fairy Queen" fuhr im Jahre 1855 für die damalige East Indian Railway. Am 1. Februar 1997 dampfte sie erneut von Delhi nach Alwar; damit ist sie die älteste einsatzfähige Lok der Welt.

dauerte eine Stunde und 15 Minuten. Diesen Lokomotiven folgte die „Falkland", die auf der ersten Strecke außerhalb von Bombay (heute Mumbai) Rangierfahrten unternahm; später wurde sie zur Nr. 9 der Great Indian Peninsular Railway (GIPR). Eine weitere Lok von 1852 war die „Vulcan", die ebenfalls Rangierdienste verrichtete. Während die GIPR in Bombay (Mumbai) begann, wurde die East India Railway (EIR) in Kalkutta begonnen, und im März 1870 trafen die beiden Bahnlinien im Tull Ghat zusammen. 1871 verlängerte man die GIPR-Strecke über den Bhore Ghat bis nach Raichur und gewann so Anschluss an die Madras-Bahn deren in Arakkonam abzweigende Nebenstrecke ebenfalls Raichur erreichte. Das Netz der EIR umfasst mittlerweile 2200 km; die GIPR besaß 1400 km, die Madras Railway 1100 km, die Sind & Punjab 650 km, die BBCI 480 km, die East Bengal 180 km und die Great Southern 270 km. Zwischen 1874 und 1880 – damals herrschte in großen Teilen Indiens eine Hungersnot – wurden eifrig neue Gleise verlegt, um den betroffenen Regionen Hilfe zuzuführen. 1874 verordnete Lord Salisbury, der Staatssekretär für Indien, die Verwendung der Breitspur, um den Spurweiten-Streit zu beenden und so begann man viele 1-m-Strecken auf die neue Spur umzustellen. Gleichzeitig führte man für die 1-m-Spur die 0-6-0-Loks der Klasse F ein, die bald zur

Diese indische 0-4-0-Lok der Klasse D (1 m Spurweite) wurde zum Standardentwurf. Zehn dieser Loks entstanden 1873 in der Gießerei von Sharp & Stewart in der Great Bridgewater Street (Manchester).

Die Darjeeling Himalayan Railway führt als Schmalspurbahn von Siliguri nach Darjeeling. Sie wurde zwischen 1879 und 1881 erbaut und ist etwa 86 km lang. Hier sieht man einen Güterzug unterhalb von Sonada (ca. 1910).

meistverwendeten Allzwecklok Indiens wurden; die ersten Exemplare wurden bei Dubs & Co. in Glasgow gebaut. 1879 erhielt die Rajputana-Malwa Railway trotz der Breitspurpolitik von Lord Salisbury die Erlaubnis zur Verwendung der 1-m-Spur. 1880 besaß Indien schon etwa 14000 km Eisenbahnen, von denen 3500 in Staatsbesitz waren. Es lagen Aufträge für 8000 weitere km vor, und man baute auch wieder Privatbahnen. Im gleichen Jahr erfolgte auch die Einführung der robusten 4-6-0-Tenderloks der Klasse L. Am 1. Januar 1882 wurde der noch unvollendete Victoria-Kopfbahnhof für das Publikum geöffnet, und später im Jahr fertigte man die erste Tanklok der Klasse A für die Darjeeling Himalayan Railway (DHR). 1887 entstand bei Varanasi die Dufferin-Brücke über den Ganges, über die EIR-Züge von Mughalsarai nach Varanasi fahren konnten. Am „Jubilee Day" dieses Jahres taufte man den Victoria-Kopfbahnhof zu Ehren der Queen; und 1889 wurden die ersten B-Loks der DHR gebaut. 1895 entstand in den Ajmer-Werken die erste indische Lokomotive, eine 0-6-0-MG der Klasse F für die Rajputana Malwa Railway (F-734). Sie steht heute im staatlichen Eisenbahnmuseum. 2 Fuß und 6 Zoll (860 mm) waren die Standardspurweite für

alle Kronkolonien, und so setzte das Kriegsministerium aus strategischen Erwägungen durch, dass sie ab 1897 bei allen neuen Schmalspurbahnen 2 Fuß und 6 Zoll (860 mm) statt 2 Fuß (710 mm) betrug. 1899 begannen die Jamalpur-Werke offiziell mit dem Bau von Dampflokomotiven – zuvor hatten sie diese lediglich aus Einzelteilen von anderen zusammengesetzt. Ihr erstes Produkt war die CA 764 „Lady Curzon". 1901 unterbreitete ein Komitee unter Sir Thomas Robertson Empfehlungen für Verwaltung und Betrieb der Eisenbahnen. So schuf man eine Vorform des Eisenbahnministeriums, dem antangs drei Mitglieder vorstanden. Das Streckennetz war inzwischen auf 40000 km angewachsen, von denen 22000 der BG und der Rest größtenteils der MG gehörte; nur wenige Hundert benutzten die Spurweiten von 2 Fuß (710 mm) bzw. 2 Fuß und 6 Zoll (860 mm). Die Bahnen erwirtschafteten nun langsam bescheidene Gewinne – in den 40 Jahren zuvor gab es nur schwere Verluste. 1904 bauten die Moghulpura-Werke bei Lahore aus Teilen anderer Fahrzeuge sechs 0-6-2T-Loks der Klasse ST; damit waren sie neben Ajmer die einzige Fabrik, die in Britisch-Indien Lokomotiven herstellte. Die 0-6-0 MG-Loks der Klasse F wurden 1905 eingeführt und

Diese Lokomotive erinnert mehr als nur ein wenig an „Thomas the Tank" und wird bei der Indian Railway für spezielle Hebeeinsätze verwendet.

gehörten bald zu den häufigsten Allzwecklokomotiven Indiens; auch hier kamen die ersten von Dubs & Co. in Glasgow. 1907 erwarb die Regierung alle Hauptstrecken, um sie dann – bis auf die Rohilkhund & Kumaon Railway und die Bengal & North-Western Railway – an private Betreiber zu verpachten. 1908 gab es die erste indische Lok mit Verbrennungsmotor, eine benzinbetriebene MG, die McEwan Pratt & Co. aus Wickford (Essex) an die Assam Oil Co. lieferten.

Die ersten beiden E-Loks des Landes erhielten die Mysore Gold Fields 1909 von der Firma Bagnalls im englischen Stafford; ihre Stromabnehmer stammten von Siemens. Zu den frühesten E-Fahrzeugen gehörten auch Schienentrolleys nach Whites Patent, die ebenfalls zum Einsatz kamen. Zur gleichen Zeit lieferte Nasmyth Wilson den Morvi Railway and Tramways eine 0-4-9-Lok mit Benzinantrieb. Die EIR setzte zur Paketbeförderung auch einige benzinbe-

Drei indische Arbeiter transportieren eine Ladung Holz zur nächsten Fabrik. Der Mann mit der roten Fahne hat bei diesem geringen Verkehrsaufkommen nicht viel zu tun.

Dieser Güterzug ist bis zum Bersten beladen. Es handelt sich um eine der zahlreichen Oldtimer-Loks, die auf dem 2-Fuß-Netz der Zuckerrohrplantagen Nordindiens verkehren.

Hier sieht man eine 4-6-2-Lok vom Typ Pacific der Klasse XC der Indian Railways. Sie ähnelt sehr stark den Gresley-Pacifics; beide Lokomotiven wurden in den 1920ern eingeführt. Die XC war eine schwere Personenzuglok (4-6-2 BG):

triebene Thornycroft-Schienenbusse ein. Der Erste Weltkrieg wurde für die Eisenbahnen zu einer schweren Belastung, da die indischen Werke nun für den Bedarf der britischen Streitkräfte außerhalb des Landes produzieren mussten. Bei Kriegsende waren die indischen Bahnen in völlig zerrüttetem Zustand. 1915 kam die erste Diesellok nach Indien, ein Fahrzeug für die Spurweite 2 Fuß und 6 Zoll (860 mm) aus dem englischen Avonside, das vom India Office auf einer Teeplantage eingesetzt wurde. 1920 umfasst das Streckennetz 60000 km, von denen etwa 15% Privatbesitz waren. Das von Sir William Ackworth geleitete (und daher auch als Ackworth-Komitee bekannte) East India Railway Committee wies auf die Notwendigkeit einer einheitlichen Bahnverwaltung hin. Auf seine Empfehlungen hin wurde diese von der Regierung übernommen, wobei man auch den Haushalt der Eisenbahn vom Gesamtetat trennte. 1922 lieferte die Firma British Electric Vehicles eine E-Lok mit Stromabnehmer an die Naysmyth Patent Press Co. in Kalkutta. Am 3. Februar 1925 fuhr die erste E-Lok mit Oberleitungs-Stromabnehmern (für 1,5 kV/GS) auf der Hafenstrecke der GIPR vom Victoria-Bahnhof nach Curla. Dieser Abschnitt galt als Vorortbahn. Man verwendete EMUs von Cammell Laird und der Waggon-

fabrik Uerdingen. Im gleichen Jahr war die Elektrifizierung der VT-Bandra abgeschlossen, auf der ebenfalls EMUs verkehrten; in Sandhurst Road gab es einen erhöhten Bahnsteig. Später wurde die GIPR-Strecke nach Kalyan elektrifiziert. Am 1. Januar dieses Jahres wurde die EIRC verstaatlicht.

1927 führte man auf der Hauptstrecke in Mumbai (Bombay) EMUs mit acht Waggons ein, und 1928 trafen in Bombay die ersten EMUs ein – britische Fabrikate von Thompson Houston/Cammell Laird. 1930 erklärte die Londoner „Times" den Postzug „Frontier Mail" zum berühmtesten Schnellzug des Empire, und vom 1. Juni an fuhr die „Deccan Queen". Sie wurde von einer WCP-1 (No. 20024, vorher EA/1 4006) gezogen, hatte sieben Waggons und verkehrte auf der eben elektrifizierten GIPR-Strecke nach Poona. Zwei BG-Diesel-Rangierloks von William Beardmore waren nun bei der North Western Railway im Einsatz, die auch zwei Diesel/E-Rangierloks (420 PS) der gleichen Firma anschaffte.

1935 erwarb die NWR für die neue Route Bombay-Karatschi zwei Diesel/E-Rangierloks (1200 PS) von Armstrong-Whitworth. Sie wurden auf der Poststrecke Karatschi-Lahore eingesetzt, aber schon bald wieder abgezogen. Als es immer wieder Probleme

1909 wurden die beiden ersten indischen E-Loks von der englischen Firma Bagnalls aus Stafford an die Mysore Gold Fields ausgeliefert. Sie besaßen Stromabnehmer, die von Siemens kamen.

Auf dem indischen Subkontinent verrichten noch viele bejahrte Loks ihre Dienste.

Diese Lok vom Typ XD (Dominion) wurde häufig als Güterzug-lok eingesetzt. Man baute insgesamt etwa 200 Stück, und in den 1940ern folgte noch eine zweite Charge.

Am besten wirken diese Lokomotiven bei Nacht, wenn sie am härtesten zu arbeiten haben. Diese Tanklok ist gerade ange-heizt worden.

gab, entschied man, dass sie für indische Verhältnisse ungeeignet waren. 1937 ereignete sich der berüchtigte Unfall von Bihta, bei dem zu starke Vibrationen einer XB-Lok den Postzug Punjab-Howrah entgleisen ließen; 154 Fahrgäste kamen ums Leben. Die zwischen Bombay und Surat verkehrende „Flying Queen" – Vorläuferin der „Flying Ranee" – legte die Strecke erstmals am 1. Mai des Jahres mit einer 4-6-0-Lok der Klasse H in vier Stunden zurück.

Im Zweiten Weltkrieg wurde die Bahn erneut stark beansprucht: Man schaffte Loks, Waggons und Gleismaterial in den Mittleren Osten und schlachtete dafür 28 Linien komplett aus. Die Werkstätten mussten Granaten und andere Rüstungsgüter herstellen, und bei Kriegsende war alles in erbärmlichem Zustand. In den 1940ern importierte Indien zahlreiche amerikanische und kanadische Lokomotiven der Klassen AWD, CWD, AWC, AWE und MAWD. 1942 wurden die übrigen großen Bahngesellschaften vom Staat übernommen. Nach dem Krieg gehörten

Die Lokomotive XE (Eagle) diente als schwere Güterzuglok. Wie man sieht, handelte es sich um riesige Fahrzeuge. Der Kessel hatte über 200 cm Durchmesser, und die Achslast betrug 22,5 t. Diese Lok fährt für die Indian Railways.

Diese Dampflok, die nach Ablieferung ihrer Ladung heimfährt, hat auch schon bessere Tage gesehen. Diese Lokomotiven wurden oft für ihre jeweiligen Aufgaben umgebaut.

Zu ihrer Blütezeit unterhielt die Darjeeling-Schmalspurbahn 50 Lokomotiven, und die Fahrt dauerte ab Siliguri sechs Stunden. Leider sind heute nur noch etwa ein Dutzend dieser Loks einsatzbereit.

15 GE-Dieselloks, die vom USATC stammten und auf der WR eingesetzt wurden, zu den ersten Diesel-loks, die man an vielen Orten Indiens mit Erfolg verwendete. Die meisten gehörten zu Klasse WDS-1. 1945 kam es zur offiziellen Gründung der Firma Tata Engineering and Locomotive Co. (TELCO).
1947 wurde Indien unabhängig und gleichzeitig geteilt. Zwei große Netze, die Bengal Assam Rail-way und die North Western Railway, lagen nun im Ausland; dazu gehörten die Werkstätten von Saidpur bzw. Mogulpura. Etwa 3000 km der NWR wurden nun zur indischen East Punjab Railway, währen die übrigen 8000 km an das damalige Westpakistan fie-len, ebenso wie ein Teil der Jodhpur Railway. Ost-pakistan – das heutige Bangladesh erhielt große Teile der Bengal Assam Railway.
Der Austausch von Sachvermögen und Personal, aber auch die riesigen Völkerwanderungen zwischen Indien und Pakistan ließen keinen normalen Betrieb zu. 1948 bestellte man bei der Firma North British einhundert 2-8-2-Loks der Klasse WG, mit denen die erfolgreiche Laufbahn dieser Lokomotiven in

In den letzten drei Jahrzehnten des Dampfzeitalters waren WP-Lokomotiven in ganz Indien die Standard-Schnellzugloks. Viele wurden reich geschmückt und verziert.

Die Indian Railways veranstalteten Schönheitskonkurrenzen für ihre Loks, und jede Bahn wurde aufgefordert, eine aufwändig geschmückte WP zu präsentieren.

Indien begann. Am 26. Januar 1950 wurden in Westbengalen die Lokomotivenwerke von Chittaranjan gegründet, die jährlich 120 Dampfloks herstellen sollten. Der Auftrag für ihre erste Lokomotive, die Nr. 8401 „Deshbandhu" der äußerst erfolgreichen Klasse WG, ging am 1. November ein. 1954 wurde die E-Lok-Klasse EM/1 (später WCM-1, 3 kV/GS) eingeführt, und ein Jahr später begann Fiat, ein Dutzend paarweise gekoppelter MG-Triebwagen (YRD1) zu liefern. Gleichzeitig stellte man die Dieselloks YDM-1, ZDM-1 und NDM-1 in Dienst. 1956 erschienen die E-Loks der Klasse EM/2 (später WCM-2; 3 kV/GS).

Als man 1957 beschloss, 25 kV/WS zu verwenden, wurde die SNCF als technischer Berater bei der Elektrifizierung auserkoren. Es kam zur Gründung einer Organisation namens Main Line Electrification Project, aus der später das Railway Electrification Project und schließlich die Central Organization for Railway Electrification wurde. Man elektrifizierte nun die Strecke Burdwan-Mughalsarai über die Grand Chord. Als nächster war der Abschnitt Tatanagar-Rourkela (25 kV/WS) der Route Howrah-Bombay an der Reihe. 1958 bezog man von der US-Firma Alco 100 BG-Dieselloks der Klasse WDM-1, die fast alle für Einsätze rund um Tatanagar, Rourkela und Burnpur in Chakradharpur stationiert wurden. 1959 kamen WAM-1-Loks von Kraus-Maffei, Alsthom, Krupp, Brugeoise & Nivelles und SFAC hinzu. Im selben Jahr gab es die erste komplett bei CLW konstruierte und gebaute Dampflokomotive, die „Chittaranjan" der Klasse WT. 1961

Die Indian Railways unterhielten 30 dieser gewaltigen 2-8-4-Tankloks, die in Indien für schwere Nahverkehrstransporte eingesetzt wurden. Diese übernimmt gerade in Rajahmundry Wasser.

Ein Eingeborener sieht zu, während ein Güterzug beim Überqueren eines Flusses schwarze Rauchwolken ausstößt. Ein wunderschöner Anblick, der aber leider wohl bald der Geschichte angehören wird.

Indische Lokomotiven wurden nach einer Reihe von Standardentwürfen gebaut, die BESA (British Engineers Standard Association) hießen. Diese 2-8-0-BESA eignete sich eher für Güterzüge, wurde aber auch im Personenverkehr verwendet.

Diesellokomotiven spielten im Fuhrpark der Indian Railways mehr als 30 Jahre lang die wichtigste Rolle. Das gilt vor allem für die Diesel-E-Lok-Klasse WDM-2, ein Co-Co-Modell mit 2600 PS und 1,676 m Spurweite.

begann CLW mit der Produktion von E-Loks für 1,5 kV/GS, deren erste die am 14. Oktober bestellte Lokmanya WCM-5 war. Die ersten bei Alco bestellten Loks des Typs WDM-2 trafen 1962 in Indien ein, zusammen mit den ersten MG-Dieselloks von DLW und hydraulischen Dieselloks von TELCO. Später im Jahr begannen die Werkstätten in Jamalpur mit der Produktion der „Jamalpur Jacks". 1963 fing CLW an, E-Loks für 25 kV/WS zu bauen, und am 16. November gab es mit der „Bidhan" die erste komplett in Indien hergestellte E-Lok.

Indische Schmalspurbahnen wurden eigenartig klassifiziert. Das Suffix „Z" bezeichnete ursprünglich Standardlokomotiven. Hier sieht man eine Lok vom Typ ZP 2.

Im Januar des folgenden Jahres nahmen die Diesel Locomotive Works die Produktion des Typs WDM-2 auf, von dem zunächst jährlich etwa 40 entstanden. Die ersten 12 wurden aus Bausätzen von Alco montiert, aber später verwendete man überwiegend einheimische Komponenten. Die erste DLW-Lok trug den Namen „Lal Bahadur Shastri". Im selben Jahr begann CLW Fahrmotoren zu bauen, das Modell MG.1580. 1965 erreichte der Tai-Express mit einer Dampflokomotive 105 km/h, und der von einer WS-Lok gezogene Personenzug Asansol-Bareilly wurde zum ersten Langstreckenzug der ER. Auf mehreren Strecken führte man einen Güter-Schnellzug, den Super Express, ein, der vor allem die vier größten Städte untereinander und mit anderen wichtigen wie Ahmedabad und Bangalore verband.

1967 rollte die erste Diesellok mit rein indischer Ausstattung aus dem DLW-Werk, und die Alco-Rangierloks WDS-5 wurden eingeführt. CLW nahm nun die Produktion von Diesellokomotiven auf; es begann mit den Rangierloks der Klasse WDS-4, und die CR setzte zwischen Wadi Bunder und Itarsi ihren ersten Güter-Superschnellzug ein, den „Freight Chief". Im November 1968 baute DLW die erste einheimische MG-Diesellok, die YDM-4 „Hubli". Am 1. März 1969 ging der Rajdhani-Express (Howrah-Neu Delhi) in Betrieb: er schaffte die 1450 km in 17 Stunden und 20 Minuten (vorher war ein Tag nötig). Er erreichte maximal 120 km/h; technische Halts gab es in Kanpur, Mughalsarai, und Gomoh). 1970 stellte CLW die ersten Loks vom Typ WAM-4 her, und ein Jahr später begann der Bau der Fahrmotoren

Zu den vielen Schnellzügen, die auf der Strecke Mumbai (Bombay)-Pune (Poona) verkehren, gehört auch der abgebildete Deccan Express.

vom Typ TAO-659. Einen Rückschlag gab es 1974, als ein Generalstreik der Bahnarbeiter, an dem auch die All India Railwaymen's Federation unter ihrem Führer, dem späteren Unions-Eisenbahnminister George Fernandes teilnahm, die IR völlig lahm legte. Zehntausende wurden verhaftet, und die damalige Ministerpräsidentin Indira Gandhi sah sich gezwungen, im Juni 1975 den Notstand auszurufen. Am 10. Februar 1983 unternahm der Great Indian Rover, ein Zug zu den buddhistischen Pilgerstätten mit einem speziell dafür gebauten Wagensatz, seine erste Fahrt.

Hier hält ein Personenzug bei Gaziabad auf dem Streckenabschnitt Delhi-Mughalsarai. Es handelt sich um eine Co-Co-Lok vom Typ WAM-4 25 kV/WS für gemischten Verkehr.

Im Juni 1987 führte man die nur selten zu sehenden WDM-7-Loks ein, während auf der NG NDM-5-Loks zum Einsatz kamen. 1988 traten die Typen WAG5HB (BHEL), WAG6A (ABB) sowie WAG6B und WAG6C (Hitachi) ihren Dienst an; sie befuhren zumeist die Schwerfrachtstrecken der SER. Damals wurde auch der erste Shatabdi-Express eingesetzt; er verkehrte zwischen Neu Delhi und Jhansi (später bis Bhopal) und wurde der schnellste Zug des Landes. Im Laufe des Jahres 1994 führten die WR und Gujarat den Zug „Royal Orient" ein, und am 27. August gab man die erste WAP-4-Lok von CLW namens „Ashok" in Auftrag. Am 16. Januar 1995 verkehrten die ersten fahrplanmäßigen Züge, die von

Eine Co-Co-Personen-E-Lok der Indian Railways vom Typ WAP-1 (25 kV/WS) bei einem planmäßigen Halt

Doppelloks (2 x 25 kV) gezogen wurden. Sie verbanden an der CR Bina und Katni. Zur gleichen Zeit importierte man elf WAP-5-Loks von ABB (AdTranz); sie waren die ersten indischen Lokomotiven mit der Dreiphasen-WS-Technologie. 1996 wurden von ABB sechs WAG-9-Lokomotiven und Bausätze für 16 weitere bezogen. 1997 erfolgte der Import der zweiten Charge von Dreiphasen-WS-Loks. Am 18. Oktober wurde die „Fairy Queen" dem regulären Liniendienst zugewiesen. Am 14. November 1998 begann CLW mit der Produktion einheimischer Versionen der WAG-9, deren erste man „Navyug" taufte. Am 29. April lieferte das Werk seine 2500. E-Lok, einen WAG-7 mit Namen „Swarna Abha", und im Oktober wurde die erste WDP-2 (Nr. 15501) bestellt. Damals unternahm auch die Lok „Buddha Parikrama" mit einem Zug zu den buddhistischen Pilgerstätten ihre erste Fahrt.

Am 2. Dezember 1999 wurde die Darjeeling Himalayan Railway als zweite Bahn der Erde Bestandteil des Weltkulturerbes. Am 10. Mai 2000 stellte CLW

Fahrgäste stehen wartend in den Türen der Waggons, die von dieser Lok des Typ 1200 EMU der Northern Railway gezogen werden.

Dieses Foto zeigt eine Diesellok des Typs WDG4. Die Siemens AG bekam einen Auftrag zur Lieferung von Antriebstechnologie für die Diesellokwerke von Varanasi.

seine erste WAP-7-Lok her, die den Namen „Navkiran" erhielt. Später im Jahr folgten auf dem Abschnitt Gomoh-Mughalsarai erfolgreiche Testfahrten mit den Hochgeschwindigkeits-Waggonsätzen von BOXN (100 km/h). Ein Jahr darauf kündigte die IR nach erfolgreicher Erprobung der neuen LHB-Waggons von Alstom an, diese künftig auf der Strecke Delhi-Lucknow (Laknau) einzusetzen, allerdings nur mit maximal 140 km/h. Am 9. April des gleichen Jahres stellte man die erste im Lande gebaute WDG-4-Lok, die GM EMD GT46MAC, in Dienst.

2003 waren die neuen ölbefeuerten B-Loks von Golden Rock für die Darjeeling Himalayan Railway fertig und einsatzbereit. Am 1. Juli 2004 stellten die MG-EMUs im Raum Chennai den Betrieb ein; der letzte Zug fuhr von Egmore nach Tambaram, und so endete nach 73 Jahren die Geschichte dieser bewähr-

ten Züge. Am gleichen Tag fuhr auch der letzte YAM-1. Im Juli dieses Jahres begann die SCR neue, aerodynamische DEMU-Waggonsätze von ICF zu verwenden. Im Juli stellten die Werkstätten von Golden Rock für die DHR die zweite ölbefeuerte Dampflok „Himanand" her; die Probefahrten erfolgten auf der Personenstrecke Trichy-Tanjor, wobei eine Diesellok Treibstoff mit Biodiesel-Zusatz benutzte. Am 15. September fand in Madgaon die erste Probefahrt des Skybus-Projekts der KR statt; sie zeigte, dass dieses Fahrzeug über etwa eine Meile 40 km/h erreichte.

Nur wenige werden den 26. Dezember 2004 vergessen, an dem ein Tsunami am Indischen Ozean die Gleise im Abschnitt Nagore-Nagapattinam fortspülte. Heute sind Bahnfahrten in Indien ein Vergnügen: Die Züge sind modern und in der Regel pünktlich; auch wenn man sich an die fremde Kultur anpassen muss, bekommt man mehr als genug für sein Geld.

Eine nagelneue Co-Co-Lok vom Typ WAG 6C (25 kV/WS) präsentiert sich ihren indischen Eigentümern mit blau-weißem Anstrich.

Hochgeschwindig- keitszüge

Ob ein Zug ein Hochgeschwindigkeitszug ist, hängt von mehreren Eigenschaften ab, die er haben sollte, z.B. den Gleisen, der Aerodynamik der Lok und dem Fahrverhalten aller Zugteile. Um ein echter Hochgeschwindigkeitszug im Sinne dieses Begriffs zu sein, muss er zwischen 160 und 300 km/h schnell fahren – wobei allerdings heute viele Züge bedeutend höhere Geschwindigkeiten erreichen.

Commission eingesetzt, welche die Grundlagen für den Aufbau eines HG-Bahnnetzes für diesen Staat entwickeln soll. Sie befasste sich v.a. mit dem Intercity-Verkehr, d.h. Fahrten von 160 bis 800 km bei mehr als 320 km/h. Die Diskussion geht weiter, aber der „Nordostkorridor" der USA, der Boston, New York und Washington verbindet, ist eine der bevölkerungsreichsten und sich am schnellsten entwickelnden Regionen des Landes. Amtrak, das etwa 45% des Verkehrs zwischen den Städten abwickelt, hat hier eine starke Position, die es aber angesichts der zunehmenden Konkurrenz des Straßenverkehrs

Der „Kugelzug" Nozomi Shinkansen aus der Baureihe 500 der West JR. Als einer der schnellsten Züge der Erde erreicht er auf der Strecke Tokio-Kyushu Spitzengeschwindigkeiten um 300 km/h.

Die Eisenbahn war das erste brauchbare Massentransportmittel für Menschen und Güter. Ihr Blütezeit erlebte sie um die Wende vom 19. zum 20. Jahrhundert. Die Entwicklung des Automobils und die Fortschritte in der Luftfahrt minderten ihre Beliebtheit, aber das lag zum guten Teil daran, dass zu wenig investiert wurde. Japan war an der Geburt des Hochgeschwindigkeitszuges ebenso maßgeblich beteiligt wie Frankreich, gefolgt von Großbritannien. Heute erkennen immer mehr Länder die Vorteile dieser schnellen, bequemen und zeitgemäßen Fahrzeuge.

Obwohl sie erst spät auf diesen Zug aufgesprungen sind, befassen sich auch die USA mit HG-Zügen als künftigen Massentransportmitteln. Das Land mit dem höchsten Anteil von Autobesitzern und den meistbefahrenen Straßen der Welt erkannte, wenn auch spät, dass alternative Verkehrsmittel vonnöten sind, um dem fortwährenden Bedürfnis nach schnellen Lang- und Kurzstreckenreisen gerecht zu werden. Kalifornien hat 1993 die High-Speed Rail

Die Vorderseite des American Acela. Dieser Zug verkehrt von der Bundeshauptstadt Washington DC entlang der Ostküste über New York nach Boston.

Die Acela-Lok ist mit Neigetechnik ausgerüstet. Das ermöglicht höhere Geschwindigkeiten und sorgt für eine stabilere Lage in den zahlreichen Kurven des Northern Corridor.

zeugen ihre Vorteile. Man bekommt leicht Tickets, braucht nicht am Flughafen zu warten oder vom Airport ins Stadtzentrum zu fahren, um von einem Ende Europas ans andere zu reisen. Angesichts der Verkehrsstauungen, die in Großstädten immer wieder vorkommen, steht die Bahn ganz gut da.

Der erste HG-Zug war der von den Japanern entwickelte Shinkansen, der 1964 der Öffentlichkeit präsentiert wurde und es schon damals auf 200 km/h brachte.

Zu den ersten Hochgeschwindigkeitszügen gehörte der französische TGV (Train de Grande Vitesse), dessen Design viele spätere HG-Züge übernommen haben.

auf der Interstate 95 und der Airlines festigen möchte. Die ersten HG-Züge fuhren dort im Dezember 2000, d.h. ein Jahr später als geplant. Amtrak beschloss, sich dem Wettbewerb durch ein komplett neues Image des Zugangebotes zu stellen und führte daher neue Flotten von Zügen ein, die einige der neuesten Spitzentechnologien verwenden. Bei seiner Entstehung im Jahre 1995 war das Projekt als „Flying American" bekannt, aber als es mehr und mehr Gestalt annahm, wählte man den Namen „Acela" – ein Derivat von „excellence" und „acceleration", das seine wichtigsten Vorzüge benennen sollte. Im Juli bestellte Amtrak bei einem Konsortium, dem u.a. Alstom und Bombardier angehörten, für 35 Mio. US-$ neue Züge. Am 12. Dezember 2000 verließ der erste Zug die Washingtoner Union Station, und rasch folgten ihm ganze Flotten.

Im Allgemeinen – und vor allem in dicht bevölkerten Regionen – sind HG-Züge wirtschaftlicher und umweltfreundlicher als Autos oder Flugzeuge. Sie haben meist Diesel- oder E-Antrieb und neue, leistungsfähige Motoren sind in Vorbereitung. Die Entwicklung verläuft so schnell wie die Züge es sind, und Bahnreisen besitzen gegenüber Autos und Flug-

Frankreich besitzt wohl das größte HG-Bahnnetz Europas; es erfasst viele Städte des Landes und bietet Verbindungen in mehrere Nachbarländer. Bei der Grenzüberschreitung kann es Probleme geben, weil manchmal unterschiedliche Netzspannungen verwendet werden, und oft sehen auch die Signaleinrichtungen anders aus. Da aber zunehmend mehr Züge aus immer zahlreicheren Ländern grenzüberschreitend verkehren, wird man dieses Problem abstellen, und mit dem Netz wächst auch die Kompatibilität. Da viele Länder auf Grenzkontrollen verzichten, können die Züge ihre Fahrgäste binnen weniger Stunden schnell und bequem von einer Metropole in die andere befördern. Die erste HG-Strecke Frankreichs wurde 1981 mit der Einführung des TGV (Train de Grande Vitesse) zwischen Paris und Lyon eröffnet. Bald entwickelte man neue Züge, und die Strecken erfassten auch Bordeaux, Marseille und Lille. Heute sind sie noch schneller und die Fahrzeiten noch kürzer, da eine neue Generation eingeführt worden ist – die AGV (Automotrice à Grande Vitesse) mit ihren unglaublichen 350 km/h.

Die Front des TGV ist unverwechselbar – erst recht, wenn er das Logo der französischen Bahngesellschaft SNCF an der Nase trägt.

Deutschland war gegenüber den wichtigsten Konkurrenten etwas im Rückstand, als es sein HG-Netz aufzubauen begann, aber mit dem InterCity Express (ICE) machte es den Zeitverlust mehr als wett. Die ersten HG-Strecken zwischen Hannover und Würz-

wurde in der Folge modernisiert, und unterdessen wuchs auch das Streckennetz der ICEs, die ab 1997 auch die frühere DDR erschlossen. Seither werden auch der ICE2, der ICE3 und der Neigezug ICE-T eingesetzt, die u.a. auch Zielbahnhöfe in den Niederlanden, Belgien, der Schweiz und Österreich anfahren.

Die Strecke Köln-Bonn-Frankfurt erhielt 1997 einen Baukostenzuschuss von 2 Mio. Euro, der Bestandteil einer EU-Initiative zur Verbesserung der zwischenstaatlichen Bahnverbindungen war. Die jüngste Linie wurde nach monatelangen Testfahrten und Erprobungen im Dezember 2002 eröffnet. Dafür schaffte man eine Flotte von ICE3s und ICE3Ms (für mehrere Spannungen) von Siemens/Adtranz an. Die Strecke Köln Frankfurt verschafft der DB einen Spitzenplatz in der HG-Liga: Ihre 330 km/h schnellen Züge verkürzten die Fahrzeit von 135 auf knapp 60 Minuten! Ab September 1996 war der ICE2 im Einsatz, der durch sein „Halbzug-Format" mehr Flexibilität bot und zwei Ziele bedienen konnte, wobei er als Vollzug mit Höchstgeschwindigkeit fuhr. Ihre ersten Neigezüge führte die DB 1998 ein:

Der AGV ist ein experimenteller Nachfolger des französischen HG-Zugs TGV. Sein Name bedeutet Automotrice de Grande Vitesse – „HG-Selbstfahr-Waggon".

burg bzw. Mannheim und Stuttgart wurden 1992 eingeweiht, als man auch Verbindungen zwischen Hamburg, Hannover, Fulda, Frankfurt, Mannheim, Stuttgart und München einrichtete. Normalerweise fahren die Züge mit 250 km/h, doch sie können bis zu 280 km/h erreichen, um Verspätungen aufzuholen. Der bei Siemens entwickelte und gebaute ICE1

Die unter Beteiligung von Siemens entwickelten Züge erreichen auch auf schwierigen Trassen 230 km/h. Diesel- und E-Versionen des Neige-ICE verkürzten die Fahrzeiten auf mehreren Routen drastisch und boten mehr Komfort, u.a. jene zwischen Stuttgart und der Schweiz, Saarbrücken-Frankfurt-Leipzig-Dresden und München-Leipzig-Berlin.

Auf der Strecke Paris Sud Est (PSE) wurden Doppeldeckerzüge eingesetzt, um das steigende Passagieraufkommen zu bewältigen, aber auch das reicht heute nicht mehr aus.

Während der ICE3 mit seiner Alu-Karosserie ein Einspannungs-Modell ist, kommt die Version ICE3M mit allen vier Hauptstromsystemen Kontinentaleuropas zurecht.

Der ICE3, eine Entwicklung von Siemens/Adtranz, verkehrt weit über Deutschlands Grenzen hinaus: Auch die niederländischen NS erwarben vier Versionen des ICE3M, um schon vor der Eröffnung der Neubaustrecke Köln-Frankfurt im Jahre 2003 das Zugangebot zwischen Amsterdam und Deutschland zu verbessern. Um auch auf nicht elektrifizierten Strecken ICE-Komfort und -schnelligkeit zu bieten, hat die DB einige Neige-DMUs mit vier Waggons angeschafft, so genannte ICE-TDs. Sie ähneln

äußerlich stark dem elektrischen ICE-T und werden auf den Routen Nürnberg-Dresden und München-Lindau-Zürich eingesetzt. Deutschland testet und entwickelt außerdem eine Magnetschwebebahn namens „Transrapid", die schon auf einer 31,4 km langen Teststrecke im Emsland fährt.

Die italienische „Direttissima" war der erste in Europa entwickelte HG-Zug und verkehrte schon 1978 auf der Route zwischen Rom und Florenz. Heute setzt das Land in großem Umfang seine

Zu den aerodynamischen Verbesserungen, die der ICE3 gegenüber seinen Vorgängern aufweist, gehören Drehgestellschürzen an den Scheibenbremsen und Achslagern.

Wie weit lässt sich die Reisegeschwindigkeit noch steigern? Offenbar bis ins Grenzenlose, aber irgendwann muss Schluss sein. Während die Züge immer schlanker und schlangenähnlicher werden, stoßen die Konstrukteure auf zunehmend größere Probleme.

Das Design des ICE3 ist von den neuesten Entwicklungen am japanischen HG-Zug Shinkansen beeinflusst; davon zeugt vor allem die projektilförmige Nase.

Pendolino-Züge ein – eine Entwicklung von Fiat Ferriviaria, die auch über Neigetechnik verfügt. Inzwischen wird ein Streckennetz für den neuen HG-Zug „Treno Alta Velocitá" gebaut. Es soll bis zum Jahre 2008 auf 1000 km Länge anwachsen. Die neuen ETR500-Züge wurden entwickelt, um Italiens Bahnnetz in jene der europäischen Partner zu integrieren; die neuen Linien heißen „Eurostar Italia". Mit diesem Projekt soll die alte „Direttissima"-Strecke so modernisiert werden, dass man sie mit 300 km/h befahren kann. Archäologische Rücksichtnahmen bereiteten auf der 200-km-Trasse zwischen Rom und Neapel Probleme, aber 1999 war der erste, 20 km lange Abschnitt fertig. 1995 beschloss man den Umbau der neuen Strecke Florenz-Bologna, der 2007 vollendet sein soll – der größte Teil der Strecke führt dabei durch Tunnel im Apennin – und die Fahrzeit auf die Hälfte verkürzen wird. Zu den am stärksten überlasteten Bahnstrecken gehört der Abschnitt zwischen Bologna und Mailand. In diese Route wird man beträchtliche Geldmittel investieren, um ihre Kapazität zu erhöhen und die Reisezeit zu verkürzen. Der Umbau der Linie Turin-Mailand war wegen der dafür gewählten Route schwierig, doch man arbeitet an der Verdoppelung ihrer Kapazität; der Flughafen Malpensa wurde inzwischen erreicht. Die Route Mailand-Venedig liegt nun fest, wurde aber noch nicht ratifiziert. Für die Zukunft plant man eine Verbindung Mailand-Genua, auf der ein meilenlanger Tunnel den Hafen von Genua an das vorhandene Bahnnetz anbinden soll.

Nachdem Großbritannien den Neigezug Advanced Passenger Train aufgegeben hatte, wurde die Technologie an Italien verkauft, das 1987 den Pendolino ETR 450 HST einführte.

Italiens eigener HG-Zug, der TGV mit seinem breiten „Lächeln", ist ein Zug ohne Neigetechnik, der aber ähnlich hohe Geschwindigkeiten wie vergleichbare Züge erreicht.

Italien hat gut daran getan, die Höchstgeschwindigkeit bei seiner Serie ETR 500 auf 300 km/h zu steigern. Es handelt sich um einen konventionellen HG-Zug im Stil des TGV und des ICE.

Die ersten ETR450-Neigezüge waren ab Mai 1988 im Einsatz; sie haben zwei Triebköpfe und vier Wagen I. sowie fünf II. Klasse mit insgesamt 386 Sitzplätzen. Die späteren ETR460/480 besaßen als erste Neigezüge ein Bordrestaurant: jeder von ihnen bietet Sitze für 480 Fahrgäste und erreicht 250 km/h. Der ETR500 ist ein Zug mit 13 Wagen für 590 Fahrgäste, der 1996 eingeführt wurde. Seine Höchstgeschwindigkeit beträgt 300 km/h. Diese Züge bieten Imbisse am Sitzplatz, Business- und Familienabteile, Aircondition und Kabinen mit Druckausgleich. Sie sind eine Pendolino-Variante ohne Neigetechnik, welche die Firma Grupo Ferroviario Breda in Pistoia entworfen und gebaut hat. Während der ETR500 über automatisch gesteuerte Schutzsysteme verfügt, besitzen der ETR460 und der 480 nur die üblichen Vollbremsungssignale mit Warnanzeigen in den einzelnen Abteilen. Das italienische HG-Netz ist relativ eigenständig, doch in Zukunft wollen die Regierungen Italiens und Frankreichs ihre Züge ins Trans-European Network System (TENS) integrieren, um die Linien über die Landesgrenzen hinausführen zu können.

In den Niederlanden baut man als Verbindung nach Belgien und Frankreich die neue Strecke HSL-Zuid. Sie wird neben einheimischen HG-Zügen den vertrauten, vom TGV abgeleiteten „Thalys"-Zug tragen. Die Niederlande sollen bis 2007 an andere europäische HG-Netze angebunden sein, sodass auch ihre eigenen Züge von der schnellen Erreichbarkeit anderer europäischer Städte profitieren können; das betrifft zunächst Amsterdam, Schiphol, Rotterdam, Antwerpen, Brüssel und Paris. Die neue HSL-Strecke misst 125 km; davon sind 85 km neu verlegte HG-Gleise, auf denen die Züge 300 km/h erreichen können. Derzeit schätzt man, dass pro Jahr

Auf den neuen niederländischen Strecken können die Thalys-Züge ihre ganze Kraft entfalten. Die schlanken HG-Züge sind mittlerweile in ganz Kontinentaleuropa ein vertrauter Anblick.

Die neue niederländische Strecke besitzt als erste das ERTMS-Signalsystem, das wohl internationaler Standard werden wird. Auf ihr verkehren auch Eurostar-Züge.

14 Mio. Fahrgäste diese Linie benutzen werden. Die Betreibergesellschaft HSA hofft, dass es 2010 etwa 16 bis 17 Mio. Inländer und ca. 7 Mio. Ausländer sein werden.

Großbritannien setzt bereits den HG-Zug „Eurostar" ein, der durch den Kanaltunnel zwischen dem Königreich sowie Frankreich und Belgien verkehrt. Es handelt sich um einen Typ für mehrere Spannungen mit Stromabnehmer und Mittelschienen-Option, der mit 7 verschiedenen Signalmodi zurechtkommt. Die Gelenkzüge haben Drehgestelle zwischen den Waggons. Ein typischer Zug besteht aus 18 Wagen, die maximal 794 Fahrgäste aufnehmen können.

Zur Zeit fährt der Zug durch den Kanaltunnel nach London-Waterloo, aber 2007 soll der neue Channel Tunnel Rail Link in Betrieb gehen, und ab dann hält er in der umgebauten Londoner St. Pancras Station. Die Neigetechnik erprobte British Rail schon in den 1970ern und 1980ern mit dem Advance Passenger Train, doch leider gab es unüberwindbare Probleme, und das Projekt wurde eingestellt. Andere entwickelten die Technologie jedoch mit Erfolg weiter, etwa die Italiener mit ihren Pendolino-Zügen. Die britischen Züge wurden anfangs ebenfalls auf der West Coast Line eingesetzt, verkehren aber neuerdings als „Virgin Trains" auch auf der Strecke London-Birmingham sowie in Manchester, Liverpool und Glasgow.

Japan hatte bereits 1940 den Bau einer HG-Strecke zwischen Tokio und Shimonoseki in Angriff genommen, doch der Pazifikkrieg erzwang die abrupte Einstellung der Arbeiten. Aber schon kurz nach Kriegsende begann man mit dem Bau von Tunnels und dem Aufkauf von Land, und im Jahre 1954 war das Werk vollendet. Damals verkehrten dort nur Dampfloks, deren Höchstgeschwindigkeit etwa 100 km/h betrug. Der neue Typ „Dangan Ressha" (Kugelzug) solle anfangs 150 km/h und später sogar

Heimatbahnhof der britischen Eurostar-Züge ist die Waterloo Station in London. Auf den entsprechenden Bahnsteig gelangt man nur mit Personalausweis und Fahrkarte.

Einer rein – einer raus: Der Eurostar verkehrt nun schon einige Jahre auf der Strecke London-Paris, die entweder über Calais oder über Lille führt.

200 km/h erreichen. Nach dem Zweiten Weltkrieg brauchte Japans Industrie einige Zeit, um sich zu erholen, aber die Linie zwischen Tokio und Osaka war schon bald voll einsatzbereit. Mitte der 1950er präsentierte der Präsident der staatlichen Eisenbahnen (JNR) Pläne für ein neues HG-Bahnsystem, das die Regierung nach längeren Debatten zu fördern beschloss. So begann im Jahre 1959 der Bau der neuen HG-Linie Shinkansen („Neue Hauptstrecke"), von der man bis 1964 über 480 km fertigstellte. Es gab gute Gründe für diesen Termin, denn damals stand auch der Beginn der Olympischen

Spiele von Tokio an. So kam es, dass die Bahnstrecke am 1. Oktober 1964 eingeweiht wurde – genau zehn Tage vor der olympischen Eröffnungszeremonie. Bis 1956 elektrifizierte man die Strecke Tokio-Osaka, auf der ab 1958 Züge verkehrten. Die

Der Eurostar verbindet heute Großbritannien mit dem Rest Europas, sodass Reisende z.B. ohne Umsteigen bis Avignon durchfahren können.

Die Nase des Eurostar und der Führerstand erinnern ein wenig an eine verschreckte Ente. Neue Verbindungen werden die Fahrtzeit von Folkestone nach London noch kürzer machen.

Abfahrbahnhof des Eurostar war ursprünglich die Londoner Waterloo Station. Derzeit werden neue Verbindungen eingerichtet, sodass die Strecke künftig in St. Pancras enden wird.

neuen elektrischen EMU-Züge vom Typ 20 verkürzten die Fahrzeit um eine Stunde; sie waren schnell, bequem und mit Aircondition versehen – für die damalige Zeit ein sehr moderner Zug. Als mehr von diesen Zügen eingesetzt wurden, erlangten sie große Beliebtheit, und der Erfolg der EMUs diente als Grundlage für den Shinkansen. Nach Aufhebung der Geschwindigkeitsbegrenzungen wurden die Züge schneller und die Fahrzeiten kürzer. Der neue Zug hatte eine „Flugzeugnase" und erreichte mit 12 (später 16) Wagen 200 km/h. Die Spurweite wich von der üblichen ab, sodass auch die Waggons größer waren. Es gab weder Signale noch Geschwindigkeitsbegrenzungen, nur eine Anzeige im Führerstand. Die Schnelligkeit des Shinkansen lockte Geschäfts- und normale Kunden an, sodass die Fahrgastzahlen rapide anstiegen. In den 1970ern wurde die Strecke ausgebaut – allerdings nicht so weit wie allgemein erwartet, da es an Geld fehlte und die Zahl der Reisenden hinter den Erwartungen zurückblieb. Weitere Fortschritte erzielte man in den 1970ern; davon profitierten Industrie und Tourismus, die sich an der Strecke ansiedelten. Der Shinkansen verursachte jedoch auch Probleme: Es gab Beschwerden und sogar ein Gerichtsverfahren wegen der Lärmbelästigung für Wohngegenden. Daraufhin wurden Gegenmaßnahmen eingeleitet, die allerdings auch verhinderten, dass der Zug schneller fuhr. In den

1970ern gewann der Flugverkehr an Bedeutung, und immer mehr Reisende entschieden sich dafür – vor allem nach Senkung der Preise. In den Jahren um 1980 war der Shinkansen hoch verschuldet. Es wurde kaum investiert, und die Preise der Fahrkarten wurden offenbar Jahr für Jahr erhöht, sodass immer weniger Leute den Zug benutzten. Außerdem fuhr er kaum schneller als beim Start in den 1960ern.

Ein imposanter Aufmarsch der Shinkansen-Loks, die den japanischen HG-Zug ziehen. Sie sind nach Distrikten gegliedert und haben unterschiedliche Waggongrößen und Höchstgeschwindigkeiten.

Die Züge der Serie 300 mit ihren 16 Waggons wurden bei JR Central und JR West eingeführt, um die Geschwindigkeit der Züge nach Tokaido und Sanyo auf 270 km/h zu steigern.

Diese Shinkansen-Züge der Serie 500 sind die schnellsten, stärksten und teuersten Züge, die im japanischen Shinkansen-HG-Netz eingesetzt werden.

Die Shinkansen-Züge der Serie 300 sind auf eine Höchstgeschwindigkeit von 320 km/h ausgelegt, fahren aber derzeit höchstens 300 km/h.

Die Höchstgeschwindigkeit bei der Serie 700 beträgt 280 km/h, aber das Spitzentempo ist nur auf wenigen Streckenabschnitten erlaubt.

Die für Japans Shinkansen-HG-Netz konstruierten Shinkansen-Züge der Serie 700 wurden zwischen 1997 und 2004 gebaut und ab 1999 in Dienst gestellt.

1982 wurden die Strecken Omiya-Morioka und Omiya-Niigata eröffnet, die im Winter gegen den Schnee ankämpfen mussten. Mit Hilfe der neuen Züge vom Typ 200, deren Spezialausrüstung auch mit widrigstem Wetter zurechtkam, fuhr die Stecke Gewinne ein und wurde sicherer. 1986 führte man auf der Tokaido und Sanyo Shinkansen den neuen Zugtyp 100 ein, der aus 16 Doppeldecker-Waggons bestand. Die Fahrzeiten zwischen Tokio und Shin Osaka verkürzten sich, und die Höchstgeschwindigkeit betrug 220 km/h.

Schließlich kam 1997 der noch schnellere Typ 500, welcher es auf 300 km/h brachte. Gemeinsam mit dem französischen TGV war er der schnellste Zug der Welt: Auf der Strecke Hiroshima-Kokura erreichte er mit 260 km/h die weltweit höchste Durchschnittsgeschwindigkeit.

1999 wurde der Typ 700 enthüllt: Er fuhr nicht schneller als der 500er, war jedoch moderner konstruiert, was für mehr Bequemlichkeit sorgte. Die bessere Formgebung führte zu mehr Platz und war auf Hochgeschwindigkeit ausgelegt; dies geschah

Die Serie 283 wurde im Juli 1996 als „Super Kuroshiro" (Ozeanpfeil) auf der Kinokuni-Strecke eingeführt, um für kürzere Fahrzeiten und besseren Service zu sorgen.

Durch die Einführung des Tsubame hat sich Fahrzeit zwischen Hakata und Kagoshima von 3 Stunden auf 2 Stunden und 11 Minuten verkürzt.

Der Kyushu Shinkansen Tsubame ist ein Abkömmling des berühmten Tsubame-Express mit weißer Karosserie und einer langen, stromlinienförmigen Nase.

Die ganz in Weiß gehaltene Fahrgastzelle des Tsubame zeichnet sich durch ihre Helligkeit aus. Sie bietet gefällig angeordnete Holzsessel, auf denen man bequem Platz nehmen kann.

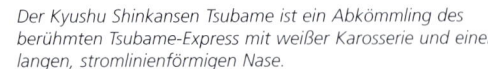

Obwohl die Shinkansen-Züge über die neueste Elektronik verfügen, muss sich der Lokführer ganz auf seine Arbeit konzentrieren. Kaum denkbar, was bei einem Unfall passieren würde!

Die Shinkansen-Züge der Serie E4 „Max" mit acht Doppeldeckwaggons entsprechen in etwa dem älteren E1-Design. An beiden Enden haben sie automatisch einziehbare Kupplungen.

auch aus Kostenerwägungen. All das ließ zusammen mit dem Einfrieren der Preise die Fahrgäste in steigender Zahl auf den Shinkansen umsteigen. Obwohl die Zunahme nach der Deregulierung der Fluglinien leicht zurückging, führte man 2000 eine verbesserte Version des 700 mit weniger Waggons ein. Hier waren die Sitze besser angeordnet, und es gab spezi-

elle Business-Plätze, an denen man Laptops benutzen konnte.

1992 wurde ein Mini-Shinkansen entwickelt, der für die größeren Züge unrentable Strecken befuhr. Der Typ 400 wurde an das Standard-Gleissystem angepasst und beförderte die Fahrgäste mit geringen Betriebskosten in dünner bevölkerte Regionen. Als die Reisenden wieder auf die Bahn umstiegen, setzte man auf überlasteten Linien den Typ E1 mit 12 Doppeldecker-Waggons ein, dem 1997 der Typ E4 mit 8 Doppeldeckwagen folgte. Durch die Kombination beider Typen entstand der 16-Wagen-Typ E4, der mit 1634 Sitzplätzen der größte Zug der Welt war.

Mit der Einführung neuer Züge – etwa des 700X, dessen Indienststellung 2007 ansteht – wird der Shinkansen noch schneller werden. Man konkurriert weiterhin mit den Fluglinien, doch der Zug gewinnt wieder an Boden. Derzeit befindet sich ein neuartiger Zug in Entwicklung, der seine Spurweite verändern kann, um so von den HG- auf normale Gleise zu wechseln. Die aufregendste Entwicklung ist jedoch die Magnetschnellbahn, welche 500 km/h erreichen kann. Kostengründe und wenig steigende Fahrgastzahlen auf den wichtigsten Linien lassen seine Einführung jedoch weniger dringlich erscheinen.

Auch Spanien besitzt ein HG-Bahnsystem. Der Alta Velocidad Española (AVE) basiert auf dem Shin-

Der Super Raicho Thunderbird – kein eigentlicher HG-Zug – hat eine Schnellzuglokomotive vom Typ 681 und wird bei JR West eingesetzt.

Die früheren Japanese National Railways waren von der Supraleitungs-Magnettechnologie überzeugt; daher begann man dort bereits 1970 mit Forschungen zu dieser Technik.

Die ersten ernsthaften Experimente fanden auf der Miyazaki-Teststrecke im Süden Japans statt. Dort wurden die Züge MLU002 und MLU002N zahlreichen Tests unterzogen.

kansen und dem TGV und hat E-Antrieb. Seine Einweihung erfolgte am 20. April 1992, und der erste Zug verkehrte zwischen Madrid und Sevilla – gerade rechtzeitig zur Eröffnung der Weltausstellung. Weitere Linien sind im Bau oder geplant, und bis zum Jahre 2010 soll Spanien etwa 7000 km HG-Strecken besitzen. Sie sollen nicht nur die wichtigsten spanischen Städte verbinden, sondern auch nach Frankreich führen, um Anschluss ans übrige europäische Netz zu finden. Dabei ist vorgesehen, dass am Ende des ehrgeizigen Planes (2015) – zu

dem ein 27 km langer Tunnel durch die Sierra de Guadarrama gehört – die ganze Halbinsel (samt Portugal) erschlossen sein soll. Am Bau und an der Lieferung der Züge sind drei Firmen beteiligt: Talgo, Alstom und die Siemens AG.

China, dessen Wirtschaft mit beunruhigendem Tempo wächst, hat sich für das Magnetschwebe-

Der spanische HG-Zug AVE – Alta Velocidad Española – ist im Grunde ein umgebauter TGV Atlantique mit einigen spanischen Komponenten.

Der AVE verkehrt auf der Strecke Madrid-Cordoba-Sevilla und bringt sie in nur 2¹/₂ Stunden von Madrid nach Sevilla (oder umgekehrt) – eine der schnellsten Verbindungen Europas!

Die 1992 auf der Weltausstellung von Sevilla präsentierten AVE-Züge haben sich seither bestens bewährt. Erfolg hat er u.a. durch seine Pünktlichkeit.

Diese chinesischen HG-Züge namens CRH3 werden mit 300 km/h fahren, bieten 600 Sitzplätze und sind 200 m lang. Sie sollen ab 2008 auf der Strecke Beijing-Tianjin verkehren.

Die deutsche Firma Siemens wird mit ihrem chinesischen Partner, den Tangshan Locomotive & Rolling Stock Works, für den Bau von 60 chinesischen HG-Zügen sorgen.

bahnsystem entschieden. Der Shanghaier Magnetschwebezug fährt etwa 430 km/h schnell, kann aber 500 km/h erreichen. Er verbindet seit März 2004 Shanghai mit dem internationalen Flughafen Pu Dong. Dieser Zug ist zwar sehr schnell, aber auch entsprechend teuer, und ein Netz für ein Land von

der Größe Chinas wäre mit enormen Kosten verbunden. Das Magnetschnellbahnsystem wurde zusammen mit deutschen Firmen entwickelt, und derzeit erwägt man den Bau einer zweiten Strecke zwischen Shanghai und Hangzhou – sie wäre die erste kommerzielle Intercity-Magnetschnellbahn der Welt. Außerdem baut China eine konventionelle HG-Strecke auf der Grundlage des deutschen ICE-Systems, die Beijing (Peking) mit Tianjin (Tientsin) verbinden und 2007 einsatzbereit sein soll.

Der koreanische HG-Zug KTX fährt seit April 2004. Er verwendet die Technologie des französischen TGV und erreicht eine Höchstgeschwindigkeit von 300 km/h. Ab Dezember 2005 gab die koreanische Regierung einem neuen Hightech-Zug namens G-7 absolute Priorität. Er soll mit 350 km/h schneller als der gegenwärtige TGV sein. Dieser Zug ist das Ergebnis von etwa zehn Jahren Forschungs- und Entwicklungsarbeit durch Korean Rotem und das staatliche Institut für Eisenbahntechnik. Wenn der G-7 einsatzbereit ist, wird Südkorea neben Japan, Frankreich und Deutschland das vierte Land sein, das ein eigenes HG-Zugsystem entwickelt und eingeführt hat.

Die Schweiz besitzt seit Mai 2000 einen Zug mit Neigetechnik; damals entstand der Intercity-Neigezug (ICN). Er fuhr zunächst von Genf über Biel

(Bielle), Grenchen-Süd, Zürich und Winterthur nach St. Gallen. Da die Strecken hier sehr kurvenreich sind, ist er der schnellste Schweizer Zug auf Schweizer Gleisen.

Auch die Türkei begann kürzlich mit dem Bau von HG-Strecken. Im Bau ist derzeit die Linie Istanbul-Ankara, deren Eröffnung für 2007 ansteht. Die kommerziellen HG-Züge sollen maximal 250 km/h erreichen und so die Fahrzeit von 6 bis 7 Stunden auf 3 Stunden und 10 Minuten verkürzen. Weitere Linien zwischen den größten Städten sind in Planung.

Südkoreas HG-Zug ist der Korea Train Express (KTX). Seine Technologie basiert weitgehend auf dem französischen TGV, und die Höchstgeschwindigkeit beträgt 300 km/h.

Nach zwölfjähriger Bauzeit wurden am 31. März 2004 die ersten Abschnitte des koreanischen Netzes eröffnet, das die Gyeongbu- mit der Honam-Linie verbindet.

Obwohl es nur auf einem Teil der Strecke (Seoul-Daegu) HG-Gleise gibt, verkürzt sich die Fahrzeit von Seoul nach Busan von 260 auf 160 Minuten.

In Taiwan wird gegenwärtig ein HG-System – die Taiwan High Speed Rail – gebaut, dessen Fertigstellung für Oktober 2006 vorgesehen ist. Es verwendet als Grundlage die Technologie des Shinkansen, und als Zug wurde die Shinkansen-Serie 700 T ausgewählt. Wenn sie fertig und in Betrieb ist, wird die Reise zwischen Taipei und Kaohsiung nur noch ca. 90 Minuten dauern – derzeit sind es 5 bis 6 Stunden!

In Russland wird die Strecke St. Petersburg – Moskau umgebaut, damit dort ab 2008 Züge vom ICE-Typ mit 250 km/h verkehren können.

Viele weitere Länder in aller Welt erwägen den Bau von HG-Systemen oder haben sich schon dazu entschlossen.

Die Gleise zwischen St. Petersburg und Moskau werden derzeit modernisiert, um auch für zugekaufte deutsche ICE-Züge tauglich zu sein, die 2008 250 km/h erreichen sollen.

Glossar

BB – Englische Kurzform von Bo-Bo: Dieser Ausdruck besagt, dass die betreffende Diesel- oder E-Lok zwei Antriebsachsen hat, wobei alle Achsen in einem Drehgestell oder Radrahmen sitzen und einzeln angetrieben werden.

Bogie (wörtlich „Drehgestell") – Englische Bezeichnung für einen Lokomotiventyp, bei dem es auch Räder ohne eigenen Antrieb gibt; in den USA nennt man ihn „Truck".

CC – Kurzform von Co-Co: Die betreffende Diesel- oder E-Lok hat drei Antriebsachsen, die allesamt angetrieben werden.

Doppeltraktion – Dieser Ausdruck bedeutet, dass man an ein Ende des Zuges eine Lok ankoppelt, die ihn bei der Hinfahrt zieht, aber auf der Rückreise mit Hilfe einer Spezialausrüstung schiebt. So vermeidet man, dass sie ans andere Ende fahren muss, um die Rückreise anzutreten.

Garratt-Lokomotive – Gelenk-Dampflok, bei welcher der Kessel auf einem Rahmen montiert ist, unter dem zwei Drehgestelle mit Antriebsrädern schwenkbar gelagert sind.

Neigezug – Dieser Zugtyp ist imstande, sich in Kurven zur Seite zu neigen, damit er sie schneller durchfahren kann, als es ansonsten möglich wäre.

Radschema – Die Beschreibung der Radanordnung bei Dampfloks folgt in diesem Buch dem US- und britischen System, bei dem jedes Rad einer Achse gezählt wird. Eine Dampflokomotive mit vier Führungsrädern ohne Antrieb, sechs Antriebsrädern und 2 Hinterrädern ohne Antrieb ist demnach eine 4-6-2-Lok. Das auf dem Kontinent übliche System berücksichtigt hingegen die Zahl der Achsen mit bzw. ohne Antrieb; hier würde man von einer 2-3-1-Lok sprechen. Eine weitere Verfeinerung dieses Systems ordnet den Antriebsrädern Buchstaben zu, von denen jeder einen Satz bezeichnet: Der erste wäre also A, de zweite B etc. Nach diesem Verfahren würde es sich um eine 2-C1-Lok handeln. Dieses

Verfahren dient auch als Alternative zur Beschreibung der Radanordnung von Dieselloks.

Rangierlok – Wird in den USA als „switcher" bezeichnet.

Schublok – So nennt man eine Lokomotive, die vorübergehend ans Ende eines Zuges angekoppelt wird, um die Zugkraft der eigentlichen Lokomotive auf steil ansteigenden Strecken zu unterstützen.

TALGO-Zug – In Spanien entwickelter Zugtyp mit Gelenk-Personenwaggons, die sich automatisch an den Wechsel zwischen Standard- und Breitspur anpassen.

Tanklokomotive – Eine Lokomotive ohne Tender, die das Wasser in Tanks mitführt, die an den Seiten des Fahrzeugs angebracht sind oder rittlings über dem Kessel sitzen.

Verbundlokomotive – Es handelt sich hier um eine Lokomotive, die Hochdruck-Dampf in Niederdruck-Zylindern verwendet.

Zahnradbahn – Eine Spielart der Eisenbahn mit einer zusätzlichen Zahnstange inmitten des Gleises, in welche ein oder mehrere Zahnräder eingreifen, um der Lok auf starken Steigungen Halt zu verschaffen.

Register

A

B

C

E

F

G

H

I

J

M

N

O

P

Q

R

S

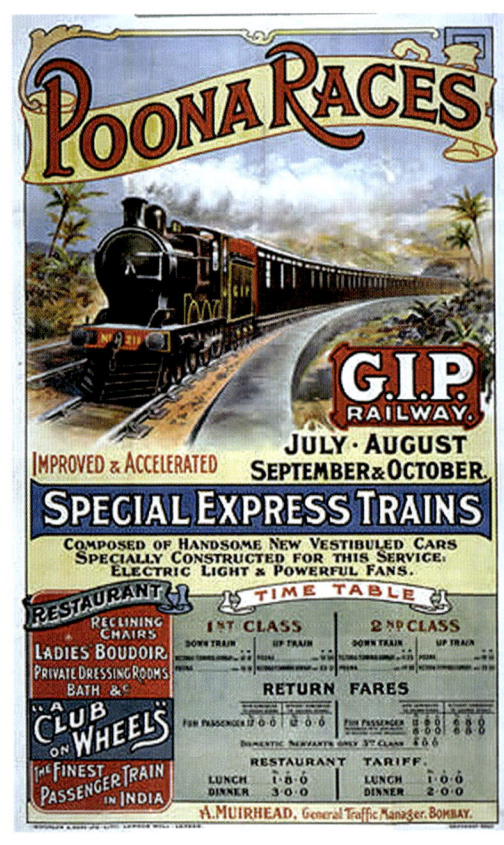

T

U

V

Y

W

Z

Danksagungen

Die Verfasser danken folgenden Personen und Organisationen für ihre engagierte Hilfe und Unterstützung bei der Beschaffung von Material für dieses Buch:

Museum of Science and Industry, Manchester, England.

Museo Ferroviario, Bussoleno, Italien.

Musée Français du Chemin de fer, Mulhouse, Frankreich

Museo Ferroviario di Pietrarsa, Italien.

Italian Railways (FS) - TrenItalia.

Belgian Railways NMBS - P 152.

Schweizerische Bundesbahnen SBB - P185.

Andrew Morland Photographic Library, Butleigh, Glastonbury, England.

Courtesy of Amtrak - S. 37 oben l.; 53 oben l.; 54 unten r.; 55 unten.

Michael McFadden via Amtrak – S. 54 oben r.

Scott A Hartley via Amtrak – S. 55 oben r.

Copyright Allen Zagel collection - S. 54 unten l.

Courtesy of the Baltimore & Ohio Railroad Museum, Baltimore, Maryland, USA - S. 38 unten; 39 unten.

US Department of the Interior, National Park Services, Golden Spike National Historic Site - S. 42 oben r.; unten; 43.

Copyright 2005 Mark Llanuza - S. 48; 49; 50 oben.

US Library of Congress, Washington GS, USA.

Denver Public Library, Denver, Colorado, USA.

US National Archives, College Park, Washington GS, USA.

Dutch Railways (NS) - S. 56 oben l.; unten l.

Deutsche Bahn AG - S. 74.

Siemens Transportation, Deutschland.

Rail Photo Library (railphotolibrary.com).

Alstom UK.

Department of Transportation, Federal Highway Administration (FHWA), USA.

Japan Rail (JR).

Austrian Railways (OBB).

ViaRail Canada.

Dmitriy Zinoviev (parovoz.com) – Besonderer Dank für den Zugang zu seinem unglaublichem Schatz an Eisenbahnbildern.

Russische Eisenbahn.

Mirco De Cet Archive, Edgmond, Newport, Shropshire, England.

Alan Kent Photographic Collection, Medomsley, Durham, England.

Beide Verfasser möchten auch den Familien und Freunden für ihre Hilfe und Geduld danken.